纵向增强体土石坝理论与实践

梁军 著

中国水利水电出版社
www.waterpub.com.cn
·北京·

内 容 提 要

本书针对纵向增强体土石坝这一新的土石坝坝型,按照经典力学方法,通过理论探讨、计算分析和室内试验以及计算分析方法的比较,研究土石坝内置混凝土刚性材料作为防渗心墙(亦称增强体心墙)在施工期、蓄水期和水位骤降期三种代表工况下较之传统土石坝的优越性、可靠性和安全性,揭示了刚性墙体内置于土石坝坝体的适应性及其力学特性,提出了相应的计算方法。混凝土刚性体作为坝体结构的一个重要组成部分,不仅起到防渗作用,而且能够抵抗变形和承重受力,甚至可以减小或消除传统土石坝遭遇洪水漫顶溃坝的风险,极大地缓解土石坝频发的病险状况,杜绝白蚁等生物侵蚀与危害。本书提出一整套针对增强体土石坝的设计与计算方法,可用于新建土石坝设计,对病险土石坝的整治加固也具有十分有益的指导作用。

本书可供从事土石坝设计、施工、科研和安全管理人员以及大专院校水利专业师生阅读参考。

图书在版编目(CIP)数据

纵向增强体土石坝理论与实践 / 梁军著. -- 北京 : 中国水利水电出版社, 2022.9(2022.12重印)
ISBN 978-7-5226-0941-6

Ⅰ. ①纵… Ⅱ. ①梁… Ⅲ. ①土石坝-研究 Ⅳ. ①TV641

中国版本图书馆CIP数据核字(2022)第154864号

书 名	纵向增强体土石坝理论与实践 ZONGXIANG ZENGQIANGTI TUSHIBA LILUN YU SHIJIAN
作 者	梁军 著
出版发行	中国水利水电出版社 (北京市海淀区玉渊潭南路 1 号 D 座 100038) 网址:www.waterpub.com.cn E-mail:sales@mwr.gov.cn 电话:(010)68545888(营销中心)
经 售	北京科水图书销售有限公司 电话:(010)68545874、63202643 全国各地新华书店和相关出版物销售网点
排 版	中国水利水电出版社微机排版中心
印 刷	清淞永业(天津)印刷有限公司
规 格	184mm×260mm 16 开本 14.25 印张 347 千字 2 插页
版 次	2022 年 9 月第 1 版 2022 年 12 月第 2 次印刷
印 数	3001—5000 册
定 价	**75.00 元**

　　水是社会经济可持续发展的重要战略资源。水库大坝是调控水资源及其优化配置的关键性工程手段。当前，中国已建成近10万座水库大坝，大坝数量、建坝高度、单库容量和技术水平等都居世界领先地位。这些水库大坝在防洪保安、供水灌溉、发电通航、生态环境等诸多方面发挥着无可替代的重要作用，经济、社会与生态环境效益十分巨大。但是，应当清醒地认识到，我国水库大坝的结构组成不尽合理，在所有水库大坝中土石坝约占95%，其中中低土石坝占比又在95%左右，而且绝大多数建成于20世纪六七十年代。年久积累的病害、病险使相当数量的土石坝存在不同程度的安全运行风险，近年来极端气候和自然灾害频发多发，使得土石坝出险乃至失事的风险进一步增加。因此，深入研究土石坝风险和除险加固技术，既力求保障运行多年的老土石坝不出事、少出事，又从新建土石坝的勘察设计源头防止产生诸如洪水漫顶溃坝的技术理论与设计方法，成为一件具有科学意义和极大应用价值的工作。

　　基于上述研究思路，《纵向增强体土石坝理论与实践》一书提出了土石坝内置刚性防渗墙"刚柔相济"的筑坝理念，从工程力学的角度，分析刚性混凝土墙体与土石坝填筑料之间的力学性能及其相互作用关系，改变了以往土石坝采用混凝土防渗墙进行除险加固只有施工工法而无设计理论依据的局面，从而使新建刚性心墙土石坝有了理论基础和技术方法，同时建立了土石坝内置刚性墙体实现洪水漫顶不溃或漫顶缓溃的可靠性定量分析方法，有效增强了土石坝遭遇超标洪水的防御能力，切实提高了土石坝的安全性能。

　　作者长期从事水利工程建设与管理工作，具有较高的学术水平和丰富的工程实践经验。我相信，该书的出版将对我国水利水电行业的土石坝设计、建造和运行管理，以及土石坝新建或除险加固的研究与应用起到积极的推动作用，也可供相关工程设计、科研人员参考借鉴。

中国工程院院士　钮新强

2022年5月

人类社会发展至今，土石坝仍然具有强大的生命力。进入 21 世纪以来，我国水库大坝建设势头不减，土石坝的建设数量也一直名列前茅，除了一批世界级的高坝大库外，还有大量的中低坝也处在如火如荼的建设之中，四川如此，全国亦是如此。目前我国大坝总数近 10 万座，其中土石坝占 95％左右，这些水库大坝为国民经济发展和社会进步提供了重要支撑。

有关资料显示，四川省水库大坝总数已有 8200 多座，其中绝大多数为利用当地材料建造的土石坝，且年代久远，运行维修与管护难度有所增加。据中国大坝工程学会等单位统计，国内土石坝溃坝案例约 3496 座，其中四川省最多，达 396 座，土石坝溃坝原因归结为坝体渗漏引起的坝坡失稳。近几年来，极端天气频发，土石坝形成的水库大坝的安全度汛日益受到有关部门的重视，并且土石坝的长期运行安全也是进入新时期应当重点关注并应深入研究的重大课题。因此，深入研究土石坝风险控制和除险加固技术，具有重要的工程应用前景和科学意义。

《纵向增强体土石坝理论与实践》一书系统地研究了土石坝内置刚性防渗墙的"刚柔相济"筑坝理论，分析刚性混凝土墙体与土石坝填筑料之间的力学性能及其相互作用关系，揭示了刚性墙体内置于土石坝体中的适应性及其相应的力学特性和计算方法。混凝土刚性体作为坝体结构的一个重要组成部分，不仅起到防渗作用，而且能够抵抗变形和承重受力。作者提出遭遇超标准洪水漫顶不溃坝的土石坝技术理论与设计方法，有效降低或消除土石坝频发的各类病害甚至病险状况，延长土石坝的使用寿命，是土石坝技术的一项重要创新。

作者具有很高的技术理论水平和丰富的工程实践经验，本书的出版将有力补充和完善我国水利水电行业的土石坝设计、建设和除险加固的技术理论，从而有助于提高土石坝安全运行性能，为四川省乃至全国新建土石坝、土石坝除险加固和堰塞湖治理利用提供一种行之有效的新的解决方法，具有广阔的应用前景。

中国工程院院士

2022 年 5 月

人类社会发展至今,土石坝仍然具有强大的生命力。进入21世纪以来,我国水库大坝建设势头不减,土石坝的建设数量也一直名列前茅,除了一批世界级的高坝大库外,还有大量的中低坝也在如火如荼地建设中。

目前我国大坝总数已近10万座,成为世界上拥有水库大坝最多的国家,其中土石坝约占95%。这些水库大坝为国民经济发展和社会进步提供了重要支撑。根据20世纪90年代国际大坝委员会的调查,土石坝病险率较高,占调查总数的70%左右,与其他坝类相比,土石坝溃坝数量也最多,原因大多可归结为坝体渗漏引起的坝坡失稳。国外及我国也有较多土石坝出现漫坝失事的实例。因此,土石坝的长期运行安全是新时期应当重点关注并深入研究的重大课题。

本书从土石坝技术理论完备性分析入手,在原来采用混凝土防渗墙加固病险土石坝的施工应用基础上,结合工程实践,通过技术理论创新,开展混凝土防渗墙替代传统的黏土等天然防渗材料用作坝体防渗心墙的理论研究,系统阐述了原有的混凝土防渗墙到纵向增强体心墙从实践走向理论的全过程,创新性地提出一整套利用混凝土或钢筋混凝土材料作为土石坝心墙的分析基础、计算方法、设计准则等技术理论体系,填补了土石坝采用内部刚性防渗材料的理论空白,丰富了土石坝设计理论。工程应用与理论研究表明,增强体心墙土石坝可以从根本上解决常规土石坝存在的一些诸如病害、病险乃至溃坝的重要技术问题,从而提高土石坝的安全运行性能,最终达到减少或根除常规土石坝固有的重大安全隐患的目的。

本书共分12章:第1章阐明土石坝作为应用技术,其理论体系应当满足完备性要求,以及刚性的增强体作为心墙存在的必要性与合理性;第2章简要回顾土石坝的发展历程、存在的问题以及未来发展趋势;第3章分析增强体与筑坝材料界面的渗透特性,为增强体防渗设计提供理论依据;第4章分析了增强体在竣工期、蓄水期和水位骤降期三种基本工况的结构变形及相应计算公式;第5章介绍了竣工期增强体结构受力分析与成果;第6章研究蓄水期增强体结构受力分析;第7章探讨了增强体受力的安全性复核计算方法及一些计算参数的选择;第8章研究增强体作为挡土墙的受力与坝坡稳定性分析,表明增强体受力安全性与坝坡稳定性存在同一性关系；第 9 章基于洪水漫顶的水力学模型试验研究，分析洪水漫顶对增强体土石坝冲刷、墙体失效、溃坝等方面的影响，创新提出用于检验洪水漫顶不溃坝的定量评价指标。第 10 章介绍土石坝纵向增强体加固技术在新建工程和病险水库除险工程中的技术与施工方法及相应要求。第 11 章为四川万源李家梁水库新建工程采用增强体技术应用实例，较为全面系统地介绍了理论与计算方法的应用；第 12 章为四川攀枝花大竹河水库除险加固整治的增强体设计与计算实例。

四川大学工程设计院陈立宝高工为全书绘制插图，四川省水利科学研究院杨燕伟博士、陈昊教高为本书有关章节的复核、校核与验算做了相应的工作，通江县水利局陈尚诗、张文修、向登垚等同志为本书提供了工程实例。四川省水利厅徐波、白绍斌、朱瑞宇等同志予以大力支持并进行推广应用，巴中市水利局郑琼、刘仲贤等同志对本研究成果的落地应用给予了大力支持。四川省水利科学研究院刘双美教高，四川大学张建海教授、周家文教授，原四川省水利水电勘测设计研究院赵元弘教高、王小雷高工、陈英高工，中国电建集团成都勘测设计研究院有限公司汪荣大教高，四川省水利厅原副总工秦寿远教高等专家为本书的编写提供了令作者深受鼓励的帮助。在此，向他们一并表示衷心的感谢。

限于作者水平，书中难免存在不足和疏漏之处，恳请读者不吝赐教。

作者

2022 年 5 月

目录

第1章　绪论

　　土石坝作为就近采用当地土石材料修建在河道上的蓄水、挡水构筑物，其建造历史悠久，生命力顽强，迄今仍然得到广泛应用。土石坝拦蓄水流主要是基于坝体结构的稳定性和筑坝材料的防渗性，其中筑坝材料的防渗性是关键，土石坝结构的稳定性是基础，对土石坝而言，二者同等重要。岩土材料作为天然建筑材料主要用于诸如土石坝一类的土木工程修筑，历史上长期与古代烧制石灰并与河砂拌和形成的人工材料并驾齐驱，直到近二百年前"波特兰水泥"的出现。"波特兰水泥"作为最初的水硬性材料，具有相对稳定的质量标准，由此形成的混凝土在世界范围内作为有别于岩土材料的正规建材而广泛用于各类重要的建筑工程，进而用于坝工建设，形成了目前风靡世界的混凝土坝。从理论上讲，不同的材料应当适用于不同的结构，反之亦然。这也是中国大坝工程学会贾金生等提出的"宜材适构和宜构适材"的基本思路[1]，同时这也为新的坝工建设及其理论进一步发展奠定了思想基础[1-2]。在实际工程中，由于材料与结构的不同，可供坝工设计的材料选择就会呈现出多种多样的结果。

1.1　土石坝基于技术科学的完备性分析

　　一般来说，以材料划分水库大坝的类别是最基本的分类，而以结构特征划分的坝型则属亚类，比如，土石坝和混凝土坝是以材料划分的基本坝类，重力坝、拱坝、心墙坝、面板坝等是按结构划分坝类的亚类，即坝型。显然，材料和结构也可以放在一起统称，如混凝土重力坝、面板堆石坝等。由于重力坝、拱坝等结构性大坝工程对坝体应力应变、坝基受力与变形等力学指标要求十分严格，目前只有混凝土材料因其弹性模量足够大且能承受较大应力而变形又相对较小，因而能够当此重任，因此又被称为"刚性"材料。对土石坝而言，一方面，无论用于防渗材料的黏土或类黏土防渗材料，还是用于维持坝体稳定的以堆石、砂砾石或当地能够满足坝壳料要求的筑坝材料，其力学性能主要以强度与稳定性来控制，允许存在较大的变形，可以归结为所谓的"柔性"材料，其间也包括沥青混凝土防渗材料；另一方面，土石坝的关键作用是具有防渗性，因而坝体防渗便成为起关键作用的关键结构，类比当前高科技中的关键硬件，也可称之为土石坝结构的"芯片"。此外，随着技术水平的不断进步，坝体建造施工工法也在不断改进，但并没有出现因施工工法的不同而改变坝类的情形，最多也只是对坝型的改进或补充，如对混凝土重力坝采用土石坝的施工方法则称之为碾压混凝土重力坝，还有自密实混凝土胶结坝等。

　　同样，土石坝是十分常见的一种坝类，又依其所用筑坝材料和防渗形式的不同而分为

1

不同的坝型。从已有土石坝的防渗形式来看，有坝体全断面防渗（如均质坝或多种防渗介质的均质坝）、也有坝体内部防渗（如心墙坝、斜墙坝等），还有坝体表面防渗（如钢筋混凝土面板堆石坝、土工膜或沥青混凝土面板堆石坝）。显然，这些土石坝坝型经过较长时间的工程实践已具有较为完善的技术理论、分析方法、施工工法和技术规程规范与标准，坝体监测与安全管理已建立健全，并在工程实践中取得广泛应用，已经成为成熟实用的坝型，使土石坝工程技术不再是一种"技艺"。（注：美国曾经对20世纪70年代发生的一系列大坝失事进行调查，美国总统科学技术政策办公室在1979年6月25日写给卡特总统的报告中指出，虽然人类筑坝已有几千年的历史，但是直到现在，坝工技术并不是一门严密的科学，更恰当地说，是一种"技艺"。）

由不同材料和结构组合而成的坝型见表1.1-1，不难看出采用刚性材料作为心墙的土石坝坝型是一个空白，说明土石坝工程作为一门技术科学是不够完备的[3-6]。

表1.1-1　　　　　　　　　　　不同材料与结构组合坝型一览表

筑坝材料	防 渗 形 式		
	全断面防渗	内部防渗	表面防渗
柔性材料	均质坝	黏土心墙土石坝	沥青混凝土面板堆石坝
刚性材料	混凝土重力坝、拱坝	理论与方法存在空白	钢筋混凝土面板堆石坝

注　1. 表中所列坝型为代表性坝型。
　　 2. 表中各代表坝型具有相对完善的设计、计算、施工、监测、运行、管理等技术方法体系。

1.2　土石坝技术完备性的发展

为了进一步完善土石坝技术理论体系，填补土石坝内部防渗体采用混凝土刚性材料的理论与方法空白，形成土石坝较为完备的技术理论体系，有必要开展针对性的研究。从理论分析上看，常规土石坝所用筑坝料都是岩土类的柔性材料（包括土工织物、沥青混凝土等），坝体料物分区可谓"柔柔相伴"。能不能将混凝土刚性材料与岩土柔性材料相结合，形成新的坝工结构呢？分析表明这完全是可行的。

纵向增强体土石坝（或称"增强体心墙土石坝""增强体土石坝""增强体坝"）按照"刚柔相济"的哲学原理，通过技术理论组合创新方式[7] 提出来。图1.2-1所示为混凝土重力坝与心墙土石坝这两个分别代表刚性坝和柔性坝的组合并形成增强体土石坝的过程，分图（a）和（b）分别代表当前技术理论日臻完备的重力坝和心墙土石坝两个坝类，分图（c）则是这两类坝的简单组合与叠加。显然，这种组合坝的技术安全性十分保守、经济造价也明显浪费，可以说没有一个工程技术人员会这样设计水库大坝。如果只取重力坝的防渗性能而弱化其他功能，并将这些功能交由土石坝来替代，则重力坝可以大幅度"苗条瘦身"，最终形成分图（d）所示的内置刚性心墙土石坝，即增强体心墙土石坝。本书将证明混凝土心墙不仅仅是一种坝体内部的防渗体，而且具有结构功能，它改变了土石坝的应力与变形状态，增强了土石坝抵抗变形、承受荷载的能力，克服了常规土石坝存在的诸多病害或病险情况，实现了洪水漫顶不溃或者缓溃的土石坝安全运行性能。工程实践上已证明,这种结构缓解了土石坝固有的在库水长期浸泡作用下坝体紧密结构趋于松弛、崩解而逐步产生渗漏、裂缝、滑动等病险情况,从而使土石坝安全可靠运行的周期更长。

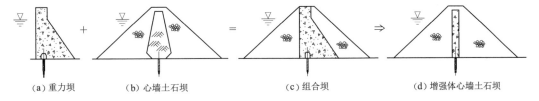

（a）重力坝　　　　（b）心墙土石坝　　　　（c）组合坝　　　　（d）增强体心墙土石坝

图 1.2-1　重力坝与土石坝的组合创新过程示意图

本书系统阐述了纵向增强体土石坝从实践走向理论的全过程,创新性地提出了一整套利用混凝土或钢筋混凝土材料作为纵向增强体心墙土石坝的分析基础、计算方法、设计准则等技术理论[8-10],填补了土石坝采用内部刚性防渗"芯片"的空白,丰富了土石坝设计理论,使土石坝应用技术理论体系进一步完备。同时,伴随着工程的应用与实践,逐步形成可供工程实际使用的技术规程[11],目前已在四川省内得到有效应用,新建或除险加固的增强体土石坝如表 1.2-1 所列。

表 1.2-1　　　　　　纵向增强体土石坝建设一览表（截至 2022 年 5 月）

序号	水库名称	建 设 地 点	建设状态	建设性质	坝高/m	库容/万 m³
1	方田坝	巴中市通江县	已建成	新建	43.2	560
2	大竹河	攀枝花仁和区	已完工	除险加固	61.0	1129
3	竹子坎	巴中市通江县	已完工	除险加固	29.6	35
4	马头山	凉山州会东县	已建成	新建	36.5	227
5	仓库湾	巴中市通江县	已建成	新建	34.1	62
6	大高滩	广安市岳池县	招投标	除险加固	36.9	3980
7	永丰	南充市嘉陵区	在建	新建	28.2	1369
8	白松	甘孜州德荣县	在建	新建	57.7	251
9	李家梁	达州市万源市	在建	新建	73.0	1179
10	汇田河	巴中市南江县	招投标	新建	59.5	211
11	绍田长湾	巴中市通江县	已完工	除险加固	18.9	11
12	化成	巴中市巴州区	已完工	除险加固	46.0	6583

1.3　纵向增强体土石坝的简要特点

纵向增强体土石坝是指防渗心墙由刚性材料建造的土石坝,是基于常规土石坝并在其内部建造集防渗与受力功能为一体的刚性结构体（即增强体）的新坝型,改变了传统土石坝筑坝材料的"柔柔相伴",具有"刚柔相济"的结构特点。增强体既起到防渗体的作用,有效降低墙体下游浸润线高程和减小坝体渗漏量;又起到结构体的作用,增强土石坝的抗变形能力,提高坝体安全稳定性;还能防止可能出现的超标准洪水漫坝溢流引发的坝体溃决，从而保障坝体及下游的安全。

纵向增强体是通过在坝轴线附近施工开槽，形成槽孔，下设钢桁架与后期帷幕灌浆钢管，按地下连续墙的施工方式分层浇筑混凝土而成。墙体底部一般嵌入坝基一定深度，最后通过墙内预埋灌浆钢管进行墙下帷幕灌浆，与坝基形成整体防渗帷幕。

采用土石坝纵向增强体筑坝技术不仅对新建土石坝具有重要意义，而且对已建成土石坝的除险加固同样有良好的指导作用[12-13]。

增强体土石坝与常规土石坝相比具有以下优越性：

（1）在土石坝特别是堆石坝中"置入"增强体混凝土心墙，改变了坝体的应力与变形关系，坝体上下游边坡可得到进一步优化，坝基建基面可以适当提高坝基建基面高程或适当放宽坝基处理要求，节省坝体填筑方量，技术经济指标更好。

（2）刚性心墙的存在，将大幅降低坝体下游长期出现的浸润线较高、下游坝坡稳定性存在隐患的不利情况，从而提高坝坡稳定性。

（3）采用"先填坝再做墙后灌浆"的施工工法，这是纵向增强体混凝土心墙土石坝的施工特点，使得建坝的施工周期更短、更经济。

（4）在遭遇较大洪水或在一些特殊工况下，增强体混凝土心墙的存在降低了土石坝漫顶溃决的风险，能够实现洪水漫顶不溃或漫顶缓溃。

（5）增强体心墙使坝内浸润线大幅降低，白蚁等生物随浸润线筑巢的高度也随之降低，由于混凝土刚性墙体不可侵蚀，白蚁等生物也不可能将墙体钻通而形成连贯上下游的穴道并成为渗漏通道，从而彻底消除白蚁危害。

（6）采用增强体加固病险土石坝，可以做到事半功倍甚至一劳永逸，极大地消除土石坝的病害乃至病险。对照水利部《水库大坝安全鉴定办法》第五条"大坝实行定期安全鉴定制度，首次安全鉴定应在竣工验收后5年内进行，以后应每隔6～10年进行一次"的规定，可以减少安全鉴定的时间和次数，节省病险水库整治加固经费，解除病险水库大坝周期性鉴定、周期性整治的桎梏。

（7）针对常规病险土石坝，采用内置混凝土增强体加固的方式整治完成后，可以按照正常的水库管理与调度方式运行而不需要每逢汛期就放空水库进行所谓"空库度汛"，从而实现节约水资源，满足来年用水需求，还可以保障水库渔业利益，既利于增收又利于稳定。

1.4　纵向增强体土石坝的发展前景

通过土石坝工程建设的完备性分析，得出土石坝内置纵向增强体刚性心墙的一种新的坝工结构；同样，按照"刚柔相济"的哲学原理，也可以将土石坝与重力坝这两个具有代表性的坝类进行创新组合，得到能够发挥各自优点的增强体土石坝新坝型，使得土石坝这一古老的坝类焕发出更加强大的生命力。

纵向增强体土石坝的发展前景也是令人鼓舞的，其原因主要在于：首先，增强体土石坝填补了土石坝建造技术的一些空白，进一步推进了坝工技术的新发展，使土石坝技术理论体系更加完善；其次，实际工程建设的需求促进了增强体土石坝的推广应用，当前和今后一段时间，环境保护和绿色生态高质量发展将成为整个社会经济发展的主流，坝工建设再也不能像以前那样毁地挖土、"刮地皮"寻找防渗土料的粗放型施工模式，而是向集约精细、科学高效的施工建造方式转变，或许坝工新型防渗材料的研究与开发将成为未来的一个技术发展方向，增强体土石坝技术仅仅是一个小小的开端；第三，我国现有近10万座水库大坝，土石坝占绝大多数，其中20世纪六七十年代修建的老土石坝又占绝大多数，这些土石坝经过多年运行，病害或病险情况突出，在遭遇强降雨等极端气候条件下，极易产生溃坝风险。这就使得业内决策层和相关专家不得不认真思考如何才能有效解决或消除土石坝遭遇强降雨的漫顶溃坝问题。因此可以说，增强体土石坝技术对老土石坝或病险水库的除险加固与改造提供了一个新颖的解决方案。

参 考 文 献

[1] 中华人民共和国水利部. 胶结颗粒料筑坝技术导则：SL 678—2014 [S]. 北京：中国水利水电出版社，2014.

[2] 贾金生，马锋玲，李新宇，等. 胶结砂砾石坝材料特性研究及工程应用 [J]. 水利学报，2006 (5)：578 - 582.

[3] 孙玉忠. 科学进步及其中间范式 [D]. 长春：吉林大学，2004.

[4] 赵洪杰. 流域防洪体系效果评价研究 [D]. 南京：河海大学，2007.

[5] 郭冲辰，樊春华，陈凡. 当代欧美技术哲学研究回顾及未来趋向分析（上）[J]. 哲学动态，2002 (9)：40 - 44.

[6] 潘家铮. 水利建设中的哲学思考 [J]. 中国水利水电科学研究院学报，2003 (1)：3 - 10.

[7] 刘汉龙. 岩土工程技术创新方法与实践 [M]. 北京：科学出版社，2013.

[8] 梁军. 纵向增强体土石坝的设计原理与方法 [J]. 河海大学学报（自然科学版），2018，46 (2)：128 - 133.

[9] 梁军. 纵向增强体土石坝新坝型及其安全运行性能分析 [J]. 工程科学与技术，2019，51 (2)：38 - 44.

[10] 梁军，陈晓静. 纵向增强体土石坝漫顶溢流安全性能分析 [J]. 河海大学学报（自然科学版），2019，47 (3)：189 - 194.

[11] 四川省水利科学研究院，中国大坝学会产学研分会. 四川省纵向增强体心墙土石坝技术规程：DBJ51/T 195—2022 [S]. 成都，2022.

[12] 梁军，张建海. 纵向增强体加固病险土石坝技术及其在四川省的应用 [J]. 中国水利，2020 (16)：45 - 48.

[13] 梁军，张建海. 土石坝纵向加固施工方法：CN106567365B [P]. 2019 - 02 - 19.

第 2 章 土石坝工程发展综述

摘要： 本章简要回顾了土石坝的发展历程及科技进步的带动作用，分析了土石坝作为应用科学不断应用科技成果以解决所面临的一些关键技术问题的历史客观性，认为坝工技术仍然应立足于材料与结构的科技创新，指出未来土石坝建设应以系统性、信息化为主要特征的安全发展主线。

2.1　简要回顾

土石坝作为世界上最古老的坝型，有着悠久的建造历史。目前从史料上很难准确查到世界上最早的土石坝起源于何时何地，但推测土石坝作为专门的蓄水工程仍然由堤坝防洪发展而来，因为早期人类在与洪水斗争过程中，知道天然堆积土石材料对洪水具有抵御作用，正如成语"兵来将挡，水来土掩"描述的那样，人们很早就知晓利用土石材料修堤筑坝所发挥的作用。土坝应该是人类历史上最早的水利工程之一，因为取料和建造都十分方便，符合当时的生产力发展水平，但现存的土坝却寥寥无几，原因是长期的水流冲刷使散粒性土体遭遇不间断的冲蚀，致使土坝很难保留至今。在最初修建土坝的同时或稍后一段时间，人们可能尝试采用不规则石块修筑水坝，这种原始的"砌石坝"比土坝更能抵抗水流冲刷，因而保存的时间会更长一些。据有关史料记载，世界上最早的水坝是约公元前2900 年埃及人为了向首都孟菲斯供水在尼罗河上建造的一座高约 15m 的砌石坝，这个砌石坝免于洪水冲刷破坏而得以保存实属不易。

我国古代采用土石材料修建与河道有关的水利工程，称为"堰""坝"或"堤"，这三个汉字的两两组合都符合汉语语法规则，如堰坝、堤坝、堤堰等。堰本身的词义就是壅高水位，还有挡水的堤坝之意；坝的本义是指在垂直于水流方向进行拦水，有蓄水壅高之意；堤的本义是顺水流方向进行拦水，有导水防水之意。单就堤坝建设而言，我国从古至今均有大量历史文献，先秦时期已有堤防的记载，到秦汉时期，黄河下游的堤防已逐渐完备，最早出现的是土堤，西汉时才出现石堤；石堤以块石砌筑，堤的断面较土堤为小。古时堤防以土堤为最多，易于就地取材，土堤结构简单、利于修筑，古人模仿自然山体，修堤多按山坡式梯形断面建造，同时为加固土堤，常在堤的临河或背河一侧修筑戗台，以节约填土。为加强土堤的抗冲性能，也常在土堤临水坡砌石或用其他材料（如木桩、竹笼等）护坡。由于人们手中的生产工具十分简陋，掌握的科学治水知识也不多，许多修堤筑堰的技术均停留在感性认识层面；尽管如此，这些经验仍然为后来修筑较大规模的土石坝提供了帮助。

纵观土石坝的发展历程，人们对土与水的相互作用及其机制机理有着一个漫长的认识与深化过程。相信古人曾经用土石材料做过修筑水坝的许多尝试，但基本都归于失败，这是历史上很少完整保留水坝的重要原因。据不完全统计[1]，从公元前有土石坝建造历史记载到 1900 年近三千年的漫长岁月中，人类修筑建成的水坝不超过 150 座，其中能够保存至今的土石坝仅占约 22%（包括历史上多次维修加固的土石坝在内），由此，古人修筑土石坝的执着和现存土石坝的弥足珍贵可从中略见一斑。

古代修建土石坝归于失败的原因有内外两个方面。外部原因是水流的周期性不间断冲刷，使得土石结构不能安然承受长久的水流侵蚀，再加上没有科学的管护，很难形成能够长时间挡水的构筑体。内部原因是水与土石材料的相互作用机理十分复杂，不是古代人们能够研究透彻的。人工填筑土石料的密实程度很差，极易被水流冲毁，即便是抛填块石，也难以形成整体，由此产生一系列问题：一是人工填筑土石体的沉降变形必然过大，导致失稳、渗漏等出现问题；二是人工填筑体渗流与反滤无法解决，导致渗透变形、沉陷等问题；三是土石坝建筑材料的料物分区及相互作用与保护功能并没有得到充分认识，导致坝体结构、应力与变形协调等出现问题。上述问题实际上可归类为土石及其散粒体组合材料的强度稳定、变形性能和渗流控制三个方面。因此，从根本上讲，只有人类社会的不断发展和科学技术的不断进步才能使土石坝上述三大问题得到有效解决，从而促进土石坝工程建设的进一步发展。

2.2 科技引领

历史已经证明，土石坝技术的发展离不开科技进步的引领。西方工业革命以后，随着水利、道路、市政等项目建设的兴起，工程应用促进了岩土力学以及土石坝工程的发展，提出了大量与土石建筑材料有关的力学问题和有关工程实践经验及其解决方案，特别是针对一些工程事故的教训迫使人们去研究解决存在的问题，要求经过实践证实的正确的理论来指导以后的工程建设。

（1）17 世纪末，欧洲各国大规模的城堡建设推动了城墙背后土压力的解决，许多工程技术人员发表了多种计算土压力公式，这为库仑（C. A. Coulomb）于 1773 提出著名的土的抗剪强度和土压力理论公式打下了基础。

（2）19 世纪中期，法国人达西（H. G. Darcy）于 1855 年通过大量试验发现水在岩土孔隙中流动的线性规律，流速与水力比降呈正比关系。

（3）弗契海姆（P. Forchheime）于 1886 年发现土体中的渗流符合拉普拉斯方程，由此推出流网的差分计算方法，并于 1914 年提出了用流网法试算土石坝渗流场的方法。

（4）1910 年布莱（R. Bulay）基于不同水闸的运行状况，提出了水工建筑物基础土体渗流控制的第一个法则，它首次描述了作用水头、渗径长度及土体渗透稳定性质三者的关系，为渗流控制理论的发展奠定了基础。

（5）1922 年太沙基（K. Terzaghi）发表了一维渗透固结理论，第一次科学地研究土体的固结过程；在渗流控制方面提出了采用反滤层保护渗流出口的准则；同时提出了土力学的一个基本原理，即有效应力原理。1925 年，他发表的世界上第一本土力学专著《建立在土的物理学基础上的土力学》被公认为是进入现代土力学时代的标志，同时解决了一系列重大岩土力学与工程问题，为现代土石坝的建设发展奠定了坚实基础。

（6）1933年普诺克（P. R. Proctor）给出了压实土的干密度与其含水量的基本关系，并依据土的力学性质提出了压实土最大干密度和最优含水量的概念及相应的压实土的方法，使土石坝的压实问题得到较好解决。

（7）1936年瑞典彼得森（K. E. Petterson）和弗伦尼斯（W. Fellenius）提出了瑞典圆弧法，并用该方法来分析土石坝的坝坡稳定问题。

上述理论与方法在以后尽管仍有不同程度的发展和完善，但已经为建造安全可靠的土石坝工程提供了较好保证，同时也带动了土石坝筑坝技术理论，筑坝材料试验研究，坝体的应力、变形、稳定和渗流等问题的深入研究，以及坝工机械、原位测试和其他学科在土石坝工程中的进一步应用，极大地促进了现代土石坝工程的发展。

在科学技术引领土石坝技术理论发展的同时，工业文明引领的规模化、机械化生产应用也进一步促进了土石坝建造技术的发展和完善。从1910年到1960年的半个世纪中，世界范围内的大坝施工逐步由人力为主转变为以机械化施工为主的建造方式，开挖、运输、铺填、碾压等施工环节都由机械完成，极大地提高了工效，特别是坝体填筑由原来的水力冲填或人工与机械抛填向分层或薄层振动碾压的施工技术转变，使许多土石坝的建造比以往更高、质量更好、建设速度也更快。1965年以后，土石坝建造步入现代发展阶段，世界上大力推广应用土石坝机械施工薄层碾压技术，振动碾压成为土石坝主流施工方法，使得土石坝坝体碾压密度明显提高，很大程度上解决了历史上困扰土石坝建造发展的强度与稳定性、渗流与稳定性、变形与稳定性等三大关键技术[1-16]。至1977年年底，国际上高于100m的土石坝就有151座。

中华人民共和国成立初期，全国登记坝高大于15m的大坝仅22座，直到1999年，统计全国高于15m的大坝有24119座，其中坝高15～30m的大坝有17174座，占71.2%；高于30m的大坝有4721座，占19.6%；高于60m的大坝有336座，占1.4%；高于100m的大坝有69座，占0.29%，这些大坝中土石坝所占比例最高，达83%（沈崇刚等，2000）。2009年，全国已建成各类大坝约27820座，其中30～100m的大坝5379座，100～150m的大坝141座，150～200m的大坝30座，200～300m之间的大坝13座，300m以上的大坝1座[1]。另外，土石坝技术理论和机械化施工还促进了土石坝筑坝材料选用范围的进一步拓宽和结构上的进一步完善。用料拓宽是指诸如开挖、风化石渣料、土石混合料等传统意义上不能用作筑坝材料的这些"废料"均可用作坝体填筑料，使减少开挖弃料、节省工程造价、利于环境保护等优点更加突现。坝工结构上的进一步完善是指在用料拓宽的同时，设计上更加注重料物分区优化、下游坝体内部增设排水带（体）、应力过渡与反滤过渡细部构造等，同时也更加注重土石坝内部各分区料应力与变形的协调性和整体性。

现代土石坝已成为经济合理、应用广泛、施工简便的一种颇具竞争力的坝类，在数量上也一直遥遥领先于其他坝类。以中国为例，根据《中国水利统计年鉴2019》，截至2019年年底，我国已建成各类水库大坝98822座，其中大型水库大坝736座，中型水库大坝3954座，总库容8953亿m³。图2.2-1为1999—2019年全国坝工发展形象图，图2.2-2为全国水库大坝分类图。近十几年来，土石坝材料和结构的深入研究与发展以及信息技术、智能建造在工程领域的应用日益广泛[17-18]，坝体安全性和施工高效性得到极大提升，土石坝特别是高土石坝在国际范围内增长很快，200m以上的高坝中，土石坝约占87％，300m级的高坝绝大多数为土石坝。截至2019年，世界上已建成的200～300m级的高土石坝有近30座，其中最高的为塔吉克斯坦的努列克大坝（心墙土石坝，最大坝高300m），中国的水布垭（目前世界最高面板堆石坝，最大坝高233.2m），糯扎渡（心墙堆石坝，最大坝高261.5m），猴子岩（面板堆石坝，最大坝高223.5m），江坪河（面板堆石坝，最大坝高221.0m）和长河坝（砾石土心墙堆石坝，最大坝高240m）等均名列其中。我国正在建设的双江口高坝（最大坝高312m）为世界上心墙堆石坝中的最高坝，还有两河口高坝（黏土心墙堆石坝，最大坝高295m）等，这些高坝的建设已经全面应用信息化技术，采用智能建造及全过程的信息化施工技术[18]，实现了质量、进度、安全和效益的全面发展。

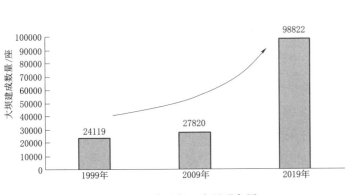

图2.2-1 全国坝工发展形象图

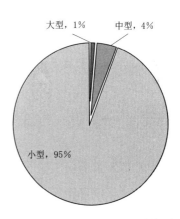

图2.2-2 全国水库大坝分类图
《(中国水利统计年鉴2019)》

应当说，大坝高度既是技术发展水平的一种标志，也是经济发展水平的象征，体现了时代进步。我国坝工建设发展走过了一条从发展落后、引进学习、消化提高，直至与欧美等西方国家并驾齐驱且在许多方面引领世界发展的漫长而光辉的历程。

2.3 存在的问题

土石坝的发展并非一帆风顺。国际大坝委员会20世纪90年代调查结果表明，在各类水库大坝中，土石坝溃坝数量最多，约占总数的70％，其主要原因就是坝体渗漏引起的坝坡失稳。在这方面，中国同样不例外：有资料显示，在失事的土石坝中，渗漏与洪水漫顶占50.6％，设计施工质量差占38％，运行管理不善占5.3％，其他事故占6.1％[19]。随着运行时间的延长，土石坝的运行风险也将增长[20]。另外，据中国大坝工程学会、水利水电科学研究院统计[21-22]，国内土石坝溃坝案例3496座，其中四川省最多，达396座；其次为山西省，288座；第三为湖南省，287座；第四为云南省，234座。

土石坝溃坝风险高是由其"先天不足"和"后天失养"所决定的。

众所周知，土石坝在本质上是采用外力压密手段使松散的岩土筑坝材料形成紧密的整体,从而达到拦蓄水体的目的。显然,土石坝的外力压密性和混凝土坝的内生胶结性构成两类性质完全不同的结构体,而水体的长期侵入又使岩土筑坝材料存在结构趋向松弛的力学特点,因而土石坝的安全运行周期相对较短、溃坝风险相对较高就成为必然的结果。均质坝、心墙坝和斜墙坝是三种最具代表性的常规土石坝坝型,所用材料均为土料、石料或其混合料,具有散粒性,只有通过强力压密才能形成整体,从而具有一定的强度、刚度和稳定性。另外,由岩土材料组成的坝工挡水建筑物,必然不同程度地受到水流侵蚀、冲刷,水流的这种作用对岩土体而言具有破坏性,而年复一年的水流冲蚀又具有周期性,对土石坝体形成缓慢的不可逆的渐进性破坏。病害土石坝由此慢慢形成,最终成为常见的必须整治的病险水库大坝。

相对于混凝土重力坝、拱坝等刚性坝,土石坝也称为柔性坝。因为土石坝的整体强度与刚度不高,抵抗变形的能力不强。因此,土石坝经过一段时间的运行,必然会出现较混凝土坝更严重的渗漏、开裂、管涌、滑坡等病害,若不及时加固处理,可能造成溃坝、失效等严重危害。一些土石坝坝体渗漏,导致坝体下游浸润线抬高,白蚁易于筑穴繁殖,形成渗漏通道,也对坝体安全稳定性带来不利影响。鉴于此,水利部《水库大坝安全鉴定办法》规定,竣工验收五年后每6~10年应进行一次大坝安全鉴定。这个规定比较严格,但实际操作却存在许多困难,主要是大坝数量众多,鉴定工作量太大,安全鉴定的经费又十分缺乏。此外,从病险土石坝除险加固情况看,土石坝的运行—病害—整治—病险—加固—运行具有周期性。一般每隔20年左右就得再来一次治理,同样耗时费钱不经济。

以四川省为例,据2013年全国水利普查成果,全省水库大坝总数为8148座,加上近几年的建设,截至2019年全省水库大坝总数为8283座(表2.3-1),其中土石坝为7225座,所占比例高达87.23%。

表2.3-1　　　　　　2019年四川省已基本完工的各类水库大坝统计　　　　　单位:座

坝型	拱坝	均质坝	面板坝	斜墙坝	心墙坝	支墩坝	重力坝	其他	合计
合计	594	6115	42	69	999	17	383	64	8283

调查分析表明四川省的坝工建设具有以下几个特点。

(1)中华人民共和国成立后,四川省的坝工建设无论从数量还是类型都取得了长足的发展,可以说坝类及坝型十分齐全,如图2.3-1所示。这些水库大坝无疑为当地经济社会发展提供了重要支撑与保障。由图可知,土石坝的数量仍然遥遥领先于其他坝类,在7225座土石坝中有均质坝6115座,占比近85%,这是历史条件造成的。

(2)众多大坝特别是土石坝建设相对集中于20世纪50—70年代,总数占比为88.54%,如图2.3-2所示。这些水库大坝的修建是中华人民共和国成立后,农业生产发展对水库灌溉用水的需求所致,可

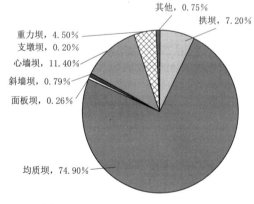

图2.3-1　四川省各类坝型统计图

以说，水库大坝的建设为"防汛保平安，抗旱夺丰收"创造了必不可少的基础条件。

（3）从土石坝建造高度来分析，如图 2.3 - 3 所示，绝大多数土石坝是劳动群众"大干快上"的结果，坝高小于 30m 的低坝占比达 94.6%；坝高在 30～70m 的中等坝仅占 5.2%，限于当时的社会发展水平和技术条件，坝高大于 70m 的高坝少之又少，仅占 0.2%。如前所述，从历史角度看，四川省 20 世纪 50—70 年代修建的水库大坝以中低土石坝为主，其中技术含量不高的均质坝依然占绝大多数，颇具时代与地方特色。

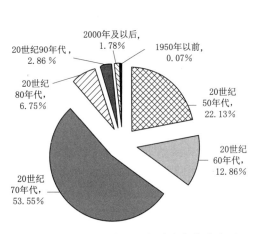

图 2.3 - 2 四川省土石坝建成年代分类图

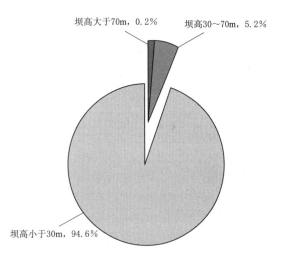

图 2.3 - 3 土石坝坝高分类图

（4）自 2013 年以来，由于坝工技术的发展，四川省各类大坝的建设呈现出多样性变化，心墙堆石坝数量占 39.2%，面板坝占 22.2%，重力坝占 20.0%，拱坝占 8.9%，均质坝占 2.2%，一些采用新技术新工艺建造的大坝占 7.5%。说明在土石坝中，心墙坝仍有顽强的生命力，但面板坝比例不及心墙坝倒是让人感到意外，这也许与四川红层地区当地材料的质地与选用有关。近年来，均质坝新建速度已明显降低，成为土石坝中建造数量最少的一种坝型，其原因在于耕地与环境保护的日益加强。

（5）水库大坝经过长期运行，基本上都出现了各种各样的病害甚至病险，诸如坝体坝基渗漏、坝体开裂变形甚至产生滑动、白蚁等生物侵害、坝顶沉陷安全超高不足、大坝防洪标准不够等，有相当数量的土石坝在汛期还产生过危及坝体安全的风险，给当地造成不小的影响[21]。

四川省水利厅近几年对全省上千座中小型水库安全状况进行摸底调查和病险情况频度分析，结果表明，土石坝最常见的病害依次是渗漏、裂缝、滑坡，成为土石坝的三大主要病害型式，如图 2.3 - 4 所示。由于坝体渗漏，一些土石坝坝体下游浸润线抬

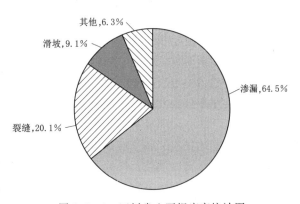

图 2.3 - 4 四川省土石坝病害统计图

高，使得白蚁易于筑穴繁殖，形成集中管涌通道，对坝体稳定性带来不利影响。

诚然，土石坝存在以上主要病害形式是基于对大量已成中低坝的统计分析，近十几年来建成的上百米甚至二三百米级高土石坝的病害情况究竟如何尚不得而知，有待于通过长期运行监测才能得出可靠结论。无论如何，库容越大，大坝越高，风险也就越高，即使是中低土石坝，一旦出现险情，也将对下游河道与沿河两岸产生较大的安全威胁。中国大坝工程学会统计表明，我国当前有近 10 万座水库大坝，其中土石坝仍然占绝大多数，土石坝病害或病险的存在对水库长期运行安全和发挥防洪、供水、灌溉、发电、改善生态环境等效益的正常发挥存在不利影响，需要采取完善制度、加强管理、技术创新、监控监测等综合措施，以加强水库大坝安全运行与管理，特别是中小型水库的安全运行管理，防止这些水库出现溃坝或垮坝的恶性事件。尽管如此，依然有必要从工程改良与提高的角度来探究如何提升土石坝的安全运行性能，并取得有益进展[24]。

2.4 发展方向

当前美国等西方发达国家已经进入后工程时代，认为水库大坝安全不仅包括工程安全、公共安全、生态安全、环境安全，还包括保障大坝安全的工程和非工程措施，从而进一步丰富了大坝安全内涵，形成了系统安全理念。我国水库大坝安全管理目前仍主要聚焦于工程安全，包括工程建设质量、施工安全和人员的行为规范等方面，尚未形成大坝系统安全管理理念，同时，工程界普遍认为工程建设质量优良就能够保障水库大坝以后的运行安全。因此，我国坝工界仍然停留在以保障工程建设质量为基础支撑的大坝安全运行这一阶段。为了进一步提高土石坝安全运行性能，有效减小周期性治理和可能出现的渗漏、失稳乃至溃坝等险情，我国工程界已经开始对提高土石坝安全性特别是运行期的安全性进行研究，初步形成以安全建造理念提升坝工建设水平的趋势。

目前为止，这些安全建造的研究、应用与开发有两大发展方向。

（1）第一个方向是沿着传统建设思路、融合互联网大数据云计算应用的建设方式变革，主要是基于机械化施工采用高科技手段形成施工建设数据集成的信息化、智能化、控制化，实现施工的可靠性和保证程度，一般称之为"智能建造"[25-28]，从更高层次和更严格标准提高工程建造质量，杜绝低劣的"豆腐渣"工程。

（2）第二个方向是对坝工建造技术（包括材料与结构）的改进，形成新的设计技术方法。一方面组合混凝土坝与土石坝的一些特点，形成新的坝型结构。清华大学、中国水科院等单位开展创新研究，按照"宜材适构、宜构适材"的新的筑坝理念，从材料和结构两大方面研究形成诸如堆石混凝土、胶结砂砾石等介于土石坝与混凝土坝之间的筑坝材料与技术，实际运用十分成功[29-33]。另一个方面是以土石坝为基本架构，在关键部位或环节采用换"芯片"的办法形成新的防渗结构，也就是将坝体内部常规的土质防渗等柔性材料替换成混凝土刚性材料（亦称增强体），即保留土石坝工程的一些长处又吸收诸如重力坝那种混凝土刚性材料的优点，形成一种新的土石坝坝型[34-38]。研究表明，这种换"芯片"的方法，可以从根本上解决常规土石坝存在的一些病害、病险乃至溃坝等问题，对新建土石坝以及对病险水库的除险加固都具有重要的指导作用，从而提高了土石坝的安全性能。

　　未来的坝工发展必定建立在材料学科取得重大进展并能引领坝工结构产生变革的基础之上，由此引发技术理论与计算分析方法的更大突破。另外，信息化、智能化监测监控手段对保障水库大坝的安全运行也将起到很大的增益作用，从而保证水库大坝的安全运行。

参 考 文 献

［1］　贾金生，等. 中国大坝 60 年［M］. 北京：中国水利水电出版社，2013.

［2］　中国电建集团成都勘测设计研究院有限公司. 深厚覆盖层上高心墙堆石坝防渗系统关键技术研究与应用项目研究报告［R］，2015.

［3］　《瀑布沟水电站》编辑委员会. 瀑布沟水电站 第二卷 土建工程［M］. 北京：中国水利水电出版社，2009.

［4］　余学明，何兰. 瀑布沟水电站砾石土心墙堆石坝设计［J］. 水力发电，2010，36（6）：39 - 42.

［5］　吴梦喜，余学明，叶发明. 高心墙堆石坝坝基防渗墙与心墙连接方案研究［J］. 长江科学院院报，2010，27（9）：59 - 64.

［6］　冯小磊，刘德军，洪孝信. 糯扎渡特高心墙堆石坝安全监测关键技术研究［J］. 水利水电快报，2019，40（11）：24 - 29.

［7］　贾华，何顺宾，伍小玉，等. 长河坝心墙堆石坝地基防渗墙应力变形分析［J］. 水资源与水工程学报，2008（3）：72 - 75.

［8］　马晓华，郑敏生，梁国钱，等. 弹性模量对坝体混凝土防渗墙应力变形影响分析［J］. 水力发电学报，2013，32（1）：230 - 236.

［9］　雷泽宏. 瀑布沟水电站心墙防渗料工程性质研究［J］. 四川水力发电，1994（4）：43 - 50，87.

［10］　李小泉，李建国，罗欣. 瀑布沟宽级配砾质土防渗料的突出特点及工程意义［J］. 水电站设计，2015，31（2）：60 - 63.

［12］　王晓东. 冶勒水电站大坝心墙与防渗墙连接混凝土基座设计［J］. 水电站设计，2013，29（2）：9 - 11，50.

［13］　余挺. 砾质土防渗料在高土石坝上的应用［J］. 水电站设计，2003（3）：15 - 17.

［14］　梁军，刘汉龙. 一种适合于深厚覆盖层土石坝的空间正交防渗体系［C］//中国大坝工程学会 2016 学术年会论文集. 郑州：黄河水利出版社，2016：325 - 331.

［15］　陶益民，刚永才. 毛尔盖水电站大坝砾石土心墙防渗土料的特性研究及质量控制［J］. 水电站设计，2012，28（增 1）：29 - 33.

［16］　张小春. 长河坝水电站深厚覆盖层超高砾石土心墙堆石坝关键筑坝技术应用［J］. 水力发电，2016，42（10）：5 - 8.

［17］　钟登华，时梦楠，崔博，等. 大坝智能建设研究进展［J］. 水利学报，2019，50（1）：38 - 52，61.

［18］　钟登华，贾晓旭，杜成波，等. 心墙堆石坝 4D 施工信息模型及应用［J］. 河海大学学报（自然科学版），2017，45（2）：95 - 103.

［19］　韦凤年，陈生水. 大坝安全与其设计和施工质量紧密相关［J］. 中国水利，2008（11）：20.

［20］　曹楚生. 从大坝设计和风险分析看大坝安全［J］. 水利水电工程设计，2000（1）：1 - 2，5.

［21］　贾金生，赵春，郑璀莹. 水库大坝安全研究与管理系统开发［M］. 郑州：黄河水利出版社，2014.

［22］　何晓燕，王兆印，黄金池，等. 中国水库大坝失事统计与初步分析［C］//中国水利学会 2005 学术年会论文集——水旱灾害风险管理，2005：329 - 338.

［23］　牛运光. 病险水库加固实例［M］. 北京：中国水利水电出版社，2002.

［24］　陈生水. 新形势下我国水库大坝安全管理问题与对策［J］. 中国水利，2020（22）：1 - 3.

［25］　皇甫泽华，张赛，史亚军，等. 大型水库工程建设期管理系统设计与应用［J］. 人民黄河，2019，

41 (2)：111 - 114，118.

[26] 韩兴. 无人驾驶振动碾的开发及其在长河坝工程中的应用 [J]. 水力发电，2018，44 (2)：11 - 14，65.

[27] 孔兰，蔡一坚，王东阳，等. 基于 BIM 的水利工程两层级架构智能建造系统研究 [C]//2020 年 (第八届) 中国水利信息化技术论坛论文集. 河海大学：北京沃特咨询有限公司，2020：5.

[28] 丁振华. 浅谈水利信息化工程建设和运行管理 [J]. 中国水利，2005 (5)：40 - 42.

[29] 金峰，安雪晖，石建军，等. 堆石混凝土及堆石混凝土大坝 [J]. 水利学报，2005 (11)：78 - 83.

[30] JIA J S, LINO M, FENG J, et al. The Cemented Material Dam：A New, Environmentally Friendly Type of Dam [J]. Engineering，2016 (4)：490 - 497.

[31] 金峰，安雪晖，周虎. 堆石混凝土技术 [M]. 北京：中国建筑工业出版社，2017.

[32] 贾金生，马锋玲，李新宇，等. 胶结砂砾石坝材料特性研究及工程应用 [J]. 水利学报，2006 (5)：578 - 582.

[33] 贾金生，刘宁，郑璀莹，等. 胶结颗粒料坝研究进展与工程应用 [J]. 水利学报，2016，47 (3)：315 - 323.

[34] 梁军. 纵向增强体土石坝的设计原理与方法 [J]. 河海大学学报（自然科学版），2018，46 (2)：128 - 133.

[35] 梁军. 纵向增强体土石坝新坝型及其安全运行性能分析 [J]. 工程科学与技术，2019，51 (2)：38 - 44.

[36] 侯奇东，梁军，李海波，等. 纵向增强体新型土石坝稳定性研究 [J]. 水资源与水工程学报，2019，30 (6)：164 - 171.

[37] 梁军，张建海. 纵向增强体加固病险土石坝技术及其在四川的应用 [J]. 中国水利，2020 (16)：26 - 28.

[38] 陈昊，王彤彤，龙艺. 纵向增强体土石坝在马头山水库中的应用 [J]. 四川水力发电，2020，39 (1)：114 - 119.

第3章 纵向增强体土石坝渗流分析计算

摘要： 本章通过简要回顾近年来土石坝有关渗流研究进展，针对土石坝的防渗料、过渡料、坝壳料等筑坝分区料的渗透特性，简要总结了各类筑坝材料的渗透性能试验、不同方向渗流性能测试、长期渗流观测结果等成果。基于线性渗流的达西定律，提出不同材料界面的渗透性服从非线性的幂函数关系，从渗流水力学计算模式出发，首次得出增强体心墙厚度理论计算公式及其下游侧面渗透水出逸高度等指标，为增强体土石坝设计提供计算依据。

3.1 概述

土石坝渗流计算常采用水力学方法、图解法、试验法以及以有限差分法为代表的数值计算方法，其中水力学方法求解简便，也是设计规范推荐的基本方法，工程中应用最广。坝体或坝基渗透计算是一个空间问题，尤其当坝体由多种材料、坝基由多种地层组成时，渗流计算也更为复杂。

纵向增强体土石坝与常规土石坝一样，依然存在渗流及其控制问题，渗流控制也是增强体土石坝设计的主要内容之一，土石坝内置增强体首先应当满足防渗，这也是增强体设计的基本要求。增强体土石坝在运行期间，由于蓄水水位上升或水位降落，水在坝体内的渗流对坝体本身的安全和功能有着重要影响，增强体坝的渗流计算包括：①确定增强体作为防渗体并满足防渗要求的计算厚度；②确定坝体浸润线及其下游逸出点位置，用于核算下游坝坡稳定性；③确定或复核下游坝体和坝基的渗流量；④验证坝体和坝基的渗透稳定性能；⑤开展坝体下游渗流逸出段的渗透稳定计算。

土石坝的渗流简化计算常采用平面渗流条件下的水力学解法，增强体坝仍可以沿用该方法来研究其渗流问题，而且便于和常规土石坝的计算结果相比较。但由于增强体土石坝筑坝材料的特殊性质和构造特点，尤其是堆石筑坝料和混凝土两种材料及两者界面上的渗透特性存在显著差异，因此其渗流场分布及渗透破坏形式与常规土石坝也存在较大差异，具体来说，在坝体下游区渗流场分布范围更低更小，渗透破坏形式更加取决于增强体心墙本身。

为此，本章先从不透水边界地基上的均质材料的渗透性研究入手。

3.2　土石坝渗流计算的水力学基本方法[1]

如图 3.2-1 所示为一不透水地基上的均质矩形阻水体（如一般性土体）的渗流情形，此时过流断面上的平均流速为

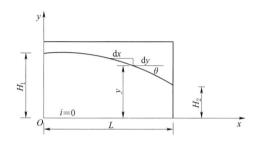

图 3.2-1　不透水地基矩形土体渗流计算简图

$$v = -k\frac{\mathrm{d}y}{\mathrm{d}x} \qquad (3.2-1)$$

式中：k 为阻水材料的渗透系数。

断面上的单宽流量为 q，即

$$q = vy = -ky\frac{\mathrm{d}y}{\mathrm{d}x} \qquad (3.2-2)$$

对任意距坐标原点为 x 的渗流断面 y 积分上式，得

$$H_1^2 - y^2 = \frac{2q}{k}x \qquad (3.2-3)$$

上式即为阻水体浸润线方程，为抛物线型分布，其具体形状与渗流的边界条件紧密相关，式中 k 为渗透系数，其值代表了材料的渗透性能，图 3.2-1 所示的浸润线在坝体下游的逸出点高度 H_2 与下游的排水形式有关，此处不再详述。值得注意的是抛物线这一分布型式与阻水体材料类别无关，也就是说，阻水材料不论土质材料、混凝土材料还是其他材料，它们内部的浸润线分布规律都是抛物线型的。

特别地，对上游面（$x=0$，$y=H_1$）至下游面（$x=L$，$y=H_2$）积分，得到流过整个楔形阻水体的渗流量：

$$q_0 = \frac{k(H_1^2 - H_2^2)}{2L} \qquad (3.2-4)$$

对式（3.2-3）求导，可以得到阻水体内部浸润线表面的水力坡降 i 值：

$$i = \frac{\mathrm{d}y}{\mathrm{d}x} = \frac{q}{k\sqrt{H_1^2 - \dfrac{2q}{k}x}} \qquad (3.2-5)$$

显然，为了保持楔形阻水体在下游边界渗流出逸界面（$x=L$）的渗透稳定，则有

$$i \leqslant i_c \qquad (3.2-6)$$

式中：i_c 为阻水体的允许水力坡降，此值与阻水材料性能密切相关。

或取

$$\frac{q}{k\sqrt{H_1^2 - \dfrac{2q}{k}L}} = i_c \qquad (3.2-7)$$

由上式并结合式（3.2-4），考虑到同一阻水材料渗流连续性条件（$q=q_0$），可以得出满足渗流稳定条件（不产生渗透破坏）的阻水体宽度 L 值（图 3.2-1）：

$$L = \frac{1}{2H_2 i_c}(H_1^2 - H_2^2) \qquad (3.2-8)$$

上式表明，阻水体（土体或其他防渗体）的最小水平宽度 L 值除了与其上游界面受

到的水头 H_1 和下游界面的逸出水头 H_2 有关外，还与其自身的允许水力坡降 i_c 成反比。显然，允许水力坡降大的材料，如混凝土类材料，防渗水平宽度 L 值就小，反之即大。

在满足阻水材料渗透稳定条件下的单宽渗流量 q，经推导，可表示为

$$q = H_2 i_c k \tag{3.2-9}$$

3.3 土石坝筑坝材料渗透研究进展

一般而言，土石坝或堆石坝的渗透特性主要是针对坝体填筑料如防渗料、坝壳料或堆石料、反滤过渡料等岩土材料所做的渗透性试验研究，从中得出各类材料的透水性、渗透稳定性等渗透特性，便于结合各种材料的力学性质指标进行合理的料物分区，达到坝体用料的经济可行与安全可靠。迄今为止，土石坝或堆石坝各种筑坝材料渗透性试验研究主要体现在 4 个方面：①各类坝材料的渗透性能试验研究，为坝体料物分区和渗流计算分析提供相应参数与依据；②同一筑坝料在不同方向渗流性质的试验研究，这是与坝体填筑、层面碾压紧密相关的质量检测方式，可进一步评价防渗体施工质量的优劣；③筑坝料长期渗流的试验研究，这种试验的目的是研究筑坝材料的长期渗流稳定性并对下游坝体排水条件的设置提供依据；④不同材料界面的渗透性能试验研究，通过这种研究，在材料介质接触面之间考虑反滤、过渡和稳定性保护上是否采取措施，以满足材料界面抗侵蚀和防变形的性能。应该说，这四个方面的试验与研究成果是相当丰富和完善的，并且对工程建设包括设计、施工和监测等方面具有较好的指导作用[2-14]。

3.3.1 不同筑坝材料的渗透特性

统计近 30 年来数十个土石坝工程筑坝材料的二百多项渗透试验研究成果，得出各类筑坝料的渗透系数 k 值与破坏时水力坡降 i 及筑坝材料变化的规律性成果，这些是室内试验的统计成果，其统计数据列入表 3.3-1。如图 3.3-1 所示为料物的渗透特性变化图，较为清晰地反映出各种坝体填筑料与水的相互作用的宏观关系以及它们的渗透特性与相应指标。

表 3.3-1　　　　　　　各类筑坝材料渗透特性变化表

材料类别	黏性土	砾石土	垫层料	细堆石料	堆石料	砂砾石料
k 值/(cm/s)	$\leq 10^{-5}$	$10^{-5} \sim 10^{-4}$	$10^{-4} \sim 10^{-3}$	$10^{-3} \sim 10^{-2}$	$10^{-2} \sim 10^{-1}$	$>10^{-1} \sim 10^0$
水力坡降 i	>28	$20 \sim 30$	$15 \sim 22$	$5 \sim 20$	$0.1 \sim 3$	<0.6
统计组数	40	52	37	45	45	22

此外，材料的渗透性能还与其级配性状、密实程度、水理性质等多种因素有关，对于重要工程一般都要求进行渗透性试验研究，而不能简单地类比或参照。

3.3.2 筑坝材料不同渗流方向的渗透特性[5]

试验表明，不同的材料在渗流方向上具有各向异性的特点，这种特性既有材料内在性质不同的影响又与施工填筑方式有关。材料内在性质主要包括组成颗粒的水理性质、孔隙

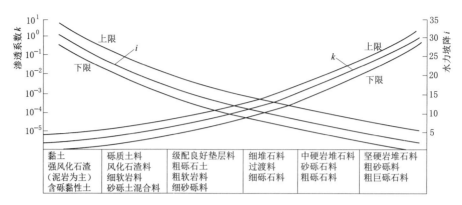

图 3.3-1　不同筑坝材料渗透特性统计变化图

率大小、结构排列方式等因素，施工填筑对材料渗流各向异性的影响主要体现在垂直方向上的施工震动碾压使土颗粒趋于水平向排列。表 3.3-2 为升钟水库大坝质检所做的渗透试验成果，表明水平方向的渗透系数大于垂直方向的对应值[9]，填筑料的成层性较为明显，水平向的渗透系数 k_h 大于垂直向的渗透系数 k_v，如图 3.3-2 所示为 k_h 与 k_v 同量级对比。

表 3.3-2　　　　　　　　　　升钟水库管涌质检试验成果（部分）

试样编号	控制干密度 /(g/cm³)	颗粒特征			水力坡降 i		渗透系数 k/(cm/s)	
		$<P_5/\%$	$<P_2/\%$	C_u 值	垂直	水平	垂直方向	水平方向
上游 6	1.90	33.2	23.5	76.3	0.31	0.44	8.65×10^{-4}	1.27×10^{-3}
上游 17	1.90	22.5	14.8	32.8	0.88	0.32	3.08×10^{-3}	1.46×10^{-2}
下游 19	1.90	34.0	24.5	39.6	0.36	0.17	1.41×10^{-4}	3.02×10^{-3}
下游 23	1.90	33.4	25.4	65.8	0.76	0.68	1.17×10^{-4}	2.20×10^{-3}
下游 28	1.90	31.5	23.2	96.2	0.47	0.19	1.07×10^{-3}	2.25×10^{-2}
下游 33	1.90	26.2	18.3	83.3	0.59	0.49	2.25×10^{-4}	2.66×10^{-3}

注　表中"P_5""P_2"指小于 5mm、小于 2mm 粒径颗粒含量不超过某一百分值。

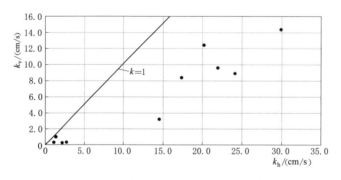

图 3.3-2　升钟水库坝料渗透各向异性分布图

统计分析结果表明，不同筑坝材料由于料物特性和施工方式的不同，导致沿水平方向和垂直方向的渗透性能也不尽相同，有的差异还相当明显。如图 3.3-3 所示为各类筑坝

材料垂直渗透系数 k_v 与水平渗透系数 k_h 对应关系，说明颗粒越大和水理性越差的材料，渗透各向异性越不明显（图中接近于 $k_v=k_h$ 线的①、②区域，主要材料是无黏聚性的粗粒料）；颗粒越细小和水理性越好的材料（即有黏聚性材料），k_v 值就越小于 k_h 值（图中⑤、⑥区域）。

一般而言，总有 $k_v \leqslant k_h$，或者写成如下形式：

$$k_v = Bk_h \qquad (3.3-1)$$

式中：B 为与材料有关的参数，一般 $B \leqslant 1.00$，升钟水库实测 B 最小可达 0.04。说明施工碾压对筑坝料成层性的影响是比较大的。

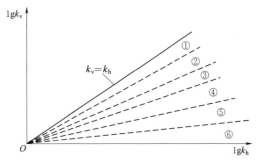

图 3.3-3 不同材料的渗透各向异性统计图
①—坚硬岩堆石料、粗砂砾料、粗巨砾石料；②—中硬岩堆石料、砂砾石料、粗砾石料；③—细堆石料、过渡料、细砾石料；④—一级配好垫层料、粗砾质土、粗软岩料、细砂砾料；⑤—砾质土料、风化石渣料、细软岩料、砂砾土混合料；⑥—黏土、强风化石渣（泥岩为主）、含砾黏性土

表 3.3-3 列出根据大量室内试验整理出来的各种岩土材料渗透性参数 B 值。从表中可知，一般来讲，质地硬的筑坝料施工碾压成层的情况要少得多，而质地偏软的材料容易成层，特别是黏性土更容易形成水平层面。因而，有关施工规范明确规定，黏性土一般采用凸块碾压而不用平碾，层面接合面需经过抛毛处理。

表 3.3-3　　　　各种岩土材料渗透性参数 B 值

编号	①	②	③	④	⑤	⑥
材料分类	坚硬岩堆石料、粗砂石料、粗巨的砾石料	中硬岩堆石料、砂砾石料、粗砾石料	细堆石料、过渡料、细砾石料	级配良好的垫层料、粗砾质土、粗软岩料、细砂砾料	砾质土料、风化石渣料、细软岩料、砂砾土混合料	黏土、强风化石渣（泥岩为主）、含砾黏性土
B 值	1.00～0.95	0.95～0.85	0.90～0.70	0.75～0.60	0.60～0.30	<0.30

3.3.3　筑坝料长期渗流的试验研究[10-11]

针对四川红层地区修建面板堆石坝不可避免地面临采用红层软岩筑坝的问题，因此开展软岩（或含软岩）堆石料的长期渗流研究对坝体渗透稳定具有一定的指导意义。20 世纪 90 年代中后期，笔者曾开展对瓦屋山水电站面板堆石坝含软岩堆石筑坝方案所做的额定不同水头的长期渗流观测，资料整理后的代表性成果如图 3.3-4 所示，图中列出了 $i=3.37$ 和 $i=0.99$ 两种常水头的试验结果。长期渗流观测系在改装的室内渗透仪上进行，该仪器试样控制直径 300mm，高 400mm，试样最大颗粒 $d_{max} \leqslant 60mm$，试验用料分别为瓦屋山电站附近小河山砂岩料场掺配 15% 的软岩（泥岩）和长沙坝料场掺配 10% 的软岩，制样方式采用机械振动装样并按装样高度控制干密度。具体制样参数：长沙坝料控制干密度 2.13g/cm³，孔隙率 $n=18.70\%$，小于 5mm 颗粒含量 11.1%，砂岩料中掺配泥岩料质量比例为 90%：10%；小河山料控制干密度 2.10g/cm³，孔隙率 $n=19.85\%$，小于 5mm

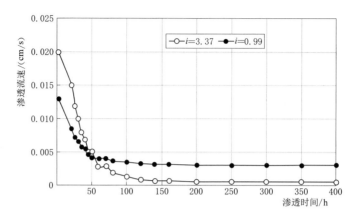

图 3.3-4 小河山料场掺配料的长期渗流观测时程线

颗粒含量 12.2%，砂岩料中掺配泥岩料质量比例为 85%：15%。对两种材料分别进行了长达 400h 和 600h 的长期观测，试验时额定相应水头，每日定时定点测读。

由图 3.3-4 和图 3.3-5 可知，试样在较低水头时的流速的波动起伏较大，反映出颗粒在临界状态时的跳动，同时也伴随着颗粒流失。水头较大时（$i \geqslant 2.0$）流速波动就小了，说明堆石料的渗流通道断面已经基本形成，跳动的微小颗粒流失殆尽，因而渗流趋于平稳，这一过程也表明堆石渗流一般是从暂态流动向稳态流动变化的。两种材料的暂态指标各有不同，但稳态指标都基本一致。

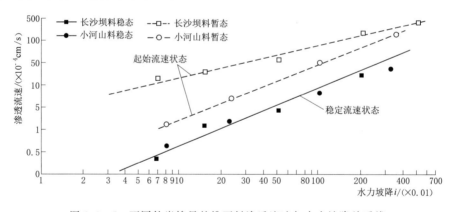

图 3.3-5 不同软岩掺量的堆石料渗透流速与水力坡降关系线

含软岩的堆石长期渗流观测表明渗流可以分为起始流速状态（暂态的）和稳定流速状态（长期的）两种流态。暂态流速状态主要是由于堆石体中细小颗粒在水流作用下尚未达到稳定，未能实现局部冲蚀平衡，尚未形成固定渗流通道，待水流冲蚀细小颗粒基本完成，渗流通道也就基本形成，渗流便进入到稳定渗流状态，此时，渗流基本沿着相对稳定且固定的通道进行。因此，一定的软硬相兼的堆石颗粒组构能够承受相应的压力水头，从而使整个堆石体能够维持渗流稳定。通过含软岩堆石体的长期渗流（渗流从暂态向稳态的发展变化）观测，还进一步证实了级配良好且有一定掺配比例的软硬堆石体具有较强的自滤、自愈能力。根据试验，长期渗透系数一般为暂态渗透系数的 1/10~1/100，因此，在诸如瓦屋山水电站面板坝采用含软岩材料填筑大坝的方案选择时，在坝体结构中有必要考虑专门的排水设施，这也为透水性偏低的软岩堆石料或石渣料设置内部排水体系提供了技术依据。

3.3.4 不同材料界面的渗透性能研究

不同材料之间的渗透性质实际上可以形成一种保护与被保护的关系，《碾压式土石坝设计规范》（SL 274—2020）也有相关规定[15]，主要是基于太沙基的反滤准则，其基本目的是保持渗透系数 k 值较小材料的渗流稳定性。试验表明：在满足抗渗强度的条件下，如水流从渗透系数 k 值大的材料流向渗透系数 k 值小的材料，两者的界面上将出现渗透水的"留滞"现象，即试验水头下降缓慢，界面的渗透性与渗水量受制于 k 值小的下游材料；反之，如渗流从渗透系数 k 值小的介质流向 k 值大的介质，界面的渗水将很快消散，渗水量太小以致无法集聚或留滞，渗流仍然受控于 k 值小的上游材料。说明在不同材料或介质组合渗流状态下，整个渗流过程一定是由渗透系数小的材料或介质控制。层流原理的达西定律表达式为

$$q = Aki \tag{3.3-2}$$

式中：q 为渗流流量，cm^3/s；A 为渗流面积，cm^2；k 为材料或介质的渗透系数，cm/s；i 为水力坡降。

流过两种介质的渗流量分别为

$$q_1 = A_1 k_1 i_1 \tag{3.3-2a}$$

$$q_2 = A_2 k_2 i_2 \tag{3.3-2b}$$

式中：q_1、q_2 分别为第一、第二种介质的渗流流量，cm^3/s；A_1、A_2 分别为第一、第二种介质的渗流面积，cm^2；k_1、k_2 分别为第一、第二种介质的渗透系数，cm/s；i_1、i_2 分为两种介质的水力坡降。

显然，当第一种介质与第二种介质的渗透性（具体为 k 值）相差较大时，反映不同材料渗透性存在较大差异，可见渗流单位面积上的渗流流量 q_1、q_2 是不相等的，即 $q_1 \neq q_2$。

在层流条件下，当设定材料或介质界面渗流所受水头 h 相同时，即 $i_1 L_1 = i_2 L_2 = h$ 时（L_1、L_2 分别为两种介质的渗径长度），则有

$$\frac{q_1}{q_2} = \frac{A_1 k_1 L_2}{A_2 k_2 L_1} \tag{3.3-2c}$$

那么，在单位面积 A_1 和 A_2 上（设 $A_1 = A_2 = 1$），就有

$$\frac{q_1}{q_2} = \frac{k_1 L_2}{k_2 L_1} \quad \text{或} \quad q_1 = \frac{k_1}{k_2} \frac{L_2}{L_1} q_2$$

因此有

$$q_1 = \beta_0 q_2 \tag{3.3-3}$$

式中：$\beta_0 = \dfrac{k_1 L_2}{k_2 L_1}$，为与介质渗透性质有关的系数。

可见，两种介质的单位渗流量 q_1、q_2 之间相差一个参数 β_0。如果将系数 β_0 的表达式改变一下，即 $\beta_0 = (k_1/L_1)/(k_2/L_2)$ 或 $\beta_0 = k_1'/k_2'$，其中 k_1'、k_2' 分别为第一、第二种材料在单位长度上的渗透系数，$k_1' = \dfrac{k_1}{L_1}$，$k_2' = \dfrac{k_2}{L_2}$，即为同一材料渗透系数与其渗透长度（或路径）的比值，反映出不同材料的渗透性难易程度，其物理意义为材料或介质渗透的强弱。

进一步取单位渗透长度上的渗透性，即 $k_1' = \dfrac{k_1}{L_1} = k_1$，$k_2' = \dfrac{k_2}{L_2} = k_2$，则有

$$\beta_0 = \frac{k_1}{k_2} \tag{3.3-3a}$$

即

$$q_1 = \frac{k_1}{k_2} q_2 \tag{3.3-3b}$$

上述推导是基于层流条件的达西定律进行的，适用范围也局限在砂土、黏土等线性渗流材料之中。对于砾质土、宽级配粗粒土、堆石料、石渣料和混凝土材料等相对透水介质，其渗流关系是非线性的，这种非线性的影响因素较多，诸如介质透水性、水的运动黏滞性、水温、介质孔隙率、介质的微观结构等。为使问题简化，根据上面的思路，认为参数 β_0 是可变的，根据试验分析，在不同介质之间的渗透性是呈幂函数的关系而变化的。

令 $\beta = \beta_0^\eta = \left(\dfrac{k_1'}{k_2'}\right)^\eta = \left(\dfrac{k_1}{k_2}\right)^\eta$，这样由式（3.3-3）得到经过两种介质界面渗流的相关关系如下：

$$q_1 = \beta q_2 = \left(\frac{k_1}{k_2}\right)^\eta q_2 \tag{3.3-4}$$

式中：η 为表征两种材料组合在一起的渗透性参数值，无量纲。

显然，η 值与材料渗透系数及其组合方式有关；一般 $\eta \leqslant 1.0$，当 $\eta = 1.0$ 时，上式变为式（3.3-3b），为层流状态下线性关系的达西定律；当 $\eta < 1.0$ 时，为非层流状态的非线性渗流关系。

综上，式（3.3-4）是两种不同材料渗透组合下其渗流关系的一般表达式，对不同材料的组合，参数 η 值是不一样的。根据试验分析，对于堆石坝体材料与混凝土墙体的渗透关系组合，$\eta = 0.65$。

3.4　纵向增强体土石坝的渗流计算

如图 3.4-1 所示，纵向增强体土石坝的渗流，其浸润线在上游坝壳内实际上有一些水头降低，在混凝土心墙内水头有很大的跌落，并在下游界面以较低的水头逸出至下游坝壳内。一般而言，增强体心墙的渗透系数很小，比上游坝壳料要小 $10^4 \sim 10^5$ 数量级，计

算分析时可不考虑上游坝壳料对水头的降低作用，因此上游水位线可按一条水平线与纵向增强体（此时亦可称作防渗心墙）上游侧相接，这样心墙直接承受上游水头 H_1 的作用，渗流进入宽度为 δ 的防渗心墙，经水位跌落在下游侧高于下游水位 h_0 处逸出，依据《碾压土石坝设计规范》（SL 274—2020）规定，土石坝下游应设排水，下游浸润线末端应与坝后下游水位相接。如前所述，浸润线在渗流介质中呈抛物线展布，考虑到不同介质渗流的连续性，就可以直接写出渗流穿过各介质的浸润线方程。

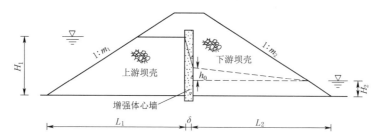

图 3.4-1　不透水地基上的混凝土纵向增强体心墙土石坝渗流示意图

在坝体各类填筑材料界面上的渗流如图 3.4-2 所示。那么，通过增强体心墙的单位宽度渗流量 q_1 为

$$q_1 = \frac{k_e\left[H_1^2 - (h_0 + H_2)^2\right]}{2\delta} \tag{3.4-1}$$

通过下游坝壳的单位宽度渗流量 q_2 为

$$q_2 = \frac{k_2\left[(h_0 + H_2)^2 - H_2^2\right]}{2(L_2 - m_2 H_2)} \tag{3.4-2}$$

上两式中：H_1、H_2 分别为上、下游水头（自建基高程起算），m；k_e 为增强体心墙的渗透系数，cm/s；k_2 为下游坝体渗透系数，cm/s；δ 为增强体心墙的厚度，m；h_0 为增强体下游侧渗流出逸高度（下游水位起算），m；L_2 为下游堆石坝体的水平长度（自墙体下游侧起算至下游坡脚止），m。

由于增强体心墙与坝壳料之间的渗透性差距巨大，而不完全符合边界流动的等价连续性，如以上分析，$q_1 \neq q_2$ 且 $q_1 \ll q_2$。以往相关教科书都按连续性准则，将 q_1、q_2 写成为 $q_1 = q_2$ 或 $q_1 = \beta_0 q_2$，这在同一介质中的渗流应当是成立的；但对于不同介质的渗流，应按式（3.3-4）计算。

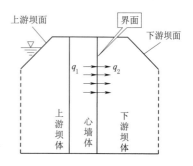

图 3.4-2　渗流局部示意图

增强体心墙与坝壳料的渗透组合关系存在 $q_1 \neq q_2$，也可用量级分析来加以说明。

针对增强体土石坝所用的特定材料，对上面两式进行简单的量级分析：一般增强心墙为混凝土或钢筋混凝土材料，其抗渗性能好，渗透系数量级一般为 $k_e = A \times 10^{-8}$ cm/s（A 为纯个位数，下同），下游坝体材料的渗透系数量级一般为 $k_2 = A \times 10^{-2}$ cm/s，对于具体特定的中低规模的坝体设计尺寸来说，设计参数如 H_1、H_2、δ、h_0、L_2 等一般均在

$0.1 \sim 100$ 之间，其中 L_2 为三位数，即 L_2 按 $A \times 10^2$ 计；H_1 为两位数，即 H_1 按 $A \times 10^1$ 计；H_2、δ、h_0 均为个特征值位数，即为 $A \times 10^0$（其中有的数也可能小于 1，如 δ 值，即为 $A \times 10^{-1}$）。将这些关系特征值代入式（3.4-1）、式（3.4-2），可知：$q_1 \approx A \times (10^{-6} \sim 10^{-7})$cm/s，而 $q_2 \approx A \times (10^{-3} \sim 10^{-4})$cm/s。显然 $q_1 \neq q_2$，两者相差约 1000 倍，这种渗流关系的不对等，意味着在不同介质中的渗流特性是存在差异的，不同介质渗流的界面由于渗透的差异性也存在水量的集聚、留滞或消散，因而渗流的连续性只能依照渗透系数小的那种材料控制，即由增强体心墙控制整个坝体的渗流，这是十分明确的。

按照上节的分析，对增强体心墙与坝体的渗透组合进行渗流分析计算。由于增强体心墙与坝壳料之间的渗透性差距巨大，且 $q_1 \ll q_2$，根据不同介质渗流的连续性由透水性小的介质所控制和不同介质界面渗透水的留滞或消散的基本原理，由上一节所描述的渗透非线性关系，有

$$\beta = \left(\frac{k_e}{k_2} \right)^{\eta} \tag{3.4-3}$$

因此有

$$q_1 = \left(\frac{k_e}{k_2} \right)^{\eta} q_2 \tag{3.4-4}$$

式中：η 为混凝土增强体心墙与堆石坝体的渗透组合特征系数，取 $\eta = 0.65$。

以上各式有 h_0、δ，q_1，q_2，L_2 五个待定参数，也就是增强体土石坝渗流特征值。以下分项列出相应参数的计算公式[16]。

3.4.1 计算下游出逸水头

根据式（3.2-9），分别写出以下各式。

从增强体心墙上游侧面进入墙体的渗流量 q_1 为

$$q_1 = (h_0 + H_2) i_{ce} k_e \quad 或 \quad q_1 = \frac{k_e [H_1^2 - (h_0 + H_2)^2]}{2\delta}$$

从增强体心墙下游侧面进入下游坝体的渗流量 q_2 为

$$q_2 = H_2 i_{c2} k_2 \quad 或 \quad q_2 = \frac{k_2 [(h_0 + H_2)^2 - H_2^2]}{2L_2}$$

由式（3.4-3）、式（3.4-4），有 $q_1 = \beta q_2$，即 $(h_0 + H_2) i_{ce} k_e = \beta H_2 i_{c2} k_2$，故

$$h_0 = H_2 \left[\frac{i_{c2}}{i_{ce}} \left(\frac{k_e}{k_2} \right)^{\eta-1} - 1 \right] \tag{3.4-5}$$

式中：i_{ce} 为增强体心墙允许水力坡降；i_{c2} 为下游筑坝料的允许水力坡降；其余符号意义同前。

3.4.2 计算增强体防渗心墙厚度

由式（3.4-3）、式（3.4-4）和 $q_2 = H_2 i_{c2} k_2$、$\delta = \dfrac{[H_1^2 - (h_0 + H_2)^2] k_e}{2q_1}$，得

$$\delta = \frac{H_1^2 - H_2^2 \left(\frac{i_{c2}}{i_{ce}}\right)^2 \left(\frac{k_e}{k_2}\right)^{2(\eta-1)}}{2 i_{c2} \left(\frac{k_e}{k_2}\right)^{(\eta-1)} H_2} \tag{3.4-6}$$

如令 $H_d = i_{c2} \left(\frac{k_e}{k_2}\right)^{\eta-1} H_2$（$H_d$ 称为下游等代水深），则

$$\delta = \frac{H_1^2 - \frac{1}{i_{ce}^2} H_d^2}{2 H_d} \tag{3.4-7}$$

3.4.3 计算界面单宽渗流流量

从前述分析可知，增强体土石坝的渗流控制关键是增强体心墙本身（即较小渗透系数那个材料控制整个渗流状态）。由以上关系式不难得出坝体渗漏量 $q = q_1$，由此，渗流量 q 由下式计算：

$$q = \left(\frac{k_e}{k_2}\right)^{\eta} i_{c2} k_2 H_2 \tag{3.4-8}$$

或

$$q = k_e H_d \tag{3.4-8a}$$

式（3.4-8）即为增强体心墙土石坝坝体渗漏量计算公式。

3.4.4 计算下游坝体满足渗透稳定要求的最小长度

由前面有关下游坝体渗流量 q_2 计算公式经变换，得到 $L_2 = \frac{k_2}{2q_2} \left[(h_0 + H_2)^2 - H_2^2\right] + m_2 H_2$，代入已知值，得

$$L_2 = \frac{H_2}{2 i_{c2}} \left[\frac{i_{c2}^2}{i_{ce}^2} \left(\frac{k_e}{k_2}\right)^{2(\eta-1)} - 1\right] + m_2 H_2 \tag{3.4-9}$$

式中：L_2 为下游坝壳底部维持其自身渗流稳定的最小水平长度，m；其余符号意义同前。

至此，以上参数全部求出，可由式（3.2-3）计算浸润线，据此可画出浸润线的具体形状。

一般来说，增强体厚度 δ 值较小，尽管浸润线在墙体内的形状呈抛物线分布，但很难具体画出。为简便计，一般以一条陡倾直线替代，即从墙体上游侧的 H_1 处直接连线至墙体下游侧的 h_0 处。浸润线在下游坝体中的形状，应按式（3.2-3）结合计算出的参数进行计算，并绘图，其计算公式为

$$(h_0 + H_2)^2 - y^2 = \frac{2q_2}{k_2} x \tag{3.4-10}$$

上式即为增强体土石坝下游坝体浸润线计算方程。

3.5 计算实例

以方田坝水库设计为例[16]，已知方田坝水库大坝上下游边坡坡比均为 1:2.25，其余

25

特征水位值和坝体材料有关参数详见表3.5-1。依据这些参数值，先按前述公式计算增强体防渗心墙厚度 δ、墙体下游面出逸水头 h_0、堆石坝体与混凝土界面渗流流量 q_1 与 q_2、下游满足渗透稳定要求最小坝底长度 L_2 等5个渗流特征值。这些计算值将成为坝体防渗与体型设计的基本依据。

表 3.5-1 水位特征与筑坝材料参数表

上游水深 H_1/m	下游水深 H_2/m	增强体心墙渗透系数 k_c/(cm/s)	心墙允许水力坡降 i_{ce}	下游坝料渗透系数 k_2/(cm/s)	下游坝料允许水力坡降 i_{c2}
39	1.5	4.5×10^{-8}	$80\sim100$	7.7×10^{-2}	5.5

由前述公式计算求得相应计算值，列入表3.5-2。

表 3.5-2 增强体土石坝渗流特征值计算成果表

设计指标	h_0/m	δ/m	q_1/[m³/(s·m)]	q_2/[m³/(s·m)]	L_2/m
计算值	12.43	0.53	5.64×10^{-7}	6.35×10^{-3}	15.00

从表3.5-1和表3.5-2可知：

（1）在上游39m水头渗透作用下，增强体心墙下游侧渗透水出露高程约在下游水位以上12.43m，即 $h_0=12.43$m。

（2）计算增强体心墙满足渗透稳定的最小厚度为0.53m。

（3）计算墙体的单宽渗漏量约为 5.64×10^{-7}m³/(s·m)，渗漏量微小，满足土石坝防渗设计要求。

（4）下游堆石体的单宽渗流量达 6.35×10^{-3}m³/(s·m)，数量级属中等透水，这不是按防渗控制的，而是按"下排"控制的。

（5）计算所得下游坝壳底部维持渗透稳定的最小长度为 $L_2=15.00$m，说明在15.00m以外，坝体底部长度或坝体边坡设计应以强度稳定性为控制因素，而不能用渗透稳定性来控制。所以，上、下游坝底宽度 L_1、L_2 应由强度稳定性计算决定。

根据本工程有关筑坝材料的力学参数和上述计算得到的渗流特征参数值，可以画出该增强体土石坝的浸润线，由式（3.4-10），并代入相关参数值，得出方田坝水库浸润线计算方程式为 $(h_0+H_2)^2-y^2=\dfrac{2q_2}{k_2}x$，即 $13.93^2-y^2=16.50x$。

浸润线计算成果列入表3.5-3。按计算所得数据绘制浸润线，如图3.5-1所示。可见，浸润线在墙体下游约11.76m处与下游水位相交，在坝体下游堆石区内浸润线降低至排水带。因此，增强体土石坝浸润线一般"走"得很低，这对坝体下游的稳定性十分有利。

表 3.5-3 方田坝水库浸润线计算成果表

x/m	0	2.0	4.0	6.0	8.0	10.0	11.76	自墙体下游侧起算
y/m	13.93	12.69	11.32	9.75	7.88	5.39	0.00	浸润线高度值
高程/m	546.93	545.69	544.32	542.75	540.88	538.39	533.00	

注 建基面高程为533.00m。

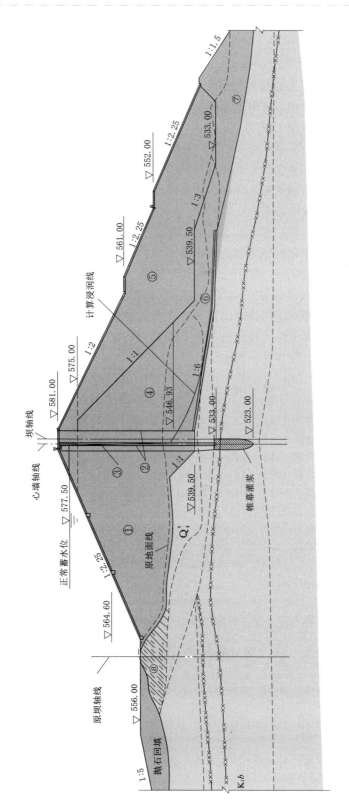

图 3.5-1 本文方法计算方田坝水库二维渗流成果图（单位：m）（参见文后彩插）

①—上游堆石区：采用弱风化或新鲜砂岩填筑；②—上、下游过渡区：混凝土心墙上、下游宽度分别为 1.6m、3.6m，采用新鲜砂岩填筑；
③—增强体心墙：槽孔混凝土防渗心墙；④—下游主堆石区：采用弱风化或新鲜砂岩；⑤—下游次堆石区：采用砂泥岩混合料；
⑥—下游坝基排水带：采用新鲜砂岩填筑；⑦—下游堆石排水棱体：采用新鲜砂岩填筑；⑧—原坝体；

3.6 小结

（1）本章简要归纳总结了近几十年来工程界针对各类筑坝材料渗透性能所做的研究，诸如材料渗透性能、长期渗流观测、材料界面的渗透特性等方面取得的成果，认为不同材料界面的渗透特性有待于进一步深入研究。

（2）通过分析不同材料介质界面渗透性存在的差异，发现其整体渗透性只能取决于渗透性能小的那种材料，如果渗流从渗透性大的材料向渗透性小的材料方向流动，那么在渗透性大的材料介质中将存在水量的集聚、留滞，因而两种渗透性存在较大差异的透水介质之间的渗流不服从达西渗流的线性关系。

（3）基于土石坝渗流的水力学方法，通过混凝土墙体与堆石界面两类不同介质的渗透性理论分析，首次得到这两种介质材料的渗透性呈幂函数的非线性关系，从而得出诸如混凝土防渗墙体厚度的理论计算公式及一些用于设计与计算的关系式。

（4）通过分析，混凝土增强体防渗心墙与沥青混凝土防渗心墙应属同一种性质的材料，本章推导的一些计算公式特别是墙体厚度理论计算式也应符合沥青混凝心墙土石坝的渗流计算，因而本章的渗流计算方法同样适合于沥青混凝心墙堆石坝的渗流计算与设计，从而改变以往凭经验选择一些设计指标的做法。

参 考 文 献

［1］ 王世夏. 水工设计的理论和方法 ［M］. 北京：中国水利水电出版社，2000.

［2］ 刘杰. 土石坝渗流控制理论基础及工程经验教训 ［M］. 北京：中国水利水电出版社，2005.

［3］ 刘杰. 土的渗透稳定与渗流控制 ［M］. 北京：水利电力出版社，1992.

［4］ 丁树云，蔡正银. 土石坝渗流研究综述 ［J］. 人民长江：2008，39（2）：33－36.

［5］ 屈智炯，何昌荣，刘双光，等. 新型石渣坝——粗粒土筑坝的理论与实践 ［M］. 北京：中国水利水电出版社，2002.

［6］ 四川省水利水电勘测设计研究院科研所. 大桥水库筑坝材料试验研究报告 ［R］. 成都：四川省水利水电勘测设计研究院，1991.

［7］ 四川省水利水电勘测设计研究院科研所. 德阳清平水库筑坝材料试验研究报告 ［R］. 成都：四川省水利水电勘测设计研究院，1995.

［8］ 李永红，余挺，王观琪，等. 特高土石坝防渗土料改性研究与实践 ［C］// 四川省水力发电工程学会. 四川省水力发电工程学会2018年学术交流会暨"川云桂湘粤青"六省（区）施工技术交流会论文集. 四川省水力发电工程学会：四川省水力发电工程学会，2018：5.

［9］ 四川省水电厅勘测设计院. 多种土质石渣坝技术研究报告 ［R］. 成都：四川省水电厅勘测设计院，1979.

［10］ 梁军，孙陶，李蓉. 瓦屋山面板坝含软岩堆石料长期渗流研究 ［J］. 四川水利：1997，18（4）：26－31.

［11］ 梁军，等. 瓦屋水电站筑坝材料试验研究报告 ［R］. 成都：四川省水利水电勘测设计研究院科研所，1997.

［12］ 中国电建集团成都勘测设计研究院有限公司. 大渡河双江口水电站可研阶段筑坝材料试验报告 ［R］. 成都：中国电建集团成都勘测设计研究院有限公司，2010.

［13］ 中国电建集团成都勘测设计研究院有限公司. 大渡河瀑布沟水电站可研阶段筑坝材料试验报

　　　　［R］. 成都：中国电建集团成都勘测设计研究院有限公司，1994.

［14］中国电建集团成都勘测设计研究院有限公司. 岷江杂谷脑河狮子坪水电站可研阶段筑坝材料试验报告［R］. 成都：中国电建集团成都勘测设计研究院有限公司，1996.

［15］中华人民共和国水利部. 碾压式土石坝设计规范：SL 274—2020［S］. 北京：中国水利水电出版社，2021.

［16］梁军. 纵向增强体土石坝的设计原理与方法［J］. 河海大学学报（自然科学版），2018，46（2）：128－133.

第4章 纵向增强体结构变形分析

摘要： 本章基于常规土石坝变形计算，分析增强体心墙作为结构体在土石坝体内受力和变形的力学特点，将墙体当作顶部为自由端、底部为固定端的悬臂梁受力构件，通过引入水与筑坝材料相互作用的耦合度概念，分析不同工况水土耦合条件下对墙体的应力与变形作用，得出一些代表性工况的水土耦合作用变形计算关系表达式，可作为设计与计算的依据。计算实例表明在土石坝中"植入"纵向增强体作为相对刚性的结构体是可行的。

4.1 概述

在土石坝中"植入"纵向增强体使土石坝体不但具有防渗作用，而且还有承受应力作用和抵抗变形的能力，增强体在功能上变成了既能防渗又能受力承重和抵抗坝体产生过大变形的结构体，并且按受力作用将上下游坝体分成两个不同的区域。也就是说，上下游坝体通过中间的增强体结构而产生力的相互作用与关联或传递，这与常规土石坝的受力状态是不一样的。本章重点介绍增强体心墙在土石坝不同运行工况下的结构变形分析，据此进行结构设计与计算，这是实际设计分析工作的重要前提。

4.2 增强体心墙受力分析

混凝土增强体内置于土石坝坝体中，有以下几个方面的特点：

（1）在材料性能上，不同于常规土石坝中的柔性心墙或砾质土心墙、沥青心墙等常见材料，增强体相对于其他筑坝料而言，是刚性或相对刚性的材料，与坝体柔性材料变形模量相差1000倍以上。

（2）在受力特点上也与传统土石坝有较大区别，增强体在柔性坝体中可以受力并抵抗变形，这其实是一回事，因为抵抗变形必然要受力；但这种力学性质与黏土心墙等材料明显不同，增强体有一种"中流砥柱"的作用。

（3）在分析方法上，增强体作为相对刚性的结构体夹在土石坝体内，可按平面应变问题进行受力分析，显然要受到坝体上下游水、土荷载及其耦合作用，由于墙体底部基础防渗的需要，必须与坝基整体联接，墙体底部可视为相对固定端，而墙体顶部却是允许变形的自由端，因此，纵向增强体在坝体中应视为垂直向上的顶部为自由端、底部为固定端的悬臂梁结构，可以按照结构力学的分析方法进行研究。

（4）在坝型结构上，增强体土石坝与常规或传统土石坝相比，只是在防渗体这个"心脏"关键部位有所不同——前者是相对刚性的防渗墙作为防渗体，后者是与坝壳料相适应的黏土、砾质土或沥青混凝土等相对柔性的材料作为防渗体，这种关键部位的不同将会导致其他一系列结构上的不同。

本章按照结构力学的平面应变问题和土石坝设计规范[1]，依照竣工期、蓄水期、水位骤降期三种典型的工况，针对库水和不同的筑坝材料相互耦合作用的特点，开展具体的力学分析。

4.2.1 竣工期墙体的受力

增强体心墙土石坝经过一系列筑坝料填筑、摊铺、碾压循环施工和最后混凝土增强体施工完成后，水库尚未蓄水，整个大坝坝体作用在增强体心墙上的荷载只有岩土压力和相关界面摩擦力，如图 4.2 - 1 所示，作用在墙体上的荷载有：

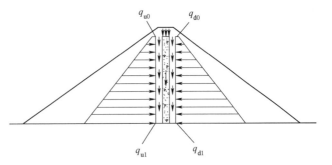

（1）上游坝体对墙体的静止土压力作用。

（2）下游坝体对墙体的静止土压力作用。

图 4.2 - 1 竣工期墙体受力简图

（3）增强体的自重。

（4）通填区（增强体顶部至坝顶部分）上覆重力。

（5）增强体与坝体填筑料上下游两个界面的竖向摩擦力。

增强体心墙在图中呈现出顶部为自由端、底部为固定端的垂直向上的悬臂梁结构。此时，增强体夹在上下游坝体填筑料中间，处于静止受力状态。这种受力状态比较简单。

4.2.2 蓄水期墙体的受力

蓄水期包括正常水位和校核洪水位的水库运行情况。如图 4.2 - 2 所示为纵向增强体土石坝在正常蓄水位时的受力简图。增强体心墙具体受力如下：

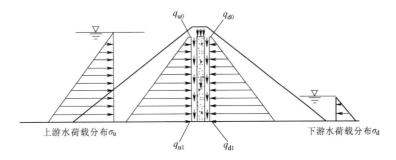

图 4.2 - 2 蓄水期墙体受力简图

（1）上游库水在相应水位时的水平推力 σ_u。

（2）上游坝体填筑料在饱和状态时的耦合主动土压力 $q_{u0} \sim q_{u1}$。

（3）增强体的自重。

（4）增强体与坝体填筑料上下游界面的竖向摩擦力。

（5）下游坝体填筑料对墙体的被动土压力 $q_{d0} \sim q_{d1}$。

（6）下游水荷载的水平推力（由于下游水位较低，可以忽略不计）。

（7）通填区（增强体顶部至坝顶部分）上覆重力。

4.2.3　水位骤降期墙体的受力

当上游库水位下降特别是在水位骤降工况时，按照《碾压式土石坝设计规范》（SL 274—2020），考虑极端情况，即上游水位退掉而上游坝体仍处于饱和状态。增强体心墙受力如下：

（1）库水荷载撤销后，饱和状态的上游坝体填筑料对墙体的土压力。

（2）增强体的自重。

（3）增强体与坝体填筑料上下游界面的竖向摩擦力（其中上游侧界面处于饱和状态）。

（4）下游坝体填筑料对墙体的土压力。

（5）通填区（增强体顶部至坝顶部分）上覆重力。

上述三种代表性工况是土石坝有关设计规范规定的设计工况，其相应的荷载组合称之为基本荷载组合，在土石坝设计与计算时必须考虑。当遭遇设计洪水、校核洪水以及地震等荷载作用时，可根据具体情况在基本荷载组合的基础上进行叠加，并按有关设计规范计算相应叠加的荷载[1-3]。

4.3　水土耦合作用分析

在蓄水期，按照结构力学的观念，水和土是两种完全不同的荷载作用，它们的应力都是沿着坝高（墙高）自上而下呈三角形分布的，即假定为线性关系，也就是应为坝高（墙高）的线性增函数，而受力分布则为坝高（墙高）的二次增函数。以坝底部为坐标原点，向上为正方向，那么，上游水荷载为

$$P_w = \frac{1}{2} \rho_w g (H_1 - z)^2 \qquad (4.3-1)$$

式中：ρ_w 为水密度，t/m^3；g 为重力加速度；H_1 为增强体心墙高度，m，此处假定上游蓄水位与心墙同高，即上游水头可取 H_1。

上游坝体材料形成的水平荷载为

$$P_1 = \frac{1}{2} \rho_1' g k_{1a}' (H_1 - z)^2 \qquad (4.3-2)$$

$$k_{1a}' = \frac{\cos^2 \varphi_1}{\left[1 + \sqrt{\dfrac{\sin \varphi_1 \sin(\varphi_1 + \beta_1)}{\cos \beta_1}} \right]^2}$$

式中：k'_{1a}为上游筑坝料饱和状态的主动土压力系数，详见第 8 章；φ_1为上游饱和坝体填筑料的内摩擦角，取饱和不排水指标φ_{cu}，(°)；β_1为上游坝坡平均坡角，(°)；ρ'_1为上游坝料的浮密度，t/m^3；其余符号意义同前。

因此，作用在墙体上的总水平荷载为

$$P_f = P_w + P_1 = \frac{1}{2}(\rho_w + k'_{1a}\rho'_1)g(H_1 - z)^2 \tag{4.3-3}$$

另外，依据有效应力原理，由于库水的参与，上游坝体填筑料作用在墙体表面的应力为有效应力，还应当考虑水与上游坝体填筑料的耦合作用。也就是说，水荷载的作用并不是单纯的，它首先对上游筑坝材料产生细观~微观层面的侵蚀、软化、湿化、崩解等水理作用（亦称耦合作用），这种作用在某种程度上使水土构成一个整体，从而在宏观上形成整体荷载共同作用在增强体心墙上，在这类土石坝荷载分析中应予注意。

因此，蓄水期上游坝体饱和状态下的水平作用力P_h为

$$P_h = \frac{1}{2}\rho_{1m}k_{1m}g(H_1 - z)^2 \tag{4.3-4}$$

式中：ρ_{1m}为上游坝体材料的饱和密度，t/m^3；k_{1m}为上游筑坝料饱和状态的主动土压力系数，取$k_{1m} = k'_{1a}$；其余符号意义同前。

上两式在本质上反映出$\rho_w + k'_{1a}\rho'_1$和$\rho_{1m}k_{1m}$选择的不同。

从式（4.3-3）、式（4.3-4）可知，$P_f \neq P_h$，否则就会有$k'_{1a} = 1$，但这是不可能的，因此总有$P_h < P_f$。可见上述两种考虑水土荷载方式的不同，将会导致不同的结果。按照$\rho_w + k'_{1a}\rho'_1$和$\rho_{1m}k_{1m}$代表两种计算方法进行比较分析，设定$a_1 = \rho_w + k'_{1a}\rho'_1$，$a_2 = \rho_{1m}k_{1m}$，则$a_1$、$a_2$两种计算方法平均相差 1.68$t/m^3$，如图 4.3-1 所示，且随着饱和密度的增加其计算差别将会减小，如图 4.3-2 所示。由此可知，水土荷载不同的考虑方法将导致不一样的结果，而且存在较大误差。

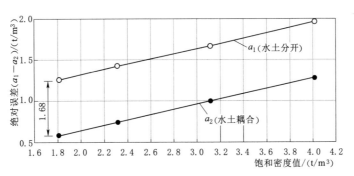

图 4.3-1　水土荷载不同计算的比较

实际上，水土耦合作用与坝体填筑料的料物特性直接相关，也就是说，对于有黏性的土类，水土的耦合性就强，对于堆石、砂砾石等无黏性材料而言，水土的耦合性就弱。因此，水土耦合作用是由水压力产生的，可以想见，水土相互作用、相互耦合，使得水与土形成一种新的有别于"水体"或"土体"的"耦合体"，这种耦合体在库水作用下，假设其应力分布沿坝高自坝顶向下呈线性变化。因此，水库大坝的水土耦合作用荷载一般介于

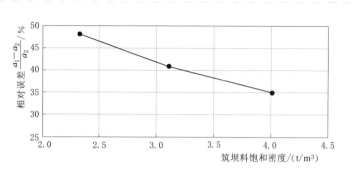

图 4.3 - 2　两种计算方法的相对误差

P_h 和 P_f 之间，或其耦合密度介于 $\rho_h(=\rho_{1m}k_{1m})$ 和 $\rho_f(=\rho_w+k'_{1a}\rho'_1)$ 之间，针对不同的筑坝材料，这种作用荷载也不尽相同。可用下列公式来表示水土耦合体的影响程度：

$$\rho'_c = \rho_f - \Delta(\rho_f - \rho_h) \tag{4.3-5}$$

式中：ρ'_c 为水土耦合体自身的密度值，t/m^3，其值反映了蓄水期水体与上游坝体在水土耦合作用下其内部的某种密度状态；ρ_f 为按照结构力学观点水土荷载分开计算即不考虑水土耦合作用关系的密度值，$\rho_f=\rho_w+k'_{1a}\rho'_1$，$t/m^3$；$\rho_h$ 为充分考虑上游坝体与水体耦合作用的密度值，$\rho_h=\rho_{1m}k_{1m}$，t/m^3，一般取 $k_{1m}=k'_{1a}$；Δ 为水土耦合作用的耦合度，表示水土耦合作用影响程度，无量纲；其余符号意义同前。

耦合度 Δ 值与材料的物理性质、水理特性和力学性质有关，水与不同料物性质的材料会产生不同的水理特性，这个水理特性与材料的渗透特性有关联，渗透性弱的材料耦合性就强，渗透性强的材料耦合性就弱。结合一些工程实践，给出水土作用耦合度取值如表 4.3 - 1 所列。

表 4.3 - 1　　　　　　　　不同筑坝材料水土作用耦合度 Δ 值

材料类别	黏性土	砾石土料	砂粒料	细砾料	中砾料	粗粒料
耦合度 Δ	1.0	1～0.95	0.9～0.50	0.5～0.2	0.2～0.1	0.1～0.0

因而蓄水期上游水土耦合体对增强体心墙形成的水平力可以合并表达为

$$P = \frac{1}{2}\rho_c g(H_1-z)^2 \tag{4.3-6}$$

式中：P 为水土耦合体水平推力，kN；ρ_c 为坝体水土耦合作用密度，t/m^3，$\rho_c=k_c\rho'_c$，k_c 为耦合体的压力系数，$k_c=(1-\Delta)(1+k'_{1a})/2+\Delta\cdot k_{1m}$；其余符号意义同前。

所以，在蓄水期，上游水土耦合体水平推力按式（4.3 - 6）计算；耦合体形成的弯矩为

$$M_h = \frac{1}{6}\rho_c g(H_1-z)^3 \tag{4.3-7}$$

式中：M_h 为水土耦合体作用下的总弯矩，kN·m；其余符号意义同前。

在水位骤降期，耦合作用消失，上游坝体形成的水平力按下式计算：

$$P = \frac{1}{2}\rho' k'_{1a} g(H_1-z)^2 \tag{4.3-8}$$

式中：P 为水位骤降期上游坝体在饱和状态下对墙体施加的水平力，kN；ρ' 为上游坝体的浮密度，t/m^3，$\rho' = \rho_1'$；其余符号意义同前。

由此产生的弯矩为

$$M_1 = \frac{1}{6}\rho' k_{1a}' g(H_1 - z)^3 \qquad (4.3-9)$$

式中：M_1 为水位骤降期上游坝体对墙体产生的弯矩，kN·m。

4.4 增强体心墙土石坝变形能力分析

有关土石坝变形分析与研究的成果十分丰富，特别是坝体全断面的变形，通过常规方法或有限元计算方法，计算参数、计算边界条件一旦确定，采用不同的计算本构模型也能大致得出基本相同的变化规律和结果[4]。针对增强体心墙土石坝的坝体变形规律也应该是基本相同的，只是在增强体心墙和上下游两边的坝体填筑料（诸如堆石料、砾质土料等）的变形可能有不同的表现。本节主要研究土石坝坝体变形及其与增强体心墙之间的变形协调性，以及相互制约、相互促进的变形特点。

对增强体心墙进行变形分析与计算，一般认为，在单位宽度的坝体横剖面上，心墙可视作受上、下游坝体和水压力等荷载作用的悬臂梁。墙体底部嵌入坝基并与坝基紧密相连，相对位移十分微小，或者这种变形应当必须限制在固定端不会开裂以致产生渗漏的情况。墙体顶部属允许变形的自由端，在荷载作用下，将会产生位移、偏转等变形，这些变形发生在垂直于坝轴线方向。因此，作为坝体内置结构体，增强体的变形在两个方面备受设计人员关注，具体涉及坝工设计的结构安全与稳定性：一方面，上下游堆石坝体（靠近心墙）相对于增强体心墙侧面产生的向下的沉降 S（心墙本身作为刚性体的竖直沉降很小，可以忽略不计），这是因为增强体和上下游堆石体是两种不同材料组成的，其变形模量相差较大，势必产生变形差；另一方面是增强体心墙顶部的挠度 y_0、转角 θ_0 等变形指标，这主要是由堆石荷载和水荷载作用于墙体所致。

4.4.1 增强体心墙上下游两侧的堆石沉降

坝体自身的沉降 S，由坝体自重引起的沉降 S_1 和上部新填土层对下部已填土层的附加沉降 S_2 组成，即 $S = S_1 + S_2$ 或 $dS = dS_1 + dS_2$。

1. 计算 S_1

由于增强体心墙一般位于土石坝轴部附近，故应重点研究坝体与增强体在坝体轴部附近相接触的变形情况，在坝体轴部近似成立侧限条件[5]，如图4.4-1所示，坝高为 z 的堆石自重沉降为

$$dS_1 = \frac{1}{E_s}\sigma_z d\xi$$

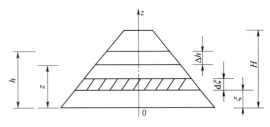

图 4.4-1 坝体轴部变形分析简图

此处，以坝轴线底部为坐标原点，自重应力 $\sigma_z = \rho(z - \xi)$，积分

$$S_1 = \int_0^z \frac{\rho g}{E_s}(z - \xi)\mathrm{d}\xi \qquad (4.4-1)$$

2. 计算 S_2

上覆堆石土层厚度为 Δh（$\Delta h = h - z$，h 为填筑坝高），作为荷载施加在高度为 z 的填筑堆石层引起的附加沉降为 $\mathrm{d}S_2 = \dfrac{1}{E_s}\sigma_z'\mathrm{d}\xi$，式中，附加应力 $\sigma_z' = \rho g \Delta h = \rho g(h - z)$。则有

$$S_2 = \int_0^z \frac{\rho g}{E_s}(h - z)\mathrm{d}\xi \qquad (4.4-2)$$

式中：ρ 为堆石坝体填筑密度，可取各种料的平均值；g 为重力加速度。

依据有关堆石坝筑坝材料试验研究[6-9]，材料的变形模量一般随坝高的增加而呈现缓慢的增长趋势，如图 4.4-2 所示为几个工程的大型三轴试验的切线变形模量 E_t 与围压力 σ_3 关系曲线。由常见的邓肯-张模型，

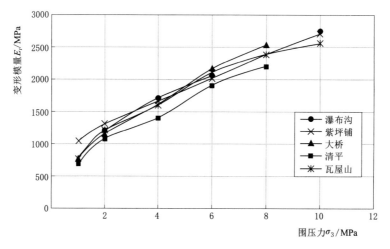

图 4.2-2　变形模量与围压力关系曲线

$$E_t = k p_a \left(\frac{\sigma_3}{p_a}\right)^n \qquad (4.4-2a)$$

式中：k、n 分别为邓肯-张模型参数；p_a 为大气压力，kPa；σ_3 为小主应力或围压力，kPa。

在坝轴线附近，一般认为受墙体影响的侧限条件近似成立，则有 $\sigma_3 = \mu\sigma_1$，此处，$\mu = (1 - \sin\varphi')/(2 - \sin\varphi')$，其中 φ' 为筑坝料的有效应力强度对应的内摩擦角（可近似取 $\varphi' = \varphi_d$，φ_d 为筑坝料的排水剪切试验内摩擦角）。显然，大主应力 σ_1 与填筑坝高 h 有关，或者对不同坝体高程，有下列关系成立：

$$\sigma_1 = \rho g(h - z) \qquad z \in [0, h]$$

式中：z 为自坝体底部向上的垂直坐标高度（注意坐标原点位于坝体底部）；ρ 为坝体填筑密度或干密度；g 为重力加速度。

当坝体在逐步施工上升时，σ_1 可改写为

$$\sigma_1 = \rho g(z - \xi) \qquad \xi \in [0, z]$$

另外，小变形时侧限条件下的变形模量与压缩模量存在下列关系[10]：

$$E_t = \lambda E_s \qquad (4.4-2b)$$

$$\lambda = 1 - \frac{2\mu^2}{1-\mu}$$

其中以上各式，对于特定的坝体材料，除 z、ξ 作为变量以外，其他数据均为已知常数。由此可得

$$E_s = E_{s0}(z - \xi)^n \qquad (4.4-2c)$$

式中：E_{s0} 为初始压缩模量值，MPa 或 kPa；根据试验，在 $\sigma_3 = p_a = 1\text{kPa}$ 时，$E_{s0} = (1.0 \sim 1.3)k$；k、n 为邓肯-张模型参数，无量纲。

一般不按上面推导的公式依据各类已知参数推求 E_{s0} 值，而是通过室内大型压缩试验直接得到筑坝料的压缩模量初值 E_{s0}。此处只是说明，通过侧限的条件在坝轴线附近进行相关关系的推求基本是正确的。上述分析表明，压缩模量随坝高呈指数增长关系。

3. 计算 S

由上述 S_1 和 S_2 计算结果，可得

$$S = S_1 + S_2 = \frac{\rho g}{E_{s0}} \int_0^z \left[(z-\xi)^{1-n} + (h-\xi)(z-\xi)^{-n} \right] d\xi$$

沿整个坝高 H 求积可得

$$S = \frac{\rho g}{E_{s0}} \frac{1}{2-n} z^{2-n} + \frac{\rho g}{E_{s0}} \frac{1}{1-n}(H-z)z^{1-n} \qquad (4.4-3)$$

或

$$S = \frac{\rho g}{E_{s0}} \left[\frac{H}{1-n} - \frac{z}{(1-n)(2-n)} \right] z^{1-n} \qquad (4.4-3a)$$

4. 坝体沉降特点

由上述内容可知，增强体土石坝坝体沉降有以下几个特点：

1）由 $\dfrac{dS}{dz} = 0$，得出当 $z = (1-n)H$ 时，S 有极大值，即最大沉降发生在坝高 $(1-n)H$ 处，其值为

$$S_m = \frac{\rho g H^{2-n}}{(2-n)(1-n)^n E_{s0}} \qquad (4.4-3b)$$

2）在 $z = 0$ 即坝底部（z 轴坐标原点），沉降 $S = 0$；在坝顶部位（$z = H$ 处）沉降为 $S_t = \dfrac{\rho g H^{2-n}}{(2-n) E_{s0}}$。

3）坝顶沉降与最大沉降的关系为 $S_t = (1-n)^n S_m$，显然 $S_t < S_m$，即坝顶沉降小于坝高 $(1-n)H$ 处的最大沉降值。

4.4.2 沉降计算方法简要比较

上述计算是基于一维或单向固结模式，主要参数采用压缩模量及相关坝料指标，可称

为模量法。目前有关土石坝沉降计算分析方法主要有《碾压式土石坝设计规范》（SL 274—2020）推荐的坝体沉降分层总和法以及应用较广的坝体有限元计算方法。下面简要分析这三种计算方法的差别。

图 4.4-3 所示为采用模量法、分层总和法和有限元计算方法对仓库湾水库大坝横剖面竣工期沿坝高所作沉降变化分布线，可见三种算法所得结果并不完全相同：①模量法计算的坝顶沉降量为 3.49cm，最大沉降为 4.73cm，（发生在坝高 18.0m 处）；②二维有限元法计算的结果，心墙上游坝体沉降最大值为 1.82cm（发生在坝高 20.54m 处），下游坝体沉降最大值为 2.07cm（发生在坝高 16.84m 处），坝顶沉降 0.28～0.35cm；③分层总和法计算的坝体沉降最大值为 17.69cm，发生在坝顶部位。

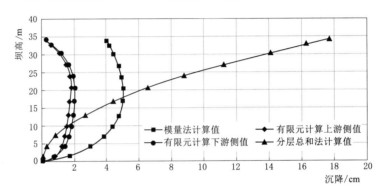

图 4.4-3　坝体沉降计算三种方法的比较

从上面计算结果可知：

1) 模量法计算所得结果与有限元计算成果的变化规律十分相似，但在数据上有一定出入，主要原因是有限元计算考虑了增强体对上下游堆石体界面的摩擦，这种约束在一定程度上限制了堆石体的沉降。

2) 模量法和有限元法计算的沉降最大值发生在坝体内部，而不是坝顶部位，这与有关土石坝设计规范推荐的分层总和法计算坝体最大沉降出现在坝顶位置是不相同的。

3) 分层总和法的计算方法值得商榷。《碾压式土石坝设计规范》（SL 274—2020）虽经多次修订，但在计算或估算坝体沉降量时一直沿用分层总和法，其具体公式如下[1]：

$$S_\infty = \sum_{i=1}^{n} \frac{p_i}{E_i} h_i \qquad (4.4-4)$$

式中：S_∞ 为坝体或坝基的最终沉降量，cm 或 m；p_i 为第 i 计算土层由坝体荷载产生的竖向应力，kPa 或 MPa；E_i 为第 i 计算土层的变形模量，kPa 或 MPa。

由上面的分析可知，$p_i = \rho_i g y_i$。这里 ρ_i 为第 i 计算土层的密度值，t/m³；y_i 为第 i 计算土层距坝顶的深度（埋深），m。变形模量 E_i 可由式（4.4-2b）与式（4.4-2c）得到，即

$$E_i = \lambda_i E_{s0} (z_i - \xi)^n = \lambda_i E_{s0} y_i^n \qquad (4.4-4a)$$

式中：λ_i 为第 i 计算土层的已知参数，其余符号意义同前。

由式 (4.4-4)、式 (4.4-4a),当 $n \to \infty$ 时,得

$$S_\infty = \sum_{i=1}^{n} \frac{\rho_i g y_i}{\lambda_i E_{s0} y_i^n} h_i = \int_0^z \frac{\rho g}{\lambda E_{s0}} y^{1-n} \mathrm{d}y = \frac{\rho g}{\lambda E_{s0}(2-n)} z^{2-n} \tag{4.4-5}$$

比较式 (4.4-3),可知分层总和法其实就是模量法中考虑自重影响的那部分土层沉降,而没有考虑上部新填土层对下部已填土层的附加沉降,因而,分层总和法的计算是片面的。另外,对式 (4.4-5) 求导:

$$\frac{\mathrm{d}S_\infty}{\mathrm{d}z} = \frac{\rho g}{\lambda E_{s0}} z^{1-n} \tag{4.4-5a}$$

显然,$\dfrac{\mathrm{d}S_\infty}{\mathrm{d}z} > 0$ 且 $n < 1$,说明按分层总和法得出的坝体或坝基的最终沉降量是坝高 z 的单调增函数,所以,分层总和法计算的最大沉降值发生在坝顶部位也就不奇怪了。

上述分析表明,模量法在计算方法上较为全面地考虑了坝体分层填筑土层的施工加荷过程,计算结果基本可信。有限元计算模式也是基于施工逐级加荷计算得到,其方法值得肯定,但计算结果依赖较多计算参数的选定,可以作为复核分析的依据。有关土石坝规范推荐的分层总和法尽管其计算结果偏大,符合留有余地的传统设计理念,但在概念上还是存在一定的缺陷,使用中就当予以充分注意。总之,土石坝坝体的沉降计算仍然需要采取多种方法互为印证,最后得出综合的结果为宜。

4.5 增强体挠度与转角

增强体结构在坝体底部与基础一般通过固结灌浆和帷幕灌浆形成整体,在计算模式上可视为固定端,其顶部可以承受各种荷载的作用,可视为自由端。增强体心墙的变形依据施工期和水库运行期两个代表性工况进行分析。如图 4.2-1 和图 4.2-2 所示,施工期心墙受上、下游堆石体土压力作用和心墙顶部以上至坝顶(亦称通填区)的土压力作用;运行期除上述作用以外,还应加入上、下游水荷载作用。为了简化计算,假定上游水库水位 H_1 与纵向增强体心墙同高。依据结构力学有关方法[10-11],可以推导出各种荷载对心墙顶端的挠度与转角公式,最后得出竣工期和蓄水期两种工况下心墙顶端的挠度、转角计算式。

以坝轴线为 z 轴,取纵向单位长度增强体心墙作为底部固定端的悬臂梁,在其顶端的挠度 y 和转角 θ 分别为

$$y = f(z) \qquad \theta = \frac{\mathrm{d}y}{\mathrm{d}z} = f'(z)$$

挠曲线近似微分方程为

$$\frac{\mathrm{d}^2 y}{\mathrm{d}z^2} = \frac{M}{E_c I_c} \tag{4.5-1}$$

或

$$y = \int \left(\int \frac{M}{E_c I_c} \mathrm{d}z \right) \mathrm{d}z + Cz + D \tag{4.5-2}$$

$$\theta = \int \frac{M}{E_c I_c} \mathrm{d}z + C \tag{4.5-3}$$

从图 4.2-2 可知，这一增强体悬臂结构承受以下几种力的作用：

（1）上游水荷载。

（2）下游水荷载。

（3）上游坝壳堆石体的水平主动土压力，含通填区的荷载。

（4）下游坝壳堆石体的水平主动土压力，含通填区的荷载。

（5）上、下游坝体因沉降产生在墙体两侧表面向下的摩擦力。

（6）增强体自重荷载，含通填区上覆土压力。

为了便于计算分析，表 4.5-1 中列出悬臂梁几种基本荷载形式的挠度与转角计算公式，表中 $E=E_c$ 为增强体心墙的弹性模量，GPa；$I=I_c$ 为增强体心墙惯性矩，m^4。在变形允许范围内，上述荷载引起的应力与变形均可通过各自计算后的线性叠加来实现。

表 4.5-1　　悬臂梁几种基本荷载形式在自由端点的挠度转角计算公式[10-11]

荷载形式	挠度 y 值	转角 θ 值
	$y=\dfrac{ql^4}{30EI}$	$\theta=\dfrac{ql^3}{24EI}$
	$y=\dfrac{ql^4}{8EI}$	$\theta=\dfrac{ql^3}{6EI}$
	$y=\dfrac{Ml^2}{2EI}$	$\theta=\dfrac{Ml}{EI}$
	$y=\dfrac{Pl^3}{3EI}$	$\theta=\dfrac{Pl^2}{2EI}$
	$y=\dfrac{qa^2l^2}{12EI}$	$\theta=\dfrac{qa^2l}{6EI}$

4.5.1　竣工期增强体的水平变位

这里的竣工期是指土石坝筑填完毕且增强体心墙施工已完成，大坝准备蓄水的过渡时期。这种状况对墙体而言，一般处于静止受力状态，如图 4.5-1 所示为竣工期增强体的水平向受力分解图，由图可知，内置增强体有 5 个方面的受力 [(a)=(b)+(c)]：

（1）墙体顶部至坝顶上覆填料（即通填区）水平土压力。

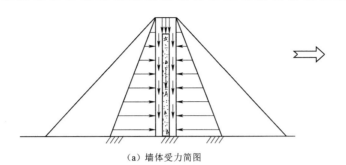

（a）墙体受力简图

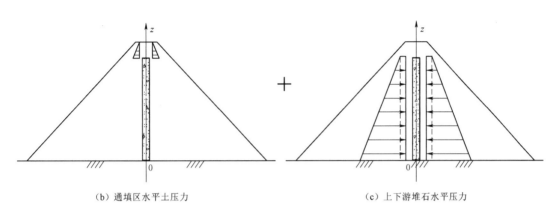

（b）通填区水平土压力　　　　　　（c）上下游堆石水平压力

图 4.5-1　竣工期增强体水平受力分解图

（2）上游堆石坝体的水平土压力（通填区以下）。

（3）下游堆石坝体的水平土压力（通填区以下）。

（4）墙体的自重（含通填区压重）。

（5）墙体上下游两侧面与堆石填料的界面摩擦力，对墙体而言，亦称下拉荷载（或下拉力），这是借用桩周摩擦力的概念[12]。

对增强体水平变位产生影响的荷载只有上述（1）、（2）、（3）三个作用力，墙体界面摩擦力和墙体自重对其水平变位没有贡献。因此，进行如下的分析与推导。

1. 通填区荷载作用分析

通填区是指大坝坝顶至增强体墙顶垂直距离范围内的区域。认为通填区填料是均质的，即将通填区高度为 l 的填料概化为三角形荷载，如图 4.5-1（b）所示。考虑上游一侧，则

在墙顶的水平作用力：
$$P_0 = \frac{1}{2}K_{0a}\rho_0 g l^2$$

在墙顶处力矩：
$$M_0 = \frac{1}{6}K_{0a}\rho_0 g l^3$$

墙顶以下任一高度 z 的弯矩：$M_{0z} = \frac{1}{2}K_{0a}\rho_0 g l^2(H_1 - z) + \frac{1}{6}K_{0a}\rho_0 g l^3$

以上式中：K_{0a} 为通填区填筑料主动土压力系数；ρ_0 为通填区填筑密度，t/m^3；g 为重力加速度，m/s^2；l 为通填区垂直高度，m；H_1 为增强体心墙高度，m。

41

那么，P_0 和 M_0 对以底部固定端为坐标原点的墙体任一高度 z 的截面作用情况如下：

水平作用力
$$P_z = P_0 = \frac{1}{2} K_{0a} \rho_0 g l^2$$

力矩
$$M_z = P_0 (H_1 - z) + M_0 = \frac{1}{2} K_{0a} \rho_0 g l^2 (H_1 - z) + \frac{1}{6} K_{0a} \rho_0 g l^3$$

显然，下游一侧也可作如上的相同分析。因此，作为填料垂向压重，通填区对墙体而言是上下游对称的，它对增强体上下游的力与力矩作用大小相等、方向相反，沿增强体的高度也是一样，在以后的推导中，可以相互抵消。

2. 上游坝体对增强体心墙作用力分析

通填区以下坝体上下游两侧均对增强体心墙形成荷载作用，如图 4.5-1（c）所示。首先考虑上游坝体填筑区的单边情况（下游侧可作同样的分析）。

以底部固定端为坐标原点的任一高度 z 的截面受力情况：

作用力 P_{1z}：
$$P_{1z} = \frac{1}{2} k_{1a} \rho_1 g (H_1 - z)^2 + \frac{1}{2} K_{0a} \rho_0 g l^2$$

力矩 M_{1z}：
$$M_{1z} = \frac{1}{6} k_{1a} \rho_1 g (H_1 - z)^3 + \frac{1}{4} K_{0a} \rho_0 g l^2 (H_1 - z)$$

其中
$$k_{1a} = \frac{\cos^2 \varphi_1}{\left[1 + \sqrt{\dfrac{\sin \varphi_1 \sin(\varphi_1 + \beta_1)}{\cos \beta_1}} \right]^2}$$

式中：k_{1a} 为上游筑坝料的主动土压力系数；φ_1 为上游坝体填筑料的内摩擦角，取天然状态下的非饱和指标，（°）；β_1 为上游坝坡平均坡角，（°）；ρ_1 为上游坝料的填筑密度，t/m³；其余符号意义同前。

那么，上游荷载作用在底部以上墙体任一高度 z 截面的弯矩 M_1 为
$$M_1 = M_{1z} + M_{0z}$$
$$= \frac{1}{2} K_{0a} \rho_0 g l^2 (H_1 - z) + \frac{1}{6} K_{0a} \rho_0 g l^3 + \frac{1}{4} K_{0a} \rho_0 g l^2 (H_1 - z) + \frac{1}{6} k_{1a} \rho_1 g (H_1 - z)^3$$

由挠曲方程式（4.5-1）~式（4.5-3），可得上游侧全部水平荷载对墙体产生的变位计算式：
$$\frac{d^2 y}{dz^2} = \frac{M_1}{E_c I_c} = \frac{1}{E_c I_c} g \left[\frac{1}{2} K_{0a} \rho_0 l^2 (H_1 - z) + \frac{1}{6} K_{0a} \rho_0 l^3 + \frac{1}{4} K_{0a} \rho_0 l^2 (H_1 - z) + \frac{1}{6} K_{1a} \rho_1 (H_1 - z)^3 \right]$$

$$(4.5 - 4)$$

上式边界条件：①当 $z = 0$ 时，$\dfrac{dy}{dz} = 0$；②当 $z = 0$ 时，$y = 0$。因此，有

转角
$$\theta_1 = \frac{dy}{dz} = \int_0^z \frac{M_1}{E_c I_c} dz + C_1 \tag{4.5-5}$$

挠度
$$y_1 = \int_0^z \left(\int_0^z \frac{M_1}{E_c I_c} dz + C_1 \right) dz + C_2 \tag{4.5-6}$$

将上两式展开，并代入边界条件，得 $C_1 = C_2 = 0$，最后，得到上游侧全部荷载引起的

墙体变位（θ_1 和 y_1）：

$$\theta_1 = \frac{g}{E_c I_c}\left\{\frac{K_{0a}\rho_0 l^2}{4}\left[H_1^2-(H_1-z)^2\right]+\frac{K_{0a}\rho_0 l^3}{6}z+\frac{K_{0a}\rho_0 l^2}{8}\left[H_1^2-(H_1-z)^2\right]+\frac{k_{1a}\rho_1}{24}\left[H_1^4-(H_1-z)^4\right]\right\}$$

$$(4.5-7)$$

$$y_1=\frac{g}{E_c I_c}\left\{\begin{array}{l}\dfrac{K_{0a}\rho_0 l^2 H_1^2}{4}z-\dfrac{K_{0a}\rho_0 l^2}{12}\left[H_1^3-(H_1-z)^3\right]+\dfrac{K_{0a}\rho_0 l^3}{12}z^2+\dfrac{K_{0a}\rho_0 l^2 H_1^2}{8}z-\\[3mm] \dfrac{K_{0a}\rho_0 l^2}{24}\left[H_1^3-(H_1-z)^3\right]+\dfrac{k_{1a}\rho_1 H_1^4}{24}z-\dfrac{k_{1a}\rho_1}{120}\left[H_1^5-(H_1-z)^5\right]\end{array}\right\}$$

$$(4.5-8)$$

3. 下游坝体对增强体心墙作用力分析

同样，据此可以得出下游侧全部荷载施加在增强体上的变位（θ_2 和 y_2），其计算式如下：

$$\theta_2=\frac{g}{E_c I_c}\left\{\frac{K_{0a}\rho_0 l^2}{4}\left[H_1^2-(H_1-z)^2\right]+\frac{K_{0a}\rho_0 l^3}{6}z+\frac{K_{0a}\rho_0 l^2}{8}\left[H_1^2-(H_1-z)^2\right]+\frac{k_{2a}\rho_2}{24}\left[H_1^4-(H_1-z)^4\right]\right\}$$

$$(4.5-9)$$

$$y_2=\frac{g}{E_c I_c}\left\{\begin{array}{l}\dfrac{K_{0a}\rho_0 l^2 H_1^2}{4}z-\dfrac{K_{0a}\rho_0 l^2}{12}\left[H_1^3-(H_1-z)^3\right]+\dfrac{K_{0a}\rho_0 l^3}{12}z^2+\dfrac{K_{0a}\rho_0 l^2 H_1^2}{8}z-\\[3mm] \dfrac{K_{0a}\rho_0 l^2}{24}\left[H_1^3-(H_1-z)^3\right]+\dfrac{k_{2a}\rho_2 H_1^4}{24}z-\dfrac{k_{2a}\rho_2}{120}\left[H_1^5-(H_1-z)^5\right]\end{array}\right\}$$

$$(4.5-10)$$

$$k_{2a}=\frac{\cos^2\varphi_2}{\left[1+\sqrt{\dfrac{\sin\varphi_2\sin(\varphi_2+\beta_2)}{\cos\beta_2}}\right]^2}$$

式中：k_{2a} 为下游筑坝料的主动土压力系数；φ_2 为下游坝体填筑料的内摩擦角，取填筑碾压时的非饱和指标，$(°)$；β_2 为下游坝坡平均坡角，$(°)$；ρ_2 为下游筑坝料填筑密度，t/m^3；其余符号意义同前。

4. 竣工期坝体对墙体的作用

坝体对墙体的作用就是将前述上、下游坝体对墙体的作用合并起来，也就是将式（4.5-7）～式（4.5-10）组合起来，便得到竣工期增强体所受上、下游坝体荷载的变位计算公式：

转角　　　　　　　　　　　　　　$\theta_s=\theta_1-\theta_2$

或　　　　　　　　　　$\theta_s=\dfrac{(k_{1a}\rho_1-k_{2a}\rho_2)g}{24E_c I_c}\left[H_1^4-(H_1-z)^4\right]$　　　　　（4.5-11）

挠度　　　　　　　　　　　　　　$y_s=y_1-y_2$

或　　　　　　　　　　$y_s=\dfrac{(k_{1a}\rho_1-k_{2a}\rho_2)g}{24E_c I_c}\left\{H_1^4 z-\dfrac{1}{5}\left[H_1^5-(H_1-z)^5\right]\right\}$　　　　（4.5-12）

可见，通填区的作用实际上是上、下游相互抵消的。

特别地，考察增强体顶部的变位，设 $z=H_1$，由式（4.5-11）～式（4.5-12）可得竣工期墙顶变位计算公式：

转角

$$\theta_{\mathrm{st}} = \frac{(k_{1\mathrm{a}}\rho_1 - k_{2\mathrm{a}}\rho_2)g}{24E_{\mathrm{c}}I_{\mathrm{c}}}H_1^4 \tag{4.5-13}$$

挠度

$$y_{\mathrm{st}} = \frac{(k_{1\mathrm{a}}\rho_1 - k_{2\mathrm{a}}\rho_2)g}{30E_{\mathrm{c}}I_{\mathrm{c}}}H_1^5 \tag{4.5-14}$$

从以上分析可知：

（1）按照结构力学方法，视增强体心墙为底端固定的悬臂梁，将作用在增强体上下游坝体的土压力作为荷载进行考虑，按挠曲方程求解变位。

（2）增强体顶部通填区形成的竖向荷载对墙体水平变位没有贡献，水平荷载大小相等、方向相反，相互抵消。

（3）竣工期墙体的变位与上下游坝体填筑料的物理力学性质有关。由于上下游筑坝材料的密度相差较小，那么增强体所形成的变位也较小，特别当上下游坝体材料物理力学性质指标相同时，墙体的变位应当为 0，即墙体没有变位。这一特点与土石坝（特别是堆石坝）的变形观测资料完全一致，即坝体中部沿坝轴线附近的水平位移很小，基本接近于 0。

（4）增强体的变位是坝高（或墙高）的 4～5 次方高阶幂函数，这对简化变位计算提供了便利。

（5）在竣工期坝体上下游荷载作用下，增强体变位只在 z 轴原点（即坝底部）存在最小值，墙体顶部的变位随不同坝高和不同筑坝材料性质而变化，但其受荷载的挠曲变形规律却基本一致，均沿坝高（或增强体高度）呈 4～5 次方高阶幂函数分布。

4.5.2　蓄水期增强体水平变位

蓄水期墙体的受力状况系在图 4.5-1 基础上增加了上下游水荷载的作用，为了简化推导过程，此处假定上游蓄水位与增强体心墙同高，即上游水位高度可取 H_1，由于下游水位 H_2 一般很低，对计算结果影响不大，在推导时可以省略。如上所述，通填区的压重对水平向没有贡献，可以不计；通填区形成的上下游水平压力大小相等，可以相互抵消，因此，通填区的荷载作用此处也不再考虑。下游坝体荷载状态维持不变（不计下游水位的影响）。上游库水和上游坝体通过水土耦合作用，使得增强体心墙承受水土耦合作用荷载。

上游坝体饱和、水土耦合状态下的水平作用力为

$$P_{\mathrm{h}} = \frac{1}{2}\rho_{\mathrm{c}}g(H_1 - z)^2$$

式中：ρ_{c} 为坝体的水土耦合作用密度，$\mathrm{t/m^3}$。

因此，蓄水期作用在增强体任一高度 z 截面的上游水土荷载形成的弯矩 M_1' 为

$$M_1' = \frac{1}{2}\rho_{\mathrm{c}}g\int_0^z (H_1 - z)^2\mathrm{d}z$$

同样，下游坝体形成的弯矩 M_2 为

$$M_2 = \frac{1}{2}\rho_2 g k_{2\mathrm{a}}\int_0^z (H_1 - z)^2\mathrm{d}z$$

增强体总弯矩为

$$M = M_1' - M_2$$

或

$$M = \frac{\rho_c - k_{2a}\rho_2}{6}g(H_1 - z)^3$$

由挠曲方程式（4.5-1）～式（4.5-3），可得

$$\frac{d^2 y}{dz^2} = \frac{M}{E_c I_c} = \frac{(\rho_c - k_{2a}\rho_2)g}{6E_c I_c}(H_1 - z)^3 \tag{4.5-15}$$

边界条件：①当 $z=0$ 时，$\frac{dy}{dz}=0$；②当 $z=0$ 时，$y=0$。因此，有

转角

$$\theta_x = \frac{(\rho_c - k_{2a}\rho_2)g}{6E_c I_c}\int_0^z (H_1 - z)^3 dz + D_1 \qquad z \in [0, H_1] \tag{4.5-16}$$

挠度

$$y_x = \int_0^z \left[\frac{(\rho_c - k_{2a}\rho_2)g}{6E_c I_c}\int_0^z (H_1 - z)^3 dz + D_1\right]dz + D_2 \qquad z \in [0, H_1] \tag{4.5-17}$$

将上两式化简，代入边界条件，$D_1 = D_2 = 0$。由此得到蓄水期墙体变位计算公式：
增强体心墙

转角

$$\theta_x = \frac{(\rho_c - k_{2a}\rho_2)g}{24E_c I_c}[H_1^4 - (H_1 - z)^4] \tag{4.5-18}$$

位移

$$y_x = \frac{(\rho_c - k_{2a}\rho_2)g}{24E_c I_c}\left\{H_1^4 z - \frac{[H_1^5 - (H_1 - z)^5]}{5}\right\} \tag{4.5-19}$$

显然，对墙顶变位，则有

转角

$$\theta_{xt} = \frac{(\rho_c - k_{2a}\rho_2)g}{24E_c I_c}H_1^4 \tag{4.5-20}$$

挠度

$$y_{xt} = \frac{(\rho_c - k_{2a}\rho_2)g}{30E_c I_c}H_1^5 \tag{4.5-21}$$

以上式中：ρ_c 为上游饱和堆石坝体水土耦合作用密度，t/m³，由式（4.3-5）、式（4.3-6）计算得到；ρ_2 为下游堆石坝体的填筑密度，t/m³；k_{2a} 为下游堆石坝体填筑状态下的主动土压力系数；其余符号意义同前。

4.5.3 水位骤降时增强体水平变位

水位骤降是依照土石坝有关规范，作为基本荷载组合进行复核，此时水荷载全部撤走因而水土耦合作用消失，但上游坝体仍处于来不及排水的饱和状态，由4.3节的分析，此时上游坝体填筑料采用浮密度，内摩擦角仍然采用饱和固结不排水指标。本工况的下游和通填区的荷载作用依然不变。经过类似于以上的推导，得到水位骤降期的增强体的变位如下：

转角

$$\theta_d = \frac{(k_{1m}\rho_1' - k_{2a}\rho_2)g}{24E_c I_c}[H_1^4 - (H_1 - z)^4] \tag{4.5-22}$$

挠度

$$y_d = \frac{(k_{1m}\rho_1' - k_{2a}\rho_2)g}{24E_c I_c}\left\{H_1^4 z - \frac{1}{5}[H_1^5 - (H_1 - z)^5]\right\} \tag{4.5-23}$$

同样，此时墙体顶部的变位如下：

转角
$$\theta_{dt} = \frac{(k_{1m}\rho_1' - k_{2a}\rho_2)g}{24E_c I_c} H_1^4 \qquad (4.5-24)$$

挠度
$$y_{dt} = \frac{(k_{1m}\rho_1' - k_{2a}\rho_2)g}{30E_c I_c} H_1^5 \qquad (4.5-25)$$

其中
$$k_{1m} = \frac{\cos^2\varphi_1}{\left[1 + \sqrt{\dfrac{\sin\varphi_1\sin(\varphi_1+\beta_1)}{\cos\beta_1}}\right]^2}$$

以上式中：k_{1m} 为上游坝体料处于饱和状态且不计耦合作用的土压力系数；φ_1 为上游坝体填筑料的内摩擦角，(°)，取饱和状态下的不排水指标；β_1 为上游坝坡坡角，(°)；ρ_1' 为上游饱和堆石坝体的浮密度，t/m^3；其余符号意义同前。

4.5.4 有关惯性矩的讨论

在上述推导中，一般认为断面惯性矩是常数，即 $I_c = \delta^3 b/12$，此处，δ 为增强体心墙的厚度（见第 3 章）；增强体沿纵向（横河方向）取单位长度，即取 $b=1$。

由于土石坝中的内置增强体心墙是连接河谷两岸的超静定结构体，其受力与变形状况与河谷形态、坝高、筑坝材料等因素紧密相关[13-15]，工作性质与所处的约束环境，使得墙体应力与变形不同于一般的自由构件，因此，墙体惯性矩应由下式确定：

$$I_c = \psi \frac{\delta^3 b}{12} = \psi \frac{\delta^3}{12} \qquad (4.5-26)$$

式中：ψ 为增强体变形约束系数。

显然 ψ 远大于 1。对于增强体心墙而言，约定 $\psi = 1 + \psi_0 z$。其中，ψ_0 为与河谷形态有关的参数，可取 $\psi_0 = 1.0 \sim 2.5/m$，一般取 $\psi_0 = 1.5/m$；z 是墙体高度，其取值范围为自坝底部至墙体顶部，即 $z \in [0, H_1]$；H_1 为增强体的高度。

惯性矩随墙高（坝高）而变，实际上是对墙体变位起到了约束作用。如图 4.5-2 所示为断面惯性矩与墙体高度的变化范围值（取 $\delta = 1.0$m 时），表明墙体越高，惯性矩就越大，说明墙体受到的变形约束也就越明显。

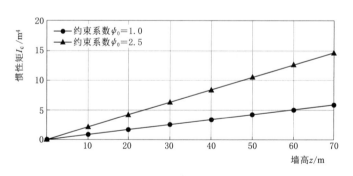

图 4.5-2 惯性矩与墙高变化图

有关各工况变位计算公式统一列入表 4.5-2 备查。

表 4.5-2　不同工况变位计算成果总表

工况	沿墙高变化		墙顶部位	
	挠度	转角	挠度	转角
竣工期	$y_s = \dfrac{(k_{1a}\rho_1 - k_{2a}\rho_2)g}{24E_cI_c}\left\{H_1^4 z - \dfrac{1}{5}[H_1^5 - (H_1-z)^5]\right\}$	$\theta_s = \dfrac{(k_{1a}\rho_1 - k_{2a}\rho_2)g}{24E_cI_c}[H_1^4 - (H_1-z)^4]$	$y_{st} = \dfrac{(k_{1a}\rho_1 - k_{2a}\rho_2)g}{30E_cI_c}H_1^5$	$\theta_{st} = \dfrac{(k_{1a}\rho_1 - k_{2a}\rho_2)g}{24E_cI_c}H_1^4$
蓄水期	$y_x = \dfrac{(\rho_c - k_{2a}\rho_2)g}{24E_cI_c}\left\{H_1^4 z - \dfrac{[H_1^5 - (H_1-z)^5]}{5}\right\}$	$\theta_x = \dfrac{(\rho_c - k_{2a}\rho_2)g}{24E_cI_c}[H_1^4 - (H_1-z)^4]$	$y_{xt} = \dfrac{(\rho_c - k_{2a}\rho_2)g}{30E_cI_c}H_1^5$	$\theta_{xt} = \dfrac{(\rho_c - k_{2a}\rho_2)g}{24E_cI_c}H_1^4$
水位骤降期	$y_d = \dfrac{(k_{1m}\rho_1' - k_{2a}\rho_2)g}{24E_cI_c}\left\{H_1^4 z - \dfrac{1}{5}[H_1^5 - (H_1-z)^5]\right\}$	$\theta_d = \dfrac{(k_{1m}\rho_1' - k_{2a}\rho_2)g}{24E_cI_c}[H_1^4 - (H_1-z)^4]$	$y_{dt} = \dfrac{(k_{1m}\rho_1' - k_{2a}\rho_2)g}{30E_cI_c}H_1^5$	$\theta_{dt} = \dfrac{(k_{1m}'\rho_1 - k_{2a}\rho_2)g}{24E_cI_c}H_1^4$

4.6　小结

本章首先分析了纵向增强体土石坝各典型工况的受力情况，将墙体上下游两侧的土体、水体作为荷载作用在墙体上，再按照结构力学的方法对增强体心墙进行变位计算分析，同时考虑了蓄水期水土的耦合作用，推导出的各代表工况下有关变位计算公式可用于具体的增强体土石坝的坝工设计与分析。

荷载分析按照平面杆系静定结构进行，同时认为墙体所受荷载对应的变位符合结构力学基本条件，土、水及其耦合作用荷载均属线性分布荷载，墙体顶部以上通填区对墙体的变位是没有贡献的。

通过重点分析竣工期、蓄水期和水位骤降期三种典型工况的增强体沿坝高分布的变位值，提出了一系列计算公式，计算还证明墙体顶部的变位最大，这主要是因为将墙体作为底部固定、顶部自由的竖向悬臂梁。增强体结构的变位也应受到河谷条件的制约。

参　考　文　献

［1］　中华人民共和国水利部. 碾压式土石坝设计规范：SL 274—2020 [S]. 北京：中国水利水电出版社，2021.

［2］　中华人民共和国水利部. 水工混凝土结构设计规范：SL 191—2008 [S]. 北京：中国水利水电出版社，2009.

［3］　中华人民共和国住房和城乡建设部. 水工建筑物抗震设计标准：GB 51247—2018 [S]. 北京：中国计划出版社，2019.

［4］　陈慧远. 土石坝有限元分析 [M]. 南京：河海大学出版社，1988.

［5］　梁军. 纵向增强体土石坝的设计原理与方法 [J]. 河海大学学报（自然科学版），2018，46（2）：128 - 133.

［6］　四川省水利水电勘测设计研究院科研所. 大桥水库筑坝材料试验研究报告 [R]. 成都：四川省水利水电勘测设计研究院，1991.

［7］　中国电建集团成都勘测设计研究院有限公司. 大渡河瀑布沟水电站可研阶段筑坝材料试验报 [R]. 成都：中国电建集团成都勘测设计研究院有限公司，1994.

［8］　四川省水利水电勘测设计研究院科研所. 紫坪铺水库筑坝材料试验研究报告 [R]. 成都：四川省水利水电勘测设计研究院，1995.

［9］　梁军，等. 瓦屋水电站筑坝材料试验研究报告 [R]. 成都：四川省水利水电勘测设计研究院科研所，1997.

［10］关志诚，等. 水工设计手册（第一卷 基础理论）[M]. 北京：中国水利水电出版社，2007.

［11］龙驭球，包世华，袁驷. 结构力学 [M]. 4 版. 北京：高等教育出版社，2018.

［12］赵成刚，白冰，等. 土力学原理（修订本）[M]. 北京：清华大学出版社，北京交通大学出版社，2009.

［13］朱焕春，陶振宇. 地形地貌与地应力分布的初步分析 [J]. 水利水电技术，1994（1）：29 - 34.

［14］王晓春，聂德新，冯庆祖. V 型河谷地应力研究 [J]. 工程地质学报，2002（2）：146 - 151.

［15］陈津民. 河谷断面形态对河谷应力集中的影响 [J]. 成都地质学院学报，1993（20）：109 - 117.

第5章 竣工期纵向增强体
结构受力分析

摘要： 考虑到土（堆）石坝体的变形与增强体心墙变形存在较大差异，按照结构力学的方法，本章研究了坝体与墙体界面由于差异沉降引起的坝体对墙体向下的表面摩擦拖曳作用（亦称下拉作用），如同地基中的刚性桩与周围土体存在表面摩擦的关系那样。下拉或拖曳作用对墙体产生了下拉荷载（或称下拉力），因而在一定程度上加重了墙体的受力负担，即增加了墙体表面的摩擦力和正截面的压力。由于墙体上下游侧面可能存在不同的下拉力而使墙体形成不对称受力的弯拉（或弯压）结构，从而使增强体心墙的运行安全性成为关注的焦点。本章提出了增强体心墙在竣工期下拉应力和下拉荷载的计算方法与公式，可用于具体计算之用。

5.1 概述

上一章从结构力学方法分析推导了水平荷载引起增强体变位的情况，本章主要分析增强体心墙作为结构体在土石坝内部的受力情况[1-2]。从土石坝的运行情况看，增强体的受力可分为水平荷载与垂直荷载两大类，本章将对水平向和竖直向荷载及其对增强体的影响再作进一步的受力分析[3-4]。本章着重分析竣工期坝体下拉作用对墙体的影响。

很显然，增强体所受的竖向荷载主要有坝体产生的对墙体上、下游侧面因沉降差异而导致的向下的摩擦力，以及墙体自重和墙顶部通填区坝体的附加重力。从空间角度可将纵向增强体视为位于坝体中部附近贯穿于坝体左右两岸的竖向"薄板"，其底部与坝基基础通过固结灌浆形成刚性连接，从横向剖面看，类似于"插入"地基的底端固定、顶端自由的悬臂梁。如图 5.1-1 所示，在垂直方向上，除墙体自重和上部通填区压重外，它还受上、下游堆石填筑体因沉降位移引起的向下的拖曳作用，这种拖曳作用如同地基中混凝土桩体所受到桩周

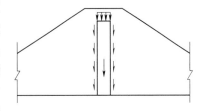

图 5.1-1 墙体竖向受力示意图

土的下拉荷载作用一样，实际上就是坝体与墙体界面的摩擦力。这一摩擦力对墙体而言是一种负担，它增加了墙体的受力。但从另一方面看，又减小了坝体中部的变形，因为坝体填筑料沉降和水平变形都由于墙体的存在而受到较大的约束。

5.2 下拉效应分析

由于混凝土增强体心墙的模量远大于上下游土（堆）石坝体的模量，坝体沿心墙上下游侧壁存在向下的沉降，从而在墙体表面产生向下的拖曳力，称为下拉力或下拉荷载[5-6]。下拉荷载对心墙而言，既加重了心墙的受力，又像"中流砥柱"那样限制了坝体填筑料的变形，这与沥青混凝土心墙的作用机理不完全相同，因为沥青混凝土心墙基本上不承受外力，进而与坝体形成变形协调。

增强体心墙受上下游两边的坝体填筑堆石料的下拉作用如图 5.2-1 所示。

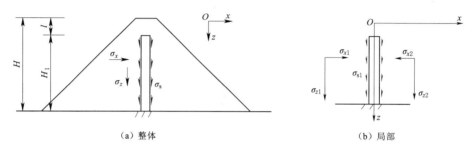

（a）整体   （b）局部

图 5.2-1   下拉作用计算简图

先考虑上游坝体的受力情形，有

$$\frac{\sigma_x}{\sigma_z}=k_{01} \tag{5.2-1}$$

式中：σ_x 为上游堆石体的水平应力；σ_z 为上游堆石体的竖直应力，一般 $\sigma_z=\rho_1 g z$；k_{01} 为上游堆石坝体静止侧压力系数，脚标"1"表示上游侧。

增强体心墙"插入"堆石坝坝体后，改变了坝体的上述应力关系，堆石等填筑料在墙体侧面形成如下新的应力关系：

$$\frac{\sigma_{s1}}{\sigma_x}=f_1 \quad 或 \quad \frac{d\sigma_{s1}}{d\sigma_x}=f_1 \tag{5.2-2}$$

建立自坝顶为坐标原点的向下的坐标系［图 5.2-1（b）］，在 $z\in[l,l+H_1]$ 范围内的上游接触面的下拉应力：

$$d\sigma_{s1}=f_1 d\sigma_x=f_1 k_{01} d\sigma_z=f_1 k_{01}\rho_1 g\,dz \quad z\in[l,l+H_1] \tag{5.2-2a}$$

其中

$$f_1=f_{01}+f_{c1}S_1$$

式中：ρ_1 为上游堆石密度，t/m^3；f_1 为上游接触面摩擦系数；f_{01} 为接触面静止摩擦系数；f_{c1} 为接触面滑动摩擦系数，m^{-1}；S_1 为堆石相对于心墙的向下位移，m；l 为通填区高度，m；H_1 为增强体高度，m；其余符号意义同前。

$l+H_1=H$，H 为坝高。则总的下拉应力 σ_{s1} 为

$$\sigma_{s1}=\int_l^H (f_{01}+f_{c1}S_1)k_{01}\rho_1 g\,dz \quad z\in[l,l+H_1] \tag{5.2-3}$$

总的下拉荷载 N_{s1} 为

$$N_{s1} = \int_l^H \sigma_{s1} \, dz \qquad z \in [l, l+H_1] \tag{5.2-3a}$$

式中：坝高 $H = l + H_1$，m。

5.2.1 下拉应力计算分析

应注意，向下位移 S 是堆石体相对于墙体的沉降（认为墙体本身沉降变形微小，可以不予考虑），可由 4.4 节的式（4.4-3）将原来的坐标原点由坝底转换成取坐标原点位于坝体顶部，经坐标转换后的向下位移 S 表达式如下：

$$S = \frac{\rho g}{E_{s0}} \left[\frac{1}{2-n}(H-z)^{2-n} + \frac{1}{1-n}z(H-z)^{1-n} \right] \qquad z \in [0, H]$$

式中：ρ 为堆石料填筑密度，t/m^3；n 为邓肯-张模型参数之一；E_{s0} 为堆石料初始压缩模量，MPa。

为使推导进一步简化，又将坐标原点移到墙体顶部，即 $z \Rightarrow l+z$，（$z \in [0, H_1]$），此时向下位移 S 则为下式：

$$S = \frac{\rho g}{E_{s0}} \left[\frac{1}{2-n}(H_1-z)^{2-n} + \frac{l+z}{1-n}(H_1-z)^{1-n} \right] \qquad z \in [0, H_1] \tag{5.2-4}$$

显然，由于墙体上、下游侧面堆石料的物理力学指标不同，沿墙两侧面的沉降是有差异的，因此，上、下游侧面的堆石沉降 S_1、S_2 可分别表述如下。

上游侧面：

$$S_1 = \frac{\rho_1 g}{E_{s01}} \left[\frac{1}{2-n_1}(H_1-z)^{2-n_1} + \frac{l+z}{1-n_1}(H_1-z)^{1-n_1} \right] \qquad z \in [0, H_1] \tag{5.2-4a}$$

下游侧面：

$$S_2 = \frac{\rho_2 g}{E_{s02}} \left[\frac{1}{2-n_2}(H_1-z)^{2-n_2} + \frac{l+z}{1-n_2}(H_1-z)^{1-n_2} \right] \qquad z \in [0, H_1] \tag{5.2-4b}$$

上两式中：ρ_1、ρ_2 分别为上游、下游堆石料填筑密度，t/m^3；n_1、n_2 分别为上游、下游的邓肯-张模型参数，一般取 $n_1 = n_2 = n$。

由于增强体心墙的阻隔作用，以及上下游堆石体力学参数各不相同，它们各自的沉降与变形也不一样，墙体将更多地承担堆石变形引发的受力作用。

1. 增强体上游侧下拉应力

上游侧面沿着整个墙体范围的下拉应力和下拉荷载为

$$\sigma_{s1} = \int_0^z (f_{01} + f_{c1}S_1) k_{01} \rho_1 g \, dz \qquad z \in [0, H_1] \tag{5.2-5}$$

$$N_{s1} = \int_0^z \sigma_{s1} \, dz \qquad z \in [0, H_1] \tag{5.2-6}$$

代入表达式（5.2-4a）并积分，得

$$\sigma_{s1} = A_{01}z + \frac{A_{11}(H_1+l)}{(1-n)(2-n)}\left[H_1^{2-n} - (H_1-z)^{2-n}\right] - \frac{A_{11}\left[H_1^{3-n} - (H_1-z)^{3-n}\right]}{(1-n)(2-n)(3-n)}$$

$$\tag{5.2-7}$$

其中 $$A_{01} = f_{01} k_{01} \rho_1 g \qquad A_{11} = \frac{f_{c1} k_{01} \rho_1^2 g^2}{E_{s01}}$$

式（5.2-7）即为墙体上游侧面自墙顶沿墙体任一深度 z（$z \in [0, H_1]$）的下拉应力分布计算式。

结合工程实际，将式（5.2-7）所表达的下拉应力沿墙体深度的分布情况进行简要分析，如图 5.2-2 所示为方田坝水库上游侧面下拉应力的分布图，可见，在墙体范围内，下拉应力的分布沿墙深度基本上呈线性增长。

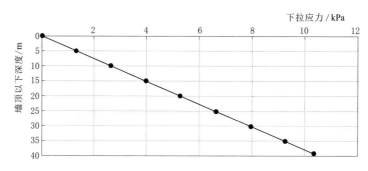

图 5.2-2　墙体上游侧下拉应力分布图

计算表明，由式（5.2-7）等号右边计算下拉应力三项中实际上以第一项（$A_{01} z$）发挥的作用较大，后两项看起来比较复杂，但对下拉应力的计算贡献较小，均在 5% 以下，因此，在实际的设计与计算中可以忽略不计这后面两项的轻微贡献，只认为墙体界面的下拉应力与墙深呈线性变化。也就是说，可以采取下列公式进行下拉应力的简化计算：

$$\sigma_{s1} = A_{01} z \qquad (5.2-7a)$$

该计算式有两个端点值：①当在墙顶处 $z=0$ 时，$\sigma_{s1} = 0$；②当在墙底处 $z = H_1$ 时，$\sigma_{s1} = A_{01} H_1 + \frac{A_{11} l H_1^{2-n}}{(1-n)(2-n)} + \frac{A_{11} H_1^{3-n}}{(1-n)(3-n)}$。略去后两项则为 $\sigma_{s1} = A_{01} H_1$。

2. 增强体下游侧下拉应力

同样，可以得出下游侧面下拉应力计算式：

$$\sigma_{s2} = A_{02} z + \frac{A_{12}(H_1 + l)}{(1-n)(2-n)} \left[H_1^{2-n} - (H_1 - z)^{2-n} \right] - \frac{A_{12} \left[H_1^{3-n} - (H_1 - z)^{3-n} \right]}{(1-n)(2-n)(3-n)}$$

$$(5.2-8)$$

其中 $$A_{02} = f_{02} k_{02} \rho_2 g \qquad A_{12} = \frac{f_{c2} k_{02} \rho_2^2 g^2}{E_{s02}}$$

其简化计算公式为

$$\sigma_{s2} = A_{02} z \qquad (5.2-8a)$$

3. 增强体总的下拉应力

因此，纵向增强体心墙上、下游侧面在自墙顶以下任一深度 z 处受到的总的下拉应力 σ_s 的一般公式为

$$\sigma_s = \sigma_{s1} + \sigma_{s2} \qquad (5.2-9)$$

即

$$\sigma_s = (A_{01} + A_{02})z + \frac{(A_{11} + A_{12})(H_1 + l)}{(1-n)(2-n)}[H_1^{2-n} - (H_1 - z)^{2-n}] -$$

$$\frac{(A_{11} + A_{12})}{(1-n)(2-n)(3-n)}[H_1^{3-n} - (H_1 - z)^{3-n}] \quad (5.2-9a)$$

或

$$\sigma_s = A_0 z + \frac{A_1(H_1 + l)}{(1-n)(2-n)}[H_1^{2-n} - (H_1 - z)^{2-n}] - \frac{A_1[H_1^{3-n} - (H_1 - z)^{3-n}]}{(1-n)(2-n)(3-n)} \quad (5.2-9b)$$

其中 $\qquad\qquad A_0 = A_{01} + A_{02} \qquad\qquad A_1 = A_{11} + A_{12}$

上述公式可以依据具体情况进行适当简化。如果考虑到上下游堆石坝体的力学性指标相同而物性指标有差异，则上式可简化为

$$\sigma_s = f_0 k_0 g(\rho_1 + \rho_2)z + \frac{f_c k_0 (\rho_1^2 + \rho_2^2) g H}{(1-n)(2-n)E_{s0}}[H_1^{2-n} - (H_1 - z)^{2-n}] - \\ \frac{f_c k_0 (\rho_1^2 + \rho_2^2) g}{(1-n)(2-n)(3-n)E_{s0}}[H_1^{3-n} - (H_1 - z)^{3-n}] \quad (5.2-9c)$$

上式考虑了力学性指标相同的情形，即 $f_{01} = f_{02} = f_0$，$k_{01} = k_{02} = k_0$，其他指标依次类推予以简化。

其简化计算公式为

$$\sigma_s = \sigma_{s1} + \sigma_{s2} = A_{01}z + A_{02}z = A_0 z \quad (5.2-9d)$$

即
$$\sigma_s = f_0 k_0 g(\rho_1 + \rho_2)z$$

上式呈线性分布。显然，边界条件的特殊情形为：

（1）当在墙顶处 $z = 0$ 时，$\sigma_s = 0$。

（2）当在墙底处 $z = H_1$ 时，有

$$\sigma_s = A_0 H_1 + \frac{A_1 l H_1^{2-n}}{(1-n)(2-n)} + \frac{A_1 H_1^{3-n}}{(1-n)(3-n)} \quad (5.2-9e)$$

或

$$\sigma_s = f_0 k_0 g(\rho_1 + \rho_2)H_1 + \frac{f_c k_0 (\rho_1^2 + \rho_2^2) g l}{(1-n)(2-n)E_{s0}}H_1^{2-n} + \frac{f_c k_0 (\rho_1^2 + \rho_2^2) g}{(1-n)(2-n)(3-n)E_{s0}}H_1^{3-n} \quad (5.2-9f)$$

经简化，即得

$$\sigma_s = A_0 H_1 = f_0 k_0 g(\rho_1 + \rho_2)H_1 \quad (5.2-9g)$$

5.2.2 下拉荷载计算分析

如前所述，下拉荷载是堆石坝体沉降引起的作用在增强体侧壁表面的一种向下的拖曳力作用，其本质是表面摩擦产生的，它加重了墙体的受力负担。

1. 增强体上游侧下拉荷载

关于墙体下拉荷载（拖曳力或下拉力）的计算，先考虑上游一侧的情形。将式（5.2-

7) 代入式（5.2-6）得

$$N_{s1} = \int_0^z \left\{ A_{01} z + \frac{A_{11} H}{(1-n)(2-n)} \left[H_1^{2-n} - (H_1 - z)^{2-n} \right] - \frac{A_{11} \left[H_1^{3-n} - (H_1 - z)^{3-n} \right]}{(1-n)(2-n)(3-n)} \right\} dz$$

$$(5.2-10)$$

式中 $H = l + H_1$，展开并化简，得到下式：

$$N_{s1} = \frac{A_{01}}{2} z^2 + \frac{A_{11} H_1^{2-n}}{(1-n)} \left(\frac{H_1}{3-n} + \frac{l}{2-n} \right) z + \frac{A_{11}(H_1 + l)}{(1-n)(2-n)(3-n)} (H_1 - z)^{3-n} -$$

$$\frac{A_{11}}{(1-n)(2-n)(3-n)(4-n)} (H_1 - z)^{4-n} - \frac{A_{11} H_1^{3-n}}{(1-n)(2-n)} \left(\frac{l}{3-n} + \frac{H_1}{4-n} \right)$$

$$(5.2-10a)$$

或

$$N_{s1} = B_{01} z^2 + B_{11} z + B_{21} (H_1 - z)^{3-n} - B_{31} (H_1 - z)^{4-n} - B_{41} \qquad (5.2-10b)$$

其中　　$B_{01} = \dfrac{A_{01}}{2}$　　　$B_{11} = \dfrac{A_{11} H_1^{2-n}}{(1-n)} \left(\dfrac{l}{2-n} + \dfrac{H_1}{3-n} \right)$　　　$B_{21} = \dfrac{A_{11}(H_1 + l)}{(1-n)(2-n)(3-n)}$

$$B_{31} = \frac{A_{11}}{(1-n)(2-n)(3-n)(4-n)} \qquad B_{41} = \frac{A_{11} H_1^{3-n}}{(1-n)(2-n)} \left(\frac{l}{3-n} + \frac{H_1}{4-n} \right)$$

式（5.2-10a）、式（5.2-10b）即为上游侧下拉荷载沿墙深 z 的计算公式。在端点的情形如下：

（1）当 $z = 0$（墙顶）时，可以推导出 $N_{s1} = 0$。

（2）当 $z = H_1$（墙底）时，增强体底部上游侧的下拉荷载计算式为

$$N_{s1d} = \frac{A_{01}}{2} H_1^2 + \frac{A_{11} H_1^{3-n}}{(1-n)(3-n)} \left\{ l + \left[1 - \frac{3-n}{(2-n)(4-n)} \right] H_1 \right\} \qquad (5.2-10c)$$

以方田坝水库为例，由式（5.2-10）通过计算得到增强体上游侧的下拉荷载沿墙深分布关系（图5.2-3），由图可知，下拉荷载（力）沿墙深基本呈二次幂增长，底部为最大。公式（5.2-10b）等式右边由五项组成，其中第三、第四项随着墙深的增加而迅速减小，实际计算时也可以忽略不计，这样只剩下第一、第二和最后的常数项，这种简化计算在工程上是允许的。增强体上游侧下拉荷载简化计算式为

$$N_{s1} = \frac{A_{01}}{2} z^2 + A_{11} H_1^{2-n} \left[\frac{H_1}{(1-n)(3-n)} + \frac{l}{(1-n)(2-n)} \right] z - \frac{A_{11} H_1^{3-n}}{(1-n)(2-n)} \left(\frac{l}{3-n} + \frac{H_1}{4-n} \right)$$

$$(5.2-10d)$$

或

$$N_{s1} = B_{01} z^2 + B_{11} z - B_{41} \qquad (5.2-10e)$$

底部　　$$N_{s1d} = B_{01} H_1^2 + B_{11} H_1 - B_{41} \qquad (5.2-10f)$$

显见，下拉荷载沿墙深呈二次函数变化。

2. 增强体下游侧下拉荷载

同样，墙体下游侧的下拉荷载计算式为

$$N_{s2} = \int_0^z \sigma_{s2} dz \qquad z \in [0, H_1] \qquad (5.2-11)$$

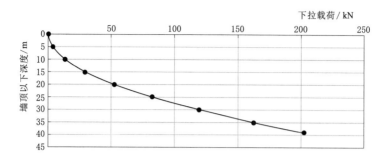

图 5.2-3　墙体上游侧下拉荷载（力）分布图

将式（5.2-8）代入，可得

$$N_{s2} = \int_0^z \left\{ A_{02}z + \frac{A_{12}H}{(1-n)(2-n)}[H_1^{2-n}-(H_1-z)^{2-n}] - \frac{A_{12}[H_1^{3-n}-(H_1-z)^{3-n}]}{(1-n)(2-n)(3-n)} \right\} dz$$

（5.2-12）

通过积分化简，得

$$N_{s2} = \frac{A_{02}}{2}z^2 + A_{12}H_1^{2-n}\left[\frac{H_1}{(1-n)(3-n)}+\frac{l}{(1-n)(2-n)}\right]z + \frac{A_{12}(H_1+l)}{(1-n)(2-n)(3-n)}(H_1-z)^{3-n} -$$

$$\frac{A_{12}}{(1-n)(2-n)(3-n)(4-n)}(H_1-z)^{4-n} - \frac{A_{12}H_1^{3-n}}{(1-n)(2-n)}\left(\frac{l}{3-n}+\frac{H_1}{4-n}\right)$$

（5.2-13）

或　　　　　$$N_{s2} = B_{02}z^2 + B_{12}z + B_{22}(H_1-z)^{3-n} - B_{32}(H_1-z)^{4-n} - B_{42}$$　　（5.2-13a）

其中　　$$B_{02} = \frac{A_{02}}{2}$$　　　　$$B_{12} = \frac{A_{12}H_1^{2-n}}{(1-n)}\left(\frac{l}{2-n}+\frac{H_1}{3-n}\right)$$　　　　$$B_{22} = \frac{A_{12}(H_1+l)}{(1-n)(2-n)(3-n)}$$

$$B_{32} = \frac{A_{12}}{(1-n)(2-n)(3-n)(4-n)}$$　　　　$$B_{42} = \frac{A_{12}H_1^{3-n}}{(1-n)(2-n)}\left(\frac{l}{3-n}+\frac{H_1}{4-n}\right)$$

式（5.2-13）、式（5.2-13a）即为下游侧下拉荷载沿墙深 z 的计算公式。在端点的情形如下：

（1）由上式对于墙顶（$z=0$），可以得出 $N_{s2}=0$。

（2）在墙体底部（$z=H_1$），增强体下游侧的底部下拉荷载计算式为

$$N_{s2d} = \frac{A_{02}}{2}H_1^2 + \frac{A_{12}H_1^{3-n}}{(1-n)(3-n)}\left\{l + \left[1-\frac{3-n}{(2-n)(4-n)}\right]H_1\right\}$$　　（5.2-14）

3. 增强体总的下拉荷载

增强体两侧受坝体材料的下拉荷载（力）作用计算式为

$$N_s = N_{s1} + N_{s2}$$　　（5.2-15）

由式（5.2-10a）、式（5.2-13）可得墙体总的下拉力 N_s：

$$N_s = \frac{A_{01}+A_{02}}{2}z^2 + \frac{(A_{11}+A_{12})H_1^{2-n}}{(1-n)}\left(\frac{l}{2-n}+\frac{H_1}{3-n}\right)z +$$

$$\frac{(A_{11}+A_{12})(H_1+l)}{(1-n)(2-n)(3-n)}(H_1-z)^{3-n} - \frac{(A_{11}+A_{12})}{(1-n)(2-n)(3-n)(4-n)}(H_1-z)^{4-n} -$$

$$\frac{(A_{11}+A_{12})H_1^{3-n}}{(1-n)(2-n)}\left(\frac{l}{3-n}+\frac{H_1}{4-n}\right) \tag{5.2-15a}$$

或

$$N_s=\frac{A_0}{2}z^2+\frac{A_1H_1^{2-n}}{(1-n)}\left(\frac{l}{2-n}+\frac{H_1}{3-n}\right)z+\frac{A_1(H_1+l)}{(1-n)(2-n)(3-n)}(H_1-z)^{3-n}-$$

$$\frac{A_1}{(1-n)(2-n)(3-n)(4-n)}(H_1-z)^{4-n}-\frac{A_1H_1^{3-n}}{(1-n)(2-n)}\left(\frac{l}{3-n}+\frac{H_1}{4-n}\right) \tag{5.2-15b}$$

其中　　　　　　　　　$A_0=A_{01}+A_{02}$　　　　　$A_1=A_{11}+A_{12}$

或　　　　　　　　$N_s=B_0z^2+B_1z+B_2(H_1-z)^{3-n}-B_3(H_1-z)^{4-n}-B_4 \tag{5.2-15c}$

其中　　　　　$B_0=\frac{A_0}{2}$　　　　$B_1=\frac{A_1H_1^{2-n}}{(1-n)}\left(\frac{l}{2-n}+\frac{H_1}{3-n}\right)$　　　　$B_2=\frac{A_1(H_1+l)}{(1-n)(2-n)(3-n)}$

$$B_3=\frac{A_1}{(1-n)(2-n)(3-n)(4-n)}\qquad B_4=\frac{A_1H_1^{3-n}}{(1-n)(2-n)}\left(\frac{l}{3-n}+\frac{H_1}{4-n}\right)$$

由上面几个公式可以一目了然地看出计算下拉荷载的各项组成。

通过计算分析，同样表明等式右边第一、第二、第五项是对计算结果有影响的项，而第三、第四项要相对弱一些，在计算精度要求不高的计算中，可以忽略第三、第四项，从而简化计算。

不计第三、第四项的简化计算式为

$$N_s=\frac{A_0}{2}z^2+A_1H_1^{2-n}\left[\frac{H_1}{(1-n)(3-n)}+\frac{l}{(1-n)(2-n)}\right]z-\frac{A_1H_1^{3-n}}{(1-n)(2-n)}\left(\frac{l}{3-n}+\frac{H_1}{4-n}\right) \tag{5.2-15d}$$

或

$$N_s=B_0z^2+B_1z-B_4 \tag{5.2-15e}$$

墙体上下游两个侧面所受下拉荷载如图 5.2-4 所示，此图表明下拉荷载是沿着墙体顶部自上而下呈逐步增加的分布趋势，一般呈墙深的二次幂变化。由上式可得沿增强体顶部至底部的下拉荷载分布特征值如下：

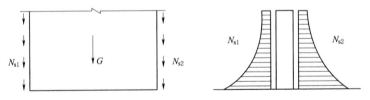

图 5.2-4　竣工期墙体表面下拉力分布示意图

（1）在增强体顶部，$z=0$ 时，得 $N_{s0}=0$。

（2）可以证明，在墙体底部下拉荷载 N_{sd} 最大，即 $z=H_1$ 时，有最大的 N_{sd}，即

$$N_{sd} = \frac{A_0}{2}H_1^2 + \frac{A_1 H_1^{3-n}}{(1-n)(3-n)}\left\{l + \left[1 - \frac{3-n}{(2-n)(4-n)}\right]H_1\right\} \quad (5.2-16)$$

或

$$N_{sd} = \frac{A_{01} + A_{02}}{2}H_1^2 + \frac{(A_{11} + A_{12})H_1^{3-n}}{(1-n)(3-n)}\left\{l + \left[1 - \frac{3-n}{(2-n)(4-n)}\right]H_1\right\}$$
$$(5.2-16a)$$

由以上计算与分析可知，由于上、下游堆石坝体物理力学性质指标参数的不同，作用在墙体上、下游侧壁的下拉荷载（下拉力）也是不相同的，这种不相同应是绝对存在的，但应该不太大。下拉力的力差 $\Delta N_s = N_{s1} - N_{s2} \neq 0$。因此，在墙体任一深度的横断面上必然产生受力不均衡的弯拉效应，如图 5.2-5 所示。按简化计算模式，竣工期的力差 ΔN_s 为

$$\Delta N_s = N_{s2} - N_{s1}$$
$$= \frac{A_{02} - A_{01}}{2}z^2 + \frac{(A_{12}-A_{11})H_1^{2-n}}{1-n}\left(\frac{H_1}{3-n} + \frac{l}{2-n}\right)z - \frac{(A_{12}-A_{11})H_1^{3-n}}{(1-n)(2-n)}\left(\frac{l}{3-n} + \frac{H_1}{4-n}\right)$$
$$(5.2-17)$$

或 $$\Delta N_s = N_{s2} - N_{s1} = (B_{02} - B_{01})z^2 + (B_{12} - B_{11})z - (B_{42} - B_{41}) \quad (5.2-17a)$$

其中 $$B_{01} = \frac{A_{01}}{2} \qquad B_{02} = \frac{A_{02}}{2} \qquad B_{11} = \frac{A_{11}H_1^{2-n}}{(1-n)}\left(\frac{l}{2-n} + \frac{H_1}{3-n}\right)$$

$$B_{12} = \frac{A_{12}H_1^{2-n}}{(1-n)}\left(\frac{l}{2-n} + \frac{H_1}{3-n}\right) \qquad B_{41} = \frac{A_{11}H_1^{3-n}}{(1-n)(2-n)}\left(\frac{l}{3-n} + \frac{H_1}{4-n}\right)$$

$$B_{42} = \frac{A_{12}H_1^{3-n}}{(1-n)(2-n)}\left(\frac{l}{3-n} + \frac{H_1}{4-n}\right)$$

进一步化简为

$$\Delta N_s = N_{s2} - N_{s1} = C_0 z^2 + C_1 z - C_4$$
$$(5.2-17b)$$

其中 $$C_0 = B_{02} - B_{01} = \frac{A_{02} - A_{01}}{2} \qquad C_1 = B_{12} - B_{11} = \frac{(A_{12}-A_{11})H_1^{2-n}}{1-n}\left(\frac{l}{2-n} + \frac{H_1}{3-n}\right)$$

$$C_4 = B_{42} - B_{41} = \frac{(A_{12}-A_{11})H_1^{3-n}}{(1-n)(2-n)}\left(\frac{l}{3-n} + \frac{H_1}{4-n}\right)$$

同样，在增强体底部，下拉力的力差最大，为

$$\Delta N_{sd} = N_{s2d} - N_{s1d} = C_0 H_1^2 + C_1 H_1 - C_4$$
$$(5.2-17c)$$

从计算公式可知，增强体两侧面力差的形成实际上是由于堆石体物理力学指标存在差异所致。实际工程中，堆石填筑指标不太可能达到均匀一致，因此这种力差总是存在的。同时，分析认为，即便在墙体上、下游两侧存在坝体填筑料力学性的差别，但这种差别应当是不大的，因而计算所得力差值也不会太大，这样，坝体差异

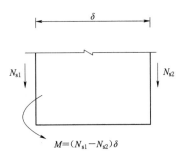

图 5.2-5 墙体截面的弯拉作用

沉降对墙体产生的弯拉（压）作用也是有限的。

5.3　小结

本章针对竣工期增强体与上下游坝体因变形存在差异而导致的墙体所受下拉力（或称下拉荷载）的作用，分析得出了下拉应力与下拉力（荷载）沿墙体深度分别呈线性函数与二次函数的变化规律，经过理论推导，得出相应计算下拉应力与下拉荷载的一些公式。同时分析了墙体上、下游两侧堆石体对墙体的力的作用存在一定程度的差异，认为墙体上下游侧面因坝壳填筑材料的不同将引起受力的差异并称之为力差，这种力差应该总是存在的。分析进一步表明，这一力差对墙体表面将会产生弯拉作用，因此，力差应该是增强体受到一定程度弯拉效应的原因。

参 考 文 献

[1]　关志诚，等. 水工设计手册（第一卷 基础理论）[M]. 北京：中国水利水电出版社，2007.
[2]　龙驭球，包世华，袁驷. 结构力学 [M]. 4 版. 北京：高等教育出版社，2018.
[3]　中华人民共和国水利部. 碾压式土石坝设计规范：SL 274—2020 [S]. 北京：中国水利水电出版社，2021.
[4]　中华人民共和国水利部. 水工建筑物荷载设计规范：SL 744—2016 [S]. 北京：中国水利水电出版社，2017.
[5]　梁军. 纵向增强体土石坝的设计原理与方法 [J]. 河海大学学报（自然科学版），2018，46（2）：128-133.
[6]　梁军，陈英. 纵向增强体土石坝竣工期下拉应力及下拉荷载的计算方法：CN112163267A [P]. 2021-01-01.

第6章　蓄水期纵向增强体结构受力分析

摘要： 本章重点研究了蓄水期坝体填筑料与墙体界面变形引起表面摩擦进而形成的向下的拖曳作用（亦称下拉作用）。分析认为，蓄水期堆石坝体对墙体的下拉作用主要缘于坝体初次蓄水的湿化变形。由于研究对象局限于堆石料与墙体的作用界面，这里也正好基本满足侧限变形条件，所以，利用堆石料室内一维固结试验的有关资料进行探讨就成为必然选择；进而提出堆石料在一维固结条件下的三参数湿化变形计算公式，求出计算下拉作用所需的湿化变形量，从而建立起相应的计算模式，可用于混凝土增强体受力安全性复核计算。

当坝体处于蓄水工况时，特别对于初次蓄水，由于坝体产生湿化变形，混凝土增强体上游侧界面又将承受上游坝体因湿化沉降造成的新的下拉作用。对于以砾质或土质心墙作为防渗体的常规土石坝而言，因湿化变形引起防渗体水平开裂从而导致漏水的工程实例较多[1-5]。对于增强体土石坝来说，混凝土墙体可以阻止自身的开裂，进而防止墙体渗漏的产生，但墙体受力状况究竟如何尚有待于进一步深入研究。

6.1　堆石料湿化变形计算模型

有关堆石等筑坝材料湿化变形的试验与研究已积累了一些成果[6-8]。对于纵向增强体堆石坝而言，由于增强体的阻挡，在坝体中部坝轴线附近的变形类似于一维固结情况，水平变形受到限制，只有竖直向的变形，因而可以通过实验室所作的堆石料大型压缩试验进行模拟。在室内利用大型压缩仪进行的多种堆石料在一维固结条件下的湿化试验表明[9-14]，干湿试样（即非饱和试样与饱和试样）的湿化变形率一般为 3.46%～5.21%，可见湿化变形量还是比较大的，工程设计上应作相应的考虑。几种代表性堆石料的试验结果列入表 6.1-1。

从表 6.1-1 可知：①各种堆石料和砂卵石料的湿化变形程度不同，堆石料的湿化变形更大，砂卵石则相对较小，说明湿化变形对砂卵石料不太敏感，但对堆石料影响较大；②各种堆石料的湿化变形与其母岩属性诸如软化系数、母岩饱和强度、堆石颗粒形态等因素相关，一般以软质岩、风化岩、砂岩堆石料的湿化性更为明显。

表 6.1 - 1 几种代表性堆石料的湿化变形比较表

试样岩性	试样状态	比重	干密度 /(g/cm³)	母岩软化系数	初始孔隙比	最小孔隙比	湿化变形率 /%
灰岩	饱和	2.69	2.06	0.75	0.306	0.260	4.67
	非饱和					0.273	
白云岩	饱和	2.70	2.07	0.81	0.306	0.262	4.18
	非饱和					0.269	
砂岩	饱和	2.68	2.03	0.72	0.354	0.280	5.08
	非饱和					0.295	
砂卵石	饱和	2.73	2.24	0.95	0.219	0.170	1.76
	非饱和					0.173	

6.1.1 压缩试验曲线的数值模拟

许多工程堆石料所做的"双线法"湿化试验如图 6.1 - 1 所示，其中分图（a）为三轴试验的湿化变形曲线，分图（b）为一维固结试验的相应曲线。

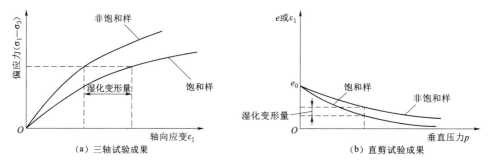

图 6.1 - 1 室内堆石料三轴与压缩试验的湿化曲线

通过这些试验曲线的分析，堆石料在饱和与非饱和两种试样保持相同应力所得的应变差即为湿化变形，其中图 6.1 - 1（b）所示的压缩试验在侧限条件下的孔隙比或孔隙率实际上与轴应变关系密切，孔隙比的变化实际反映了湿化变形，试样的应力与应变关系也很好地反映了材料的非线性。由此，可以采用一维固结的湿化曲线用于模拟增强体心墙附近

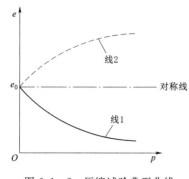

图 6.1 - 2 压缩试验典型曲线

堆石料的湿化特性，为简化计算，通过分析大量试验资料认为单向压缩试验的 $e - p$ 曲线符合双曲线关系，如图 6.1 - 2 所示，图中线 1 为饱和试样或非饱和试样的实际压缩试验曲线（即 $e - p$ 曲线），线 2 为对称于水平线 e_0 的一条虚拟曲线，其方程可参照邓肯-张模型的双曲线模拟，即 $e = e_0 + \dfrac{p}{\alpha + \zeta p}$。

因此，实际 $e - p$ 压缩试验曲线（图中线 1）的方程则为

$$e = e_0 - \frac{p}{\alpha + \zeta p} \tag{6.1-1}$$

式中：e_0 为堆石筑坝材料的初始孔隙比；p 为材料大型压缩试验的垂直压力，kPa 或 MPa；e 为对应于垂直压力 p 的材料孔隙比；α、ζ 分别为双曲线拟合参数，其中 α 单位为 kPa 或 MPa，ζ 无量纲。

对上式求导，得

$$\frac{\mathrm{d}e}{\mathrm{d}p} = -\frac{\alpha}{(\alpha + \zeta p)^2} \tag{6.1-2}$$

由上两式可知：

（1）当 $p = 0$ 时，$e = e_0$。

（2）当 $p \to \infty$ 时，$e = e_0 - \frac{1}{\zeta} = e_{ult}$，$e_{ult}$ 为材料的极限孔隙比（理论最小值）。

（3）当 $p = 1$ 时，有 $\frac{\alpha}{(\alpha + \zeta)^2} = a_v$，$a_v$ 为常用的压缩系数，MPa^{-1}。

为了求得参数 α、ζ，将式（6.1-1）改写为

$$\frac{p}{e_0 - e} = \alpha + \zeta p \tag{6.1-3}$$

上式即为关于 p 的线性方程。以 p 为横坐标，$\frac{p}{e_0 - e}$ 为纵坐标，如图 6.1-3 所示，可以求得参数 α、ζ。

通过统计国内大量堆石坝工程单向压缩试验成果[9-14]，给出一些具有代表性和典型性的堆石料 $e-p$ 曲线，如图 6.1-4～图 6.1-6 所示，这些试验曲线可按式（6.1-3）进行线性拟合，即取 $y = \frac{p}{e_0 - e}$、$x = p$，进而得出拟合参数值 α、ζ（表 6.1-2）。从压缩试验曲线拟合情况看，无论饱和试样还是非饱和试样均能满足双曲线方程的拟合关系，其相关性指标一般都在 0.99 以上。

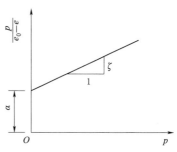

图 6.1-3 线性拟合图

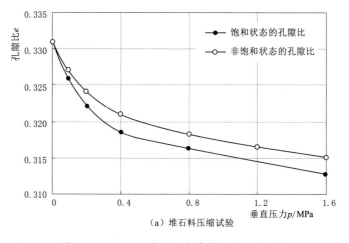

（a）堆石料压缩试验

图 6.1-4（一） 大竹河水库筑坝料压缩试验

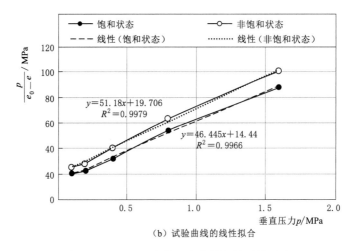

（b）试验曲线的线性拟合

图 6.1-4（二）　大竹河水库筑坝料压缩试验

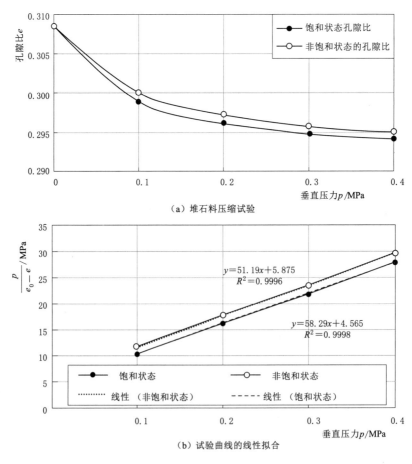

（a）堆石料压缩试验

（b）试验曲线的线性拟合

图 6.1-5　黄鹿水库筑坝料压缩试验

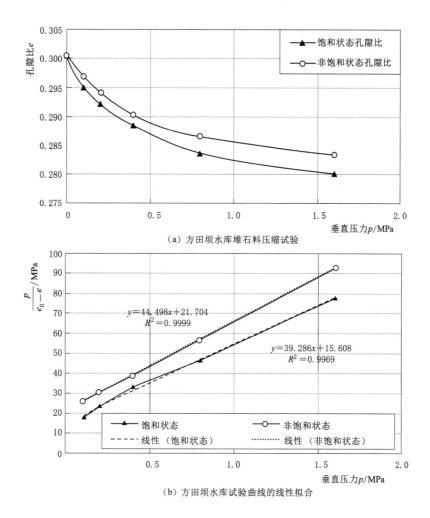

（a）方田坝水库堆石料压缩试验

（b）方田坝水库试验曲线的线性拟合

图 6.1-6 方田坝水库筑坝料压缩试验

表 6.1-2 几种材料的 α、ζ 拟合值

工程名称	材料名称	试样状态	α/MPa	ζ	备注
布西水电站	变质灰岩堆石	饱和	37.687	37.396	坚硬岩
	结晶灰岩堆石	饱和	17.429	41.811	坚硬岩
	大理岩堆石	饱和	29.376	53.585	坚硬岩
紫坪铺水库	灰岩主堆石	饱和	36.925	81.612	中硬-坚硬岩
		非饱和	54.63	82.139	
清平水库	灰岩主堆石	饱和	28.472	54.410	中硬岩
		非饱和	27.058	78.01	
	白云主堆石	饱和	29.583	70.027	中硬岩
		非饱和	33.036	83.583	

工程名称	材料名称	试样状态	α/MPa	ζ	备注
黄鹿水库	砂岩坝壳料	饱和	4.57	58.30	中软岩
		非饱和	5.88	59.20	
	泥岩防渗料	饱和	1.94	5.77	风化料
		非饱和	2.13	5.70	
大竹河水库	石英闪长岩堆石料	饱和	14.44	46.445	中硬岩
		非饱和	19.706	51.18	
方田坝水库	砂岩堆石料	饱和	21.70	44.50	中硬岩
		非饱和	15.61	39.29	

堆石等筑坝材料的湿化变形机理在本质上十分复杂，不仅与材料的水理性质有关，还与材料母岩的岩性有关，另外在筑坝材料浸水（即水库蓄水）过程中，其湿化变形与材料颗粒破碎等流变性质也有较大的关系[15-17]。本章所说的堆石等坝体填筑料的湿化变形是直接从室内单向压缩试验成果分析而来，不涉及诸如流变或蠕变有关性质及其研究与应用成果。

6.1.2 堆石三参数变形模型

首先研究诸如施工期或竣工期非饱和状态堆石等筑坝材料的压缩模型，根据有侧限的一维固结试验的基本原理，按照孔隙比 e 与孔隙率 n（％）的关系，可以推导出孔隙比与一维固结轴向应变 ε_a（或 ε_1）的关系为 $\varepsilon_a = \dfrac{e}{1+e}$，由式（6.1-1）可得

$$\varepsilon_a = \frac{e_0 - \dfrac{p}{\alpha + \zeta p}}{1 + e_0 - \dfrac{p}{\alpha + \zeta p}} \tag{6.1-4}$$

而 ε_a 可写为 $\varepsilon_a = \dfrac{ds}{dz}$，此处，$p$ 为相应墙深 z 处与堆石界面处的垂直应力，有 $p = \rho_1 g z$，ρ_1 为非饱和堆石试样密度，因此有

$$\frac{ds}{dz} = \frac{e_0 - \dfrac{\rho_1 g z}{\alpha + \zeta \rho_1 g z}}{1 + e_0 - \dfrac{\rho_1 g z}{\alpha + \zeta \rho_1 g z}} \tag{6.1-5}$$

令 $\zeta_0 = \dfrac{\alpha}{\zeta \rho_1 g}$，则有

$$s = \int_0^z \left[\frac{e_0 - \dfrac{z}{\zeta(\zeta_0 + z)}}{1 + e_0 - \dfrac{z}{\zeta(\zeta_0 + z)}} \right] dz \tag{6.1-6}$$

式中：s 为上游非饱和堆石筑坝料在界面处的有侧限变形（沉降）值；其余符号意义

同前。

将上式积分化简，并代回 ζ_0，可得

$$s = \frac{\zeta e_0 - 1}{(1+e_0)\zeta - 1}z + \frac{\alpha}{\rho_1 g(\zeta + \zeta e_0 - 1)^2}\ln\left[1 + \frac{\rho_1 g(\zeta + \zeta e_0 - 1)}{\alpha(1+e_0)}z\right] \quad (6.1-7)$$

或

$$s = \alpha_1 z + \alpha_2 \ln(1 + \alpha_3 z) \quad (6.1-7a)$$

上式即为基于一维固结（单向压缩）试验非饱和堆石料的三参数变形方程。式中三个参数：$\alpha_1 = \frac{\zeta e_0 - 1}{\zeta + \zeta e_0 - 1}$；$\alpha_2 = \frac{\alpha}{\rho_1 g(\zeta + \zeta e_0 - 1)^2}$；$\alpha_3 = \frac{\rho_1 g(\zeta + \zeta e_0 - 1)}{(1+e_0)\alpha}$。

以上参数中仍然包含有上游堆石筑坝料密度 ρ_1（包括堆石料的填筑孔隙比 e_0）及压缩试验拟合参数 α、ζ 三个相对独立的参数。

同理，在饱和试验条件下堆石的三参数变形方程为

$$s' = \alpha_1' z + \alpha_2' \ln(1 + \alpha_3' z) \quad (6.1-7b)$$

其中 $\quad \alpha_1' = \frac{\zeta' e_0 - 1}{\zeta' + \zeta' e_0 - 1} \qquad \alpha_2' = \frac{\alpha'}{\rho_1' g(\zeta' + \zeta' e_0 - 1)^2} \qquad \alpha_3' = \frac{\rho_1' g(\zeta' + \zeta' e_0 - 1)}{(1+e_0)\alpha'}$

式中：α'、ζ' 为上游饱和堆石料压缩试验按双曲线拟合的参数值，α' 单位为 MPa 或 kPa；ρ_1' 为上游堆石浸水饱和后的浮密度，t/m^3；e_0 为饱和堆石的初始孔隙比（其值与非饱和状态的相同）。

6.1.3 堆石湿化变形计算模型

按照堆石湿化变形"双线法"的思路，得到最终的计算增强体心墙堆石坝的湿化变形 χ 的关系式如下：

$$\chi = s' - s$$

亦即

$$\chi = (\alpha_1' - \alpha_1)z + \alpha_2' \ln(1 + \alpha_3' z) - \alpha_2 \ln(1 + \alpha_3 z) \quad (6.1-8)$$

式中：α_1、α_1'，α_2、α_2'，α_3、α_3' 为六个参数，均已知，其中 α_1、α_1' 无量纲；α_2、α_2' 单位为 kN/m^3，α_3、α_3' 单位为 m^3/kN。

上式表明，增强体心墙上游侧壁堆石的湿化变形可按单向固结进行考虑，其值为饱和与非饱和两种状态堆石变形的差值，说明湿化变形是堆石浸水饱和后再产生沉降变形的一个过程。与式（5.2-4）的下拉位移不同，式（6.1-7）、式（6.1-8）系根据一维固结试验进行拟合的变形方程，主要用于计算湿化变形值，该方程由两部分组成，一是随墙体埋深的线性增长 $\alpha_1 z$，另一部分沿墙深呈对数 $\ln(1 + \alpha_3 z)$ 关系变化。

6.2 湿化变形引起的下拉荷载计算

堆石坝在靠近增强体一侧近似地满足一维侧限压缩条件，因为堆石的水平变形受限，如图 6.2-1 所示，水库蓄水使上游堆石坝体产生湿化变形（沉降），从而在增强体上游侧壁产生由于湿化而引起的下拉作用[18]。

坝轴线附近的上游堆石垂直应力与水平应力依然存在下式关系：

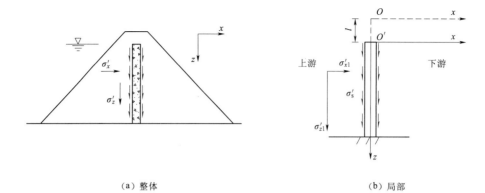

（a）整体　　　　　　　　　　　　　　　　（b）局部

图 6.2-1　湿化下拉应力分布图

$$\frac{\sigma'_{x1}}{\sigma'_{z1}}=k'_{01}$$

式中：脚标"1"表示上游侧；σ'_{x1} 为饱和堆石体的水平应力，MPa；σ'_{z1} 为饱和堆石体的竖直应力，MPa，$\sigma'_{z1}=\rho'_1 gz$；k'_{01} 为饱和堆石的静止侧压力系数；ρ'_1 为饱和堆石坝体料的浮密度，t/m^3；z 为自坝顶向下的深度，m。

　　为使推导进一步简化，如图 6.2-1（b）所示，将坐标原点下移到墙体顶部处，即 $z \in [0, H_1]$，即在 $z \in [0, H_1]$ 范围内考虑饱和堆石与增强体心墙在上游接触面上的单位面积的下拉应力与界面堆石的水平应力，有下列关系：

$$\frac{\sigma'_{s1}}{\sigma'_{x1}}=f'_1$$

或
$$d\sigma'_{s1}=f'_1 d\sigma'_{x1}=f'_1 k'_{01}d\sigma'_{z1}=f'_1 k'_{01}\rho'_1 g\,dz$$

式中：σ'_{s1}、$d\sigma'_{s1}$ 为上游堆石体与增强体界面的下拉应力；σ'_{x1}、$d\sigma'_{x1}$ 为上游堆石体的水平应力；f'_1 为上游接触面摩擦系数，$f'_1=f'_{01}+f'_{c1}\chi$，f'_{01} 为接触面静止摩擦系数，此处可取为 0；f'_{c1} 为上游接触面滑动摩擦系数，cm^{-1} 或 m^{-1}；χ 为堆石因蓄水引起的湿化变形，相对于增强体心墙而言则为向下的沉降位移；其余符号意义同前。

$$d\sigma'_{s1}=f'_{c1}\chi d\sigma'_{x1}=f'_{c1}k'_{01}\chi d\sigma'_{z1}=f'_{c1}k'_{01}\rho'_1 g\chi dz \qquad z\in[0,H_1]$$

　　因此，沿着整个墙体范围的下拉应力和下拉荷载计算如下。

（1）总的下拉应力 σ'_{s1} 为

$$\sigma'_{s1}=\int_0^z f'_1 d\sigma'_{x1}=\int_0^z f'_{c1}k'_{01}\rho'_1 g\chi dz \qquad z\in[0,H_1] \tag{6.2-1}$$

或
$$\sigma'_{s1}=c'\int_0^z \chi dz \qquad z\in[0,H_1] \tag{6.2-1a}$$

式中：$c'=f'_{c1}k'_{01}\rho'_1 g$，为饱和界面参数，该参数与材料性质有关，其单位为 kN/m^4。

（2）上游侧湿化区总的下拉荷载 N'_{s1} 为

$$N'_{s1}=\int_0^{H_1}\sigma'_{s1}dz \qquad z\in[0,H_1] \tag{6.2-2}$$

　　将式（6.1-8）计算的湿化变形 χ 代入式（6.2-1）、式（6.2-2）并积分，得

$$\sigma'_{s1}=\frac{c'(\alpha'_1-\alpha_1)}{2}z^2-c'(\alpha'_2-\alpha_2)z+\frac{c'\alpha'_2(1+\alpha'_3z)}{\alpha'_3}\ln(1+\alpha'_3z)-\frac{c'\alpha_2(1+\alpha_3z)}{\alpha_3}\ln(1+\alpha_3z)$$

$$(6.2-3)$$

$$N'_{s1}=\frac{c'(\alpha'_1-\alpha_1)}{6}z^3-\frac{c'(\alpha'_2-\alpha_2)}{2}z^2+\frac{c'\alpha'_2(1+\alpha'_3z)^2}{4\alpha'^2_3}[2\ln(1+\alpha'_3z)-1]-$$

$$\frac{c'\alpha_2(1+\alpha_3z)^2}{4\alpha^2_3}[2\ln(1+\alpha_3z)-1]+\frac{c'}{4}\left(\frac{\alpha'_2}{\alpha'^2_3}-\frac{\alpha_2}{\alpha^2_3}\right)$$

$$(6.2-4)$$

从上可知,下拉应力和下拉荷载均为墙体埋深 z 的多项式与对数函数变化,自墙体顶部起算,可以由上式计算任一深度 z 的相应值。可以证明,σ'_{s1}、N'_{s1} 随墙体向下的深度而单调增加。

（1）当 $z=0$（即在增强体顶部）时,有 $\sigma'_{s1}=0$,$N'_{s1}=0$。

（2）当 $z=H_1$（增强体底部）时,有

$$\sigma'_{s1d}=\frac{c'(\alpha'_1-\alpha_1)}{2}H^2_1-c'(\alpha'_2-\alpha_2)H_1+\frac{c'\alpha'_2(1+\alpha'_3H_1)}{\alpha'_3}-\frac{c'\alpha_2(1+\alpha_3H_1)}{\alpha_3}\ln(1+\alpha_3H_1)$$

$$(6.2-5)$$

$$N'_{s1d}=\frac{c'(\alpha'_1-\alpha_1)}{6}H^3_1-\frac{c'(\alpha'_2-\alpha_2)}{2}H^2_1+\frac{c'\alpha'_2(1+\alpha'_3H_1)^2}{4\alpha'^2_3}[2\ln(1+\alpha'_3H_1)-1]-$$

$$\frac{c'\alpha_2(1+\alpha_3H_1)^2}{4\alpha^2_3}[2\ln(1+\alpha_3H_1)-1]+\frac{c'}{4}\left(\frac{\alpha'_2}{\alpha'^2_3}-\frac{\alpha_2}{\alpha^2_3}\right)$$

$$(6.2-6)$$

无论竣工期还是蓄水期,增强体下游侧的情形是没有改变的。由第5章式（5.2-8）、式（5.2-13）可知,墙体下游侧的下拉应力 σ_{s2}、下拉荷载 N_{s2} 分别为

$$\sigma_{s2}=A_{02}z+\frac{A_{12}H}{(1-n)(2-n)}\left[H^{2-n}_1-(H_1-z)^{2-n}\right]-\frac{A_{12}\left[H^{3-n}_1-(H_1-z)^{3-n}\right]}{(1-n)(2-n)(3-n)}$$

$$N_{s2}=\frac{A_{02}}{2}z^2+A_{12}H^{2-n}_1\left[\frac{H_1}{(1-n)(3-n)}+\frac{l}{(1-n)(2-n)}\right]z+$$

$$\frac{A_{12}(H_1+l)}{(1-n)(2-n)(3-n)}(H_1-z)^{3-n}-\frac{A_{12}}{(1-n)(2-n)(3-n)(4-n)}(H_1-z)^{4-n}-$$

$$\frac{A_{12}H^{3-n}_1}{(1-n)(2-n)}\left(\frac{l}{3-n}+\frac{H_1}{4-n}\right)$$

因此,蓄水期自墙顶向下任一截面深度 z 处总的下拉应力 σ'_s 为

$$\sigma'_s=\sigma'_{s1}+\sigma_{s2} \qquad\qquad (6.2-7)$$

同样,墙顶下任一截面深度 z 处总的下拉荷载 N'_s 为

$$N'_s=N'_{s1}+N_{s2}$$

$$(6.2-8)$$

以上各式符号意义均如前述。

如图 6.2-2 所示,为增强体两侧面的下拉荷载在蓄水期的形象表示,墙体下游侧是没有变化的。由于水库蓄水堆石坝将产生湿化变形,而增强体的变形微小,可以忽略。因此,因湿化变

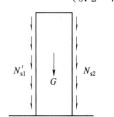

图 6.2-2 蓄水期增强体表面下拉荷载分布

新增的下拉荷载（或下拉力）本身就是一种力差，即蓄水期作用于墙体表面的力差为 N'_{s1}，这个力差在最不利情况与竣工期上下游下拉力构成的力差形成叠加组合，对增强体结构存在不利影响。蓄水期最不利力差组合为

$$\Delta N' = \Delta N_s + N'_{s1} \tag{6.2-9}$$

式中：$\Delta N'$ 为蓄水期最不利组合力差值，kN；ΔN_s 为竣工期的力差，由式（5.2-17）计算；N'_{s1} 为蓄水引起的下拉荷载（即蓄水期新增的力差），由式（6.2-4）计算。

在增强体底部，其力差组合为

$$\Delta N'_d = \Delta N_{sd} + N'_{s1d} \tag{6.2-10}$$

式中：$\Delta N'_d$ 为增强体底部在蓄水期最不利组合的力差值，kN；ΔN_{sd} 为竣工期的墙体底部力差，由式（5.2-17c）计算，kN；N'_{s1d} 为蓄水引起的增强体底部的下拉荷载（蓄水期新增力差），由式（6.2-6）计算，kN。

6.3　小结

通过侧限条件下堆石料大型压缩试验在饱和与非饱和两种情形下的分析，得出堆石料压缩变形的三参数双曲线模型，按照"双线法"原理，可以用来计算增强体心墙上游侧因水库蓄水引起的湿化变形，从而计算由于堆石湿化变形附加在墙体侧面的下拉应力与下拉荷载。

蓄水湿化变形一定程度上增加了墙体上游侧面的下拉力，而下游因无蓄水而维持不变，由此造成墙体上下游两侧的力差也有一定程度的增加，使得蓄水期墙体承受更大的弯拉作用。

参 考 文 献

［1］ 刘世煌. 试谈覆盖层上水工建筑物的安全评价［J］. 大坝与安全，2015（1）：46-63.

［2］ 李全明，张丙印，于玉贞，等. 土石坝水力劈裂发生过程的有限元数值模拟［J］. 岩土工程学报，2007（2）：212-217.

［3］ 李君纯. 土坝裂缝的简捷估算方法［J］. 水利水运科学研究，1983（3）：1-11.

［4］ 水利电力部 交通部 南京水利科学研究所，湖北省水利局. 土坝裂缝及其观测分析［M］. 北京：水利电力出版社，1979.

［5］ Tang C A, Liang Z Z, Zhang Y B, et al. Fracture spacing in layered materials：A new explanation based on two - dimensional failure process modeling［J］. American Journal of Science，2008，308（1）：49-72.

［6］ 赵振梁，朱俊高，杜青，等. 粗粒料湿化变形三轴试验研究［J］. 水利水运工程学报，2018（6）：84-91.

［7］ 陆阳洋，高庄平，朱俊高. 湿化变形对斜心墙堆石坝受力变形特性的影响［J］. 扬州大学学报（自然科学版），2014，17（3）：64-68，73.

［8］ 朱文君，张宗亮，袁友仁，等. 粗粒料单向压缩湿化变形试验研究［J］. 水利水运工程学报，2009（3）：99-102.

［9］ 四川省水利水电勘测设计研究院. 攀枝花市仁和区大竹河水库工程大坝填筑料质量复核研究报告［R］. 成都：四川省水利水电勘测设计研究院，2011.

［10］ 四川省水利水电勘测设计研究院科研所. 德阳清平水库筑坝材料试验研究报告［R］. 成都：四川省水利水电勘测设计研究院，1995.

［11］ 四川省水利水电勘测设计研究院科研所. 布西水电站大坝筑坝材料试验研究报告［R］. 成都：四川省水利水电勘测设计研究院，2010.

［12］ 四川省水利水电勘测设计研究院科研所. 紫坪铺水库筑坝材料试验研究报告［R］. 成都：四川省水利水电勘测设计研究院，1997.

［13］ 四川省水利水电勘测设计研究院科研所. 黄鹿水库筑坝材料试验研究报告［R］. 成都：四川省水利水电勘测设计研究院，2003.

［14］ 四川省水利水电勘测设计研究院. 方田坝水库筑坝材料试验研究报告［R］. 成都：四川省水利水电勘测设计研究院，2005.

［15］ 梁军，刘汉龙，高玉峰. 堆石料流变的特性研究与反分析［J］. 防灾减灾工程学报，2004（1）：77－81.

［16］ 梁军. 高面板堆石坝流变特性研究［D］. 南京：河海大学，2003.

［17］ 梁军，刘汉龙，高玉峰. 堆石蠕变机理分析与颗粒破碎特性研究［J］. 岩土力学，2003（3）：479－483.

［18］ 梁军，陈英，李越琳. 纵向增强体土石坝蓄水期下拉应力及下拉荷载计算方法：CN112163266A［P］. 2021－01－01.

第 7 章　混凝土增强体受力复核计算

摘要：基于前两章的分析，本章依据有关规范计算分析了混凝土增强体心墙在竣工期、蓄水期两种工况下的受力安全性。首先建立了考虑不同工况下拉力（荷载）的计算模式，主要用于复核增强体底部正截面的抗压性能，考虑到不同工况（主要是蓄水工况）增强体上下游两个侧面受力存在差异，这种力差对墙体任一正截面都存在弯矩作用，因而给出了基于力差形成弯矩的复核计算公式。计算实例表明，在两种工况下土石坝内置混凝土增强体心墙无论受压、受弯还是受拉均能满足静力条件下的强度要求，说明内置于坝体中的增强体结构是安全的。另外，本章分析了计算所用的各种参数的选择，认为有关参数的取值宜根据试验确定。

　　如前所述，堆石沉降对增强体心墙而言，增加了它的受力承重的成分。一方面，既然增强体所受堆石沉降作用引起的下拉效应对墙体本身而言是一种应力负担，经过分析这种负担沿着墙体向下的深度呈单调增加变化，因此在复核墙体压应力或抗压强度时，也应当加上这种下拉效应。另一方面，墙体上下游侧壁的下拉力或下拉荷载是不相同的，那么墙体上下游侧壁的下拉力之差对墙体就会产生一种弯矩作用，这种弯矩将在墙体侧壁表面一边产生拉应力另一边产生压应力，可见增强体作为一种结构体必须满足抗弯拉的强度要求。

7.1　增强体底部抗压强度复核计算

　　分析表明，增强体底部所受的下拉作用最大，且墙体底部的自重作用也最大，再加上墙顶以上通填区堆石的压重。因此，对整个墙体而言，只须复核墙体底部的抗压性能，即复核增强体底部固定端抗压强度是否满足要求。

7.1.1　竣工期强度复核

　　在竣工期，墙体底部受到的压力最大，主要有三个力的作用，一是下拉荷载作用，即由式（5.2-15）计算的增强体底部总的下拉荷载 N_s；二是增强体底部正截面的自重压力 $\rho_e g \delta H_1$（ρ_e 为混凝土增强体密度，δ 为增强体横截面设计厚度，H_1 为增强体心墙高度）；三是坝顶通填区堆石体压重 $\rho_0 g \delta l$（ρ_0 为通填区堆石平均密度，l 为通填区高度）。

　　按照水工混凝土结构设计规范[1] 及相关文献[2]，得出沿纵向（即坝轴线方向）单位长度墙体在其底部的抗压强度复核计算公式：

$$KR_s = K\frac{N_s + \rho_e g\delta H_1 + \rho_0 g\delta l}{1 \cdot \delta} \leqslant R_c \qquad (7.1-1)$$

式中：R_s 为竣工期混凝土墙体底部正截面的实际压应力，MPa；R_c 为混凝土墙体抗压强度设计值，MPa；K 为混凝土增强体结构的承载力安全系数，依工程等级查规范[1] 由表3.2.4取值；其余符号意义同前。

7.1.2 蓄水期强度复核

蓄水期增强体心墙所受的力是在竣工期的基础上再加上一个湿化变形所引起的下拉力，由式（6.2-4）计算出蓄水期坝体上游湿化变形引起的下拉荷载 N'_{s1}；增强体自重仍然是 $\rho_e g\delta H_1$；上部通填区堆石压重仍为 $\rho_0 g\delta l$，按规范[1] 及《新编水工混凝土结构设计手册》[2]，有

$$KR_j = K\frac{N'_{s1} + N_s + (\rho_e H_1 + \rho_0 l)g\delta}{1 \cdot \delta} \leqslant R_c \qquad (7.1-2)$$

式中：R_j 为蓄水期增强体底部正截面实际压应力，MPa；R_c 为增强体抗压强度设计值，MPa；K 为增强体结构的承载力安全系数，依工程等级查有关规范[1] 表3.2.4取值；其余符号意义同前。

7.2 增强体底部正截面抗弯拉复核计算

如前述，由于增强体底部正截面所受的荷载最大，其复核计算实际上就是验证墙体底部是否满足结构的抗弯拉要求。增强体无论是施工下设还是结构受力都需要配制一定量的钢筋，因而墙体底部正截面是否满足结构抗弯拉的问题归结为配筋计算是否满足结构配筋要求。

增强体结构的配筋复核计算主要分两种情况：一是根据受力情况计算其所需钢筋量是否满足受力要求，即求受力钢筋截面面积 A_s（详见7.2.1）；二是根据施工现场钢桁架（即施工所称"钢筋笼"）加工的已知钢筋截面面积，验算是否满足结构受力要求（详见7.2.2）。复核计算二者选其一即可。

蓄水期增强体上下游侧面的下拉力基本上随墙体深度呈二次幂函数增长。为使问题简化，依据简化计算模式进行复核计算，在墙深任一深度 z 处下拉力及其力差所形成的弯矩如图7.2-1所示。

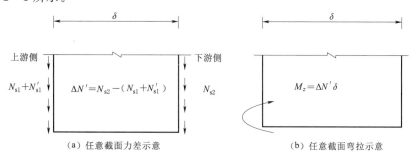

（a）任意截面力差示意　　　　　（b）任意截面弯拉示意

图 7.2-1　蓄水期墙体断面下拉力及弯矩

沿墙体埋深以下任一深度 z 处正截面的弯矩 M_z 为

$$M_z = \Delta N' \delta = (\Delta N_s + N'_{sl}) \delta \qquad (7.2-1)$$

式中：$\Delta N'$ 为该正截面蓄水期最不利组合的力差值，kN；ΔN_s 为该正截面竣工期的力差，由式（5.2-17）计算，kN；N'_{sl} 为正截面蓄水引起的下拉荷载（即蓄水期新增的湿化下拉力），由式（6.2-4）计算，kN；δ 为增强体心墙的厚度，m。

增强体按正截面弯拉结构进行计算，因墙体底部受力弯矩最大，故只需对底部进行复核计算即可，底部弯矩计算式为

$$M_d = \Delta N'_d \delta = (\Delta N_{sd} + N'_{sld}) \delta \qquad (7.2-2)$$

式中：ΔN_{sd} 为墙体底部正截面在竣工期的力差值，由式（5.2-17c）计算；N'_{sld} 为墙体底部正截面在蓄水期新增的湿化下拉力，由式（6.2-6）计算。

一般截面按单排或双排钢筋布置，如图 7.2-2 所示为典型的断面钢筋图，其中 b 的方向为纵向（即沿坝轴线方向），可取单位长度。根据有关规范与参考文献[1-2]：

$$KM_s \leqslant M_u \qquad (7.2-3)$$

$$M_s = 1.20 M_d \qquad (7.2-3a)$$

上两式中：K 为安全系数，按规范[1] 表 3.2.4 查得，增强体按钢筋混凝土结构考虑，因为增强体心墙浇筑前的钢桁架结构及预埋灌浆管在下设时需有足够的整体稳定性和刚度，须采用各类钢材进行现场整体制作并按精度要求下设，参见有关混凝土防渗墙施工规范[3]；M_u 为墙体底部截面受弯承载力，kN·m；M_s 为弯矩设计值，kN·m，按规范[1] 第 3.2.2 条的规定计算，此处按基本组合，以下拉荷载形成的力差对结构起不利作用计，kN·m；M_d 为上面计算的增强体底部的实际弯矩值（不利组合值），kN·m。

上式的意义是在相关荷载对结构起不利作用时，按照下拉力这一可变荷载产生的荷载效应进行计算。

7.2.1 计算受力钢筋截面面积

首先按第一种情况进行复核计算。

按《水工混凝土结构设计规范》（SL 191—2008）和《新编水工混凝土结构设计手册》，墙体底部截面受弯承载力 M_u 可由下式复核计算：

$$M_u \leqslant f_c b x \left(h_e - \frac{x}{2} \right) + f'_y A'_s (h_e - a'_s) \qquad (7.2-4)$$

$$f_c b x = f_y A_s - f'_y A'_s \qquad (7.2-5)$$

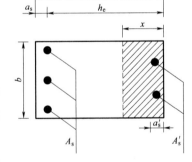

图 7.2-2 增强体断面钢筋布置图

上两式中：f_c 为混凝土轴心抗压强度设计值，按规范[1] 表 4.1.5 查得，如增强体按 C25 考虑，则查表得 $f_c = 11.9$ MPa；b 为矩形墙体截面宽度，取增强体纵向单位长度 $b = 1$；x 为截面受压区计算高度，mm；h_e 为截面有效高度，mm，$h_e = \delta - a_s$，其中 δ 为增强体设计厚度，a_s 为受拉区纵向受拉钢筋合力点至截面受拉区边缘的距离，mm；a'_s 为受压区纵向受压钢筋合力点至截面受压区边缘的距离，mm，此处可取 $a'_s = a_s$；f_y、f'_y 为纵向钢筋抗拉强度、抗压强度设计值，MPa 或 KN/mm²，可按规范[1] 表 4.2.3-1 确定；A_s、A'_s 为纵向钢筋受拉、受压的钢筋截面面积，mm²。

纵向钢筋为单层布置时，$a_s = c + d/2$，其中 c 为纵向钢筋混凝土保护层厚度，d 为纵向钢筋直径，截面设计时一般可假定 $d = 20\text{mm}$；纵向钢筋按双层布置时，$a_s = c + d + d_0/2$，其中 d 为纵向钢筋直径，截面设计时可假定 $d = 20 \sim 25\text{mm}$，d_0 为双层钢筋之间的净距，截面设计时可假定 $d_0 = 30\text{mm}$。

式（7.2-2）~式（7.2-5）给出了按照增强体底部弯矩计算墙体配筋的有关公式，用于计算纵向钢筋受拉的钢筋截面面积 A_s，具体计算应按照规范[1] 有关规定执行。

计算受拉钢筋截面面积 A_s 将有两种情况。其一，如果计算的 A_s 小于施工下设钢桁架所需钢筋截面面积 A_c，增强体可不做专门的配筋设计，因为施工所需的钢筋截面面积已经得到满足，即 $A_c > A_s$，无须增加钢筋含量。其二，如果计算的 A_s 大于施工钢筋截面面积 A_c，则根据配筋计算，至少要增加 $A_s - A_c$ 的钢筋截面面积或含量。

计算钢筋截面面积 A_s 的大致步骤如下。

第一步，正截面受压区计算高度 x 应符合下列要求：

$$x \leqslant 0.85\xi_b h_e \tag{7.2-6}$$

$$x \geqslant 2a_s' \tag{7.2-6a}$$

式中：ξ_b 为截面相对界限受压区计算高度，查《新编水工混凝土结构设计手册》表 4-2-4 确定[2]，也可以由下式确定：

$$\xi_b = \frac{x_b}{h_e} = \frac{0.8}{1 + \dfrac{f_y}{0.0033E_s}} \tag{7.2-6b}$$

式中：x_b 为截面界限受压区高度，mm；E_s 为纵向钢筋弹性模量，查规范[1] 表 4.2.4 确定；其余符号意义同前。

第二步，由式（7.2-3）~式（7.2-5）计算 A_s。

第三步，纵向受拉钢筋截面面积 A_s 应符合最小配筋率要求，即

$$A_s \geqslant \rho_{\min} b h_e \tag{7.2-7}$$

式中：$\rho_{\min}$ 为纵向钢筋最小配筋率，查《新编水工混凝土结构设计手册》表 2-5-4 确定，纵向增强体计算模式上是按梁计，故查该表时，宜按梁选择增强体的最小配筋率，一般为 $0.2\% \sim 0.25\%$。

从上式可知，沿纵向（即坝轴线方向）单位长度的最小配筋率为 $\rho_{\min}h_e$，实际上，为了满足钢桁架下设的整体刚度和稳定性，施工现场制作的纵向受拉钢筋截面面积将大于最小配筋率。

7.2.2 复核墙体底部结构受力

此处复核钢筋用量是否满足配筋要求的步骤大致如下：

第一步，根据增强体心墙选定的设计厚度 δ，按有关规范[1-2] 确定墙体钢桁架保护层厚度 c，钢筋按单层考虑，初选直径为 d 的普通类热轧钢筋，则 $a_s = c + d/2$，$h_e = \delta - a_s$。

第二步，根据设计与现场施工制作，可以知道钢桁架的钢筋断面 A_s。

第三步，计算相对受压区的计算高度 ξ 值：

$$\xi = \frac{f_y A_s}{f_c b h_e} \tag{7.2-8}$$

第四步：根据选用的普通类热轧钢筋的型号，查《新编水工混凝土结构设计手册》表 4-2-4，得到 $0.85\xi_b$ 的具体数值，应当有下列关系成立：

$$\xi < 0.85\xi_b \tag{7.2-9}$$

说明符合要求。

第五步，计算 a_s 值：

$$\alpha_s = \xi(1 - 0.5\xi) \tag{7.2-10}$$

第六步，计算墙体底部截面受弯承载力 M_u：

$$M_u = \alpha_s f_c b h_e^2 \tag{7.2-11}$$

第七步，根据水库工程的等级，查《水工混凝土结构设计规范》[1] 表 3.2.4，得出按基本组合的混凝土结构构件承载力安全系数 K 值。由此验证式（7.2-3）所表达的关系是否满足，即是否满足 $KM_s \leqslant M_u$。如果满足，表明增强体底部正截面的受弯承载力满足要求，否则须重新设计钢筋截面面积 A_s，直至满足要求为止。

7.3 有关参数的选择

本章所涉及的计算参数众多，正确的参数选择才能得出合理可靠的计算结果，因此有必要对计算参数进行认真的分析与解释，这也是广大研究工作者和工程设计人员喜闻乐见的事情。

一般将参数分为试验参数、计算参数与经验参数三大类。试验参数均通过室内试验或现场测试而获得，其获得过程与方式应满足和符合相应试验规程、方法等要求，同类试验参数具有可重复性和同一性，不同参数之间也应具有固定的规律和相关关系，如筑坝料的密度、含水率、抗剪强度指标等都是通过试验而直接得到的。计算参数不能直接从试验与测试中获取，而是基于获取的试验参数并按相应关系式计算得到，主要用于较为复杂的计算分析，如孔隙比、饱和度、变形模量等指标。经验参数是基于大量工程实践总结出来的能够反映材料力学特征的规律性数据，这也是业内技术专家实际工作经验总结，通过联想、归纳、类比等方式取得的。

7.3.1 压缩试验拟合参数 α、ζ

堆石筑坝材料与增强体界面附近由沉降差异引发的下拉荷载，其分析与计算是基于一维固结试验的，因为一维固结试验基本上可以模拟在坝轴线附近竖向（单向）的应力与变形关系，特别当纵向增强体"插入"坝体后的情形更加类似于一维固结情况。根据试验资料分析，认为一维固结试验堆石料的孔隙比 e 与轴向压力 p 的关系基本符合双曲线，这样做一方面是参照邓肯-张模型基于三轴试验的思路，另一方面也是在数学上寻求较为简单的推求，不至于使公式太复杂，从而便于工程应用与推广。

第 6.1 节中有关压缩试验 α、ζ 两个拟合参数值，是根据实际试验曲线直接拟合的，如表 6.1-2 所列，表中给出了几个具有代表性的工程压缩试验的拟合值。一般来说，α、ζ 与工程使用的材料有关：灰岩堆石料，$\alpha = 23 \sim 58$MPa，$\zeta = 20 \sim 80$；砂岩堆石料 $\alpha = 25 \sim 60$MPa，$\zeta = 30 \sim 86$；砂砾卵石堆石料 $\alpha = 20 \sim 30$MPa，$\zeta = 20 \sim 50$。上述参数存在一定的差异性，主要与材料的岩性和压缩破碎性有关，因此，有条件的工程应根据一维固结试验取得参数的拟合值，经综合分析后再确定出计算值。在前期工作阶段，也可以进行工程经验的类比确定计算值。

7.3.2　堆石料静止侧压力系数 k_0 值

1. k_0 的计算

静止侧压力系数 k_0 是一个重要参数，它代表了水平应力与垂直应力在不考虑侧向变形条件下的转换关系。目前，对黏土等细粒土的 k_0 值已有较多研究，一般采用专门仪器或三轴仪进行测定，对正常固结黏土[4]，可按下列经验关系式确定静止侧压力系数 k_0：

$$k_0 = 1 - \sin\varphi' \tag{7.3-1}$$

式中：φ' 为土的有效内摩擦角，(°)。

河海大学朱俊高等对堆石粗粒料 k_0 值开展了有价值的研究[5-6]，他们利用大型三轴仪进行 k_0 测试，对堆石等粗粒料进行一系列试验研究，提出 k_0 与竖向应力的关系式，总结出根据堆石有效内摩擦角 φ' 预测任意固结状态以及应力状态下粗粒料 k_0 值的估算公式：

$$k_0 = \left[\frac{a(\sin\varphi')^b + c(\sin\varphi')^d \sqrt{\dfrac{\sigma_c}{p_a OCR}}}{1 + \sqrt{\dfrac{\sigma_c}{p_a OCR}}} \right] OCR^{\sin\varphi'} \tag{7.3-2}$$

式中：a、b、c、d 为基于材料试验的参数；σ_c 为前期固结压力，对堆石料可取其初始垂直压力；OCR 为超固结比，对堆石等粗粒料，取 $OCR = 1.0 \sim 1.3$；p_a 为标准大气压强；φ' 为材料的有效内摩擦角，(°)，对于堆石等粗粒料，取 $\varphi' = \varphi_d$，φ_d 为堆石料三轴排水剪切试验的内摩擦角，(°)。

根据堆石料在控制相对密度 $D_r = 0.8$ 时所作的四组静止侧压力测试[6]，相关结果详见表 7.3-1。

表 7.3-1　　　　　　　　　　　堆石料静止侧压力测试结果

试样编号	D1	D2	D3	D4
密度/(g/cm³)	1.897	2.016	2.124	2.168
有效内摩擦角 φ'/(°)	39.5	39.8	42.1	43.4
$\sin\varphi'$	0.636	0.640	0.670	0.687
k_0 值	0.20	0.19	0.15	0.12

对表中 k_0 值与有效内摩擦角 φ' 相关关系进行回归分析（图 7.3-1），同时得出下列关系式：

$$k_0 = 0.9772 - 0.0197\varphi' \tag{7.3-3}$$

上式表明了静止侧压力系数 k_0 与有效内摩擦角 φ' 之间的关系，此式采用线性回归方式进行拟合，其回归的相关性指标 $R^2 = 0.9953$。

也可以按表 7.3-1 对 k_0 值与有效内摩擦角的 $\sin\varphi'$ 进行回归分析，得到如下关系式（图 7.3-2）：

$$k_0 = 1.1582 - 1.5089\sin\varphi' \tag{7.3-4}$$

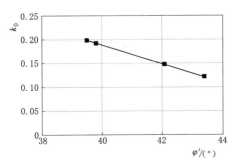

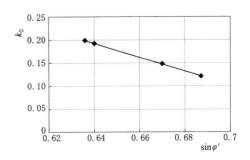

图 7.3-1　k_0 值与有效内摩擦角 φ' 的关系　　　　图 7.3-2　k_0 值与 $\sin\varphi'$ 的关系

此式仍然采用线性回归方式进行拟合，其回归的相关性指标 $R^2 = 0.9955$。

另外，在不具备条件实测堆石等粗粒料的有效内摩擦角 φ' 时，可由常规三轴剪切试验所得排水强度指标内摩擦角 φ_d 替代。

2. 简要分析

（1）堆石料的静止侧压力系数 k_0 与有效内摩擦角 φ' 及 $\sin\varphi'$ 之间具有很好的线性关系。

（2）比较式（7.3-1）和式（7.3-4），堆石料与正常固结土料的 k_0 值不完全一致，表明 k_0 值与材料性质有关。堆石的有效内摩擦角 φ' 越大，其静止侧压力系数 k_0 值就越小，反映出材料依其松散（或紧密）程度将所受的竖向压力转化为侧向（水平向）压力的关系。

（3）可以根据堆石料的 φ' 值，由线性内插得到相应的 k_0 值，便于工程设计获取相关数据。

（4）如果假设堆石等粗粒料的有效内摩擦角 φ' 值一般为 $20° \sim 43°$，$\sin\varphi'$ 则为 $0.342 \sim 0.682$，由上面拟合关系式得到对应的 k_0 值为 $0.5832 \sim 0.1301$。这个 φ' 的取值范围应该囊括了所有堆石等粗粒料甚至其他石渣料的有效内摩擦角取值，所以，相应的静止侧压力系数 k_0 值也能对应确定。

因此，针对试验成果进行归纳总结，对照正常固结土的计算公式（7.3-1），得出堆石料的静止侧压力系数 k_0 与 $\sin\varphi'$ 之间的关系式如下：

$$k_0 = A - B\sin\varphi' \tag{7.3-5}$$

式中：A、B 均为计算参数，取 $A = 1.2$，$B = 1.5$。

实际工程设计与计算中，可以按上式计算堆石的静止侧压力系数 k_0 值。

7.3.3　堆石与混凝土界面的摩擦系数

一般认为，增强体上下游堆石（包括过渡料）与增强体之间的接触属于堆石颗粒表面的点与增强体心墙两侧的面的接触，可简称为点面接触。这种接触属于因挤压而产生的摩擦接触。由于摩擦滑移的方向只能是竖直向，且主要是堆石坝体自身沉降或蓄水湿化引起的，因而这种摩擦滑移导致的沉降变形是有限的，即便一开始较大，但后期将逐步衰减并最终停止。

第 6 章通过侧限一维固结试验建立起湿化变形计算模型，可以得出竖向变形值。有关堆石与混凝土界面存在的摩擦性质目前也有一些研究成果，但大多数都是基于接触面水平或有一定程度的倾斜，堆石与混凝土的接触界面为垂直情况下的相关研究未见报道。清华大学高莲士等[7]研究堆石坝坝肩接触面的摩擦性质，他们认为堆石与岩石在倾斜接触面上是一种压性摩擦接触，并用接触面摩擦角随时间呈指数衰减模式变化，提出初始接触面摩擦角和最终接触面摩擦角的计算式：

$$\varphi = \varphi_f + (\varphi_0 - \varphi_f)e^{-\eta t} \tag{7.3-6}$$

式中：φ_0为初始接触摩擦角，取$\varphi_0 = 29° \sim 39°$；φ_f为强度衰减后的最终接触摩擦角，$\varphi_f = 20°$；η为衰减参数，取$\eta = 0.1$。

这一计算模式并没有考虑岩石界面的倾斜程度，在某些情况下的接触摩擦角有可能偏大，因此在合理选择计算时应根据具体工程实际和试验测定。

河海大学朱俊高等[8]通过堆石与混凝土接触面是否含有泥皮研究了界面的摩擦性质，主要成果列入表7.3-2。他们总结出以下几点意见：

表7.3-2　　　　　长河坝水电站覆盖层剪切试验方案（引自朱俊高[8]）

试验方案	试样条件	法向压力/kPa	指标		
			c/kPa	φ/(°)	$\tan\varphi$
方案1	膨润土泥皮	500	40.74	21.24	0.388
方案2	黏土泥皮	500	29.68	36.20	0.732
方案3	无泥皮	2000	16.43	39.44	0.823

（1）有无泥皮存在，对粗粒土与混凝土接触面的剪应力与剪应变的关系曲线在规律上没有影响，其均呈双曲线关系。

（2）膨润土泥皮条件下，粗粒土与结构面的剪切强度下降了25%～45%；而夹有黏土泥皮时，其剪切强度只降低了3%～10%。这说明泥皮的矿物成分及塑性指数对接触面的剪切强度有很大影响。

（3）剪切破坏时，同一法向应力下，相同高度的切向位移无泥皮时最大，有黏土泥皮时次之，膨润土泥皮条件下最小。这三者的剪切应力与剪切位移的关系曲线具有一致的规律。

（4）剪切过程中，两种泥皮接触面表现为剪缩现象，无泥皮且法向应力低时则呈剪胀现象；并且，膨润土泥皮较黏土泥皮的法向位移要大些。

文献［9］选取代表性摩擦界面进行试验研究，在不同受力工况下分析碎石基床存在浮泥的影响。试验结果给出碎石基床与混凝土、橡胶板、加齿钢板，以及混凝土与橡胶板间接触面在不同工况下的摩擦系数和影响摩擦系数取值的敏感性因素，可为工程中相关受力计算提供依据。在相同竖向荷载条件下，碎石基床与混凝土的摩擦系数为0.5，比较碎石基床与混凝土加载板间不回淤及回淤两种工况所做的试验成果表明，回淤时摩擦系数较不回淤降低24%，说明回淤材料起到了润滑或减阻作用。

天津大学摩擦系数研究课题组对混凝土预制块体与块石基床间摩擦系数的现场实验研究表明[10]，混凝土预制块体与块石基床间的摩擦系数有时因受夹层物质的影响而改变，特别在施工中遇到的基床上的浮泥便对摩擦系数存在影响，密度为12.75kN/m³的泥浆能使摩擦系数降为0.526，这比没有夹泥影响时的摩擦系数（0.607）下降了13.3%。

以上各方面研究成果，对增强体心墙与上下游堆石界面摩擦性能的分析具有重要指导意义，所不同的是上述研究所做的试验是基于接触面呈水平面而得出的相关结论，而在实际工程中增强体与堆石的接触面是垂直向的，这至少在具体的摩擦指标上有所不同。根据已建成的增强体心墙土石坝观测资料分析，增强体与堆石表面的接触同样属于压性接触，其紧密程度与自坝顶以下的深度有关。由于增强体施工时需要采取泥浆等护壁措施建造槽孔，因而接触面的切向剪切应力与试验揭示的规律相同，但剪应力却降低很多，由此导致堆石在垂直界面上的摩擦系数也大为降低，其降低的程度为水平向取值的 $1/2 \sim 1/4$。由此可见泥皮等护壁材料对界面摩擦的影响不容忽视，应该结合工程实际认真分析研究摩擦参数选取。表 7.3-3 列出适合于纵向增强体与堆石接触面的摩擦系数建议指标，可供工程设计参考；有条件时宜进行试验确定。

表 7.3-3　　　　纵向增强体混凝土心墙与堆石接触面的摩擦系数建议值

材 料 性 状	摩擦系数建议值				备　注
	无护壁措施		有护壁措施		
	静摩擦系数	动摩擦系数	静摩擦系数	动摩擦系数	
混凝土心墙＋饱和堆石料接触面	0.610～0.525	0.436～0.262	0.322～0.136	0.312～0.112	竖向接触界面
混凝土心墙＋非饱和堆石接触面	0.662～0.565	0.482～0.347	0.451～0.167	0.334～0.166	

7.4　工程计算实例

本节结合已建成的工程实例[11]，按竣工期和蓄水期两种情形分别计算堆石体与增强体心墙界面的变形与下拉应力、下拉荷载等值，为复核墙体底部的力学状态提供计算依据。

7.4.1　计算所需各类参数

坝体相关基础资料及一些设计参数指标由设计单位有关设计人员提供，与计算分析有关的主要参数如下所列。

1. 坝体设计参数

（1）已知方田坝水库坝高 $H=41.5\mathrm{m}$。

（2）上游坝坡坡比 1:2.25，坡角 $\beta_1=24°$。

（3）下游坝坡平均坡比 1:2.25，坡角 $\beta_2=24°$。

（4）通填区高度 $l=2.4\mathrm{m}$（即墙顶以上至坝顶的高度）。

（5）增强体心墙高度 $H_1=39.0\mathrm{m}$，设计厚度 $\delta=0.8\mathrm{m}$。

（6）另外，计算中必用的重力加速度 $g=9.81\mathrm{N/kg}$。

2. 物理性质参数指标

（1）以增强体心墙为界，上游砂岩堆石料填筑密度 $\rho_1=2.12\mathrm{t/m^3}$，蓄水后的浮密度 $\rho'_1=1.35\mathrm{t/m^3}$。

（2）下游堆石料填筑密度 $\rho_2=2.13\mathrm{t/m^3}$。

（3）堆石体的平均密度为 $\rho=2.13\mathrm{t/m^3}$，孔隙比 $e=0.3005$。

3. 物理力学参数指标

（1）上游堆石料三轴抗剪强度 $\varphi_1 = 38°$，初始压缩模量 $E_{s01} = 83.5 \times 10^3 \text{kPa}$，模型参数 $n = 0.56$。

（2）下游堆石料三轴抗剪强度 $\varphi_2 = 36°$，初始压缩模量 $E_{s02} = 81.6 \times 10^3 \text{kPa}$，模型参数 $n = 0.56$。

（3）坝体填筑料平均初始压缩模量 $E_{s0} = 82.5 \times 10^3 \text{kPa}$。

（4）增强体心墙弹性模量 $E_c = 2.0 \times 10^8 \text{kPa}$，密度 $\rho_e = 2.35 \text{t/m}^3$。

（5）堆石料与增强体心墙接触界面竖向静止摩擦系数 $f_0 = 0.270$（有护壁措施）；堆石与墙体接触界面竖向动摩擦系数 $f_c = 0.132$；在上游堆石蓄水饱和时，取 $f_0' = 0.240$，$f_c' = 0.120$。

（6）堆石料的泊松比 $\mu = 0.27$，实际上堆石的泊松比较为复杂，可限定在弹性范围内取值。堆石料的静止侧压力系数 k_0，根据以上的分析，可按式（7.3-5）进行计算，本工程上游堆石 $k_{01} = 0.2765$，下游堆石 $k_{02} = 0.3183$，平均值可取为 $k_0 = 0.30$。

（7）通过方田坝砂岩堆石料所做的大型压缩试验，回归分析得到模型参数：饱和状态 $\alpha' = 21.7 \text{MPa}$，$\zeta' = 44.5$；非饱和状态 $\alpha = 15.6 \text{MPa}$，$\zeta = 39.3$。

以上各类参数指标系根据设计、试验、分析和类比获得的，参数的合理选择也直接影响到计算结果的合理性和安全性。有条件的工程应当进行专门的试验研究以得到合理可靠的参数值。

7.4.2 竣工期复核计算

竣工期是指堆石坝体和增强体心墙均已施工完成，整个坝体进入等待蓄水的空库运行状态，这是一种特殊的必由工况。如果假定增强体施工完成后，上下游两边的堆石体仍然处于沉降期，上下游堆石体将对增强体两个界面产生向下的拖曳作用。这个拖曳作用的计算公式已如前所述，这里统一罗列并计算如下。

1. 沉降分布计算

第5章式（5.2-4）为上下游堆石沿增强体界面的沉降计算公式：

$$s = \frac{\rho g}{E_{s0}} \left[\frac{1}{2-n}(H_1 - z)^{2-n} + \frac{l+z}{1-n}(H_1 - z)^{1-n} \right] \qquad z \in [0, H_1]$$

如前述，上式是以墙顶为坐标原点，向下为正，那么 z 自墙顶向下，称为墙深。显然，由于上下游堆石料指标不一样，因而它们各自计算的沉降也不一样，但这种差别较小。如表 7.4-1 所列和图 7.4-1 所示为沉降及上下游侧面沉降差沿墙深的分布情况。

表 7.4-1 沉降及上下游侧面沉降差沿墙深的分布

墙深 z/m		0（墙顶）	5	10	15	20	25	30	35	39（墙底）
堆石沉降/cm	上游侧	4.06	4.75	5.29	5.67	5.83	5.72	5.23	4.02	0
	下游侧	4.17	4.88	5.44	5.83	6.00	5.89	5.38	4.14	0
	平均值	4.13	4.83	5.38	5.76	5.93	5.82	5.32	4.09	0
上下游侧沉降差/cm		0.11	0.13	0.15	0.16	0.17	0.17	0.15	0.12	0

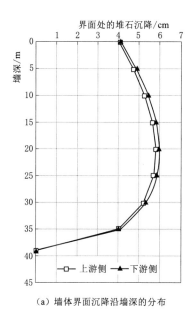
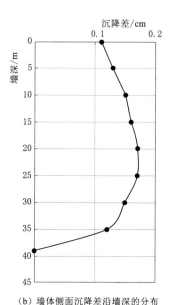

（a）墙体界面沉降沿墙深的分布　　　　　（b）墙体侧面沉降差沿墙深的分布

图 7.4-1　方田坝水库墙体上下游界面坝体沉降特性图

2. 墙体下拉应力

（1）第 5 章式 (5.2-7) 为墙体上游侧面下拉应力计算式：

$$\sigma_{s1}=A_{01}z+\frac{A_{11}(H_1+l)}{(1-n)(2-n)}\left[H_1^{2-n}-(H_1-z)^{2-n}\right]-\frac{A_{11}\left[H_1^{3-n}-(H_1-z)^{3-n}\right]}{(1-n)(2-n)(3-n)}$$

（2）第 5 章式 (5.2-8) 为墙体下游侧面下拉应力计算式：

$$\sigma_{s2}=A_{02}z+\frac{A_{12}(H_1+l)}{(1-n)(2-n)}\left[H_1^{2-n}-(H_1-z)^{2-n}\right]-\frac{A_{12}\left[H_1^{3-n}-(H_1-z)^{3-n}\right]}{(1-n)(2-n)(3-n)}$$

（3）以上两式叠加得到墙体总的下拉应力，即第 5 章式 (5.2-9)～式 (5.2-9c) 各式的表达：

$$\sigma_s=\sigma_{s1}+\sigma_{s2}$$

即

$$\sigma_s=(A_{01}+A_{02})z+\frac{(A_{11}+A_{12})(H_1+l)}{(1-n)(2-n)}\left[H_1^{2-n}-(H_1-z)^{2-n}\right]-$$
$$\frac{(A_{11}+A_{12})}{(1-n)(2-n)(3-n)}\left[H_1^{3-n}-(H_1-z)^{3-n}\right]$$

$$A_{01}=f_{01}k_{01}\rho_1g \qquad A_{11}=\frac{f_{c1}k_{01}\rho_1^2g^2}{E_{s01}} \qquad A_{02}=f_{02}k_{02}\rho_2g \qquad A_{12}=\frac{f_{c2}k_{02}\rho_2^2g^2}{E_{s02}}$$

具体计算时，首先求出公式中的各项参数：

$$A_{01}=f_{01}k_{01}\rho_1g=0.27\times0.2765\times2.12\times9.81=1.5528\ (\text{kPa/m}^3)$$

$$A_{11}=\frac{f_{c1}k_{01}\rho_1^2g^2}{E_{s01}}=\frac{0.132\times0.2765\times2.12^2\times9.81^2}{83.5\times10^3}=1.8910\times10^{-4}(\text{kPa/m}^5)$$

上游界面的下拉应力计算式：

$$\sigma_{s1} = 1.5528z + 0.01235[H_1^{2-n} - (H_1 - z)^{2-n}] - 1.222 \times 10^{-4}[H_1^{3-n} - (H_1 - z)^{3-n}]$$

$$(7.4-1)$$

其随墙深 z 的变化列入表 7.4-2。

表 7.4-2　　　　　　增强体上游侧面下拉应力沿墙深分布计算值表

墙深 z/m	0（墙顶）	5	10	15	20	25	30	35	39（墙底）
下拉应力/kPa	0	8.46	16.85	25.15	33.38	41.54	49.61	57.60	63.91

同样，下游侧也可如上计算，即

$$A_{02} = f_{02}k_{02}\rho_2 g = 0.27 \times 0.3183 \times 2.13 \times 9.81 = 1.7958(\text{kPa/m}^3)$$

$$A_{12} = \frac{f_{c2}k_{02}\rho_2^2 g^2}{E_{s02}} = \frac{0.132 \times 0.3183 \times 2.13^2 \times 9.81^2}{81.6 \times 10^3} = 2.248 \times 10^{-4}(\text{kPa/m}^5)$$

下游界面的下拉应力计算式：

$$\sigma_{s2} = 1.7958z + 0.01469[H_1^{2-n} - (H_1 - z)^{2-n}] - 1.4541 \times 10^{-4}[H_1^{3-n} - (H_1 - z)^{3-n}]$$

$$(7.4-2)$$

其随墙深 z 的变化详见表 7.4-3。

表 7.4-3　　　　　　增强体下游侧面下拉应力沿墙深分布计算值表

墙深 z/m	0（墙顶）	5	10	15	20	25	30	35	39（墙底）
下拉应力/kPa	0	9.82	19.53	29.15	38.69	48.13	57.47	66.72	74.02

由式（5.2-9a）计算出墙体上下游两个侧面下拉应力之和以及应力之差，其成果如表 7.4-4 所列。增强体心墙在竣工期的下拉应力如图 7.4-2 所示，墙体上下游侧面的下拉应力差值（下游侧应力值减上游侧应力值）的分布形状见图 7.4-3。

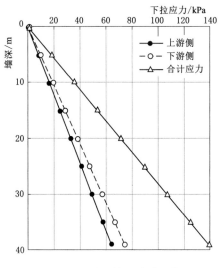

图 7.4-2　增强体心墙竣工期下拉应力分布图

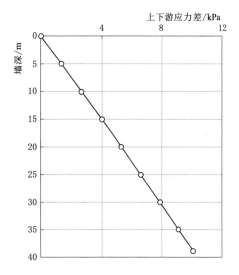

图 7.4-3　墙体应力差分布图

表7.4-4　　　　　　　　　　竣工期增强体下拉应力之和与差沿墙深分布计算成果

墙深 z/m	0（墙顶）	5	10	15	20	25	30	35	39（墙底）
下拉应力之和/kPa	0	18.28	36.38	54.3	72.07	89.67	107.08	124.32	137.93
下拉应力之差/kPa	0	1.36	2.68	4.0	5.31	6.59	7.86	9.12	10.11

通过具体计算，也进一步证实了第5章通过理论分析的有关结论，即下拉应力沿墙深基本上呈线性变化，墙体底部最大。计算还表明，由于上下游堆石料的物理力学性质不一样，增强体上下游两个侧面也必然存在下拉应力的差异，这种差异可能是导致墙体上下游受力不均匀而产生一定程度的弯拉应力的根本原因，但如上分析，这一墙体上下游侧壁的应力差值不会太大。因此，应尽量保持增强体土石坝心墙上下游堆石料的物理力学特性均匀同一，以尽可能地减小墙体两侧面应力的差值。

3. 堆石与墙体界面的下拉荷载

作用在堆石与墙体界面的下拉荷载（或称下拉力）是堆石对墙体的一种向下的摩擦拖曳作用，是一种力。根据第5章的推求，墙体上、下游侧面的下拉力分别由式（5.2-10a）、式（5.2-13）进行计算，其上下游下拉力合力由式（5.2-15）、式（5.2-15a）计算。为便于计算，现将计算下拉荷载的各项公式罗列如下。

（1）上游侧面［式（5.2-10a）］：

$$N_{s1} = \frac{A_{01}}{2}z^2 + A_{11}H_1^{2-n}\left[\frac{H_1}{(1-n)(3-n)} + \frac{l}{(1-n)(2-n)}\right]z +$$
$$\frac{A_{11}(H_1+l)}{(1-n)(2-n)(3-n)}(H_1-z)^{3-n} - \frac{A_{11}}{(1-n)(2-n)(3-n)(4-n)}(H_1-z)^{4-n} -$$
$$\frac{A_{11}H_1^{3-n}}{(1-n)(2-n)}\left(\frac{l}{3-n} + \frac{H_1}{4-n}\right)$$

（2）下游侧面［式（5.2-13）］：

$$N_{s2} = \frac{A_{02}}{2}z^2 + A_{12}H_1^{2-n}\left[\frac{H_1}{(1-n)(3-n)} + \frac{l}{(1-n)(2-n)}\right]z +$$
$$\frac{A_{12}(H_1+l)}{(1-n)(2-n)(3-n)}(H_1-z)^{3-n} - \frac{A_{12}}{(1-n)(2-n)(3-n)(4-n)}(H_1-z)^{4-n} -$$
$$\frac{A_{12}H_1^{3-n}}{(1-n)(2-n)}\left(\frac{l}{3-n} + \frac{H_1}{4-n}\right)$$

（3）总下拉荷载［式（5.2-15）、式（5.2-15a）］：

$$N_s = N_{s1} + N_{s2}$$

或

$$N_s = \frac{A_{01}+A_{02}}{2}z^2 + \frac{(A_{11}+A_{12})H_1^{2-n}}{(1-n)}\left(\frac{l}{2-n} + \frac{H_1}{3-n}\right)z +$$
$$\frac{(A_{11}+A_{12})(H_1+l)}{(1-n)(2-n)(3-n)}(H_1-z)^{3-n} - \frac{(A_{11}+A_{12})}{(1-n)(2-n)(3-n)(4-n)}(H_1-z)^{4-n} -$$
$$\frac{(A_{11}+A_{12})H_1^{3-n}}{(1-n)(2-n)}\left(\frac{l}{3-n} + \frac{H_1}{4-n}\right)$$

（4）已知参数：

$$A_{01}=f_{01}k_{01}\rho_1 g=0.27\times0.2765\times2.12\times9.81=1.5528(kPa/m^3)$$

$$A_{11}=\frac{f_{c1}k_{01}\rho_1^2 g^2}{E_{s01}}=\frac{0.132\times0.2765\times2.12^2\times9.81^2}{83.5\times10^3}=1.8910\times10^{-4}(kPa/m^5)$$

$$A_{12}=\frac{f_{c2}k_{02}\rho_2^2 g^2}{E_{s02}}=\frac{0.132\times0.3183\times2.13^2\times9.81^2}{81.6\times10^3}=2.2480\times10^{-4}(kPa/m^5)$$

$$A_{02}=f_{02}k_{02}\rho_2 g=0.27\times0.3183\times2.13\times9.81=1.7958(kPa/m^3)$$

（5）代入其他相关参数，得到上下游侧面下拉荷载随墙深 z 的计算式：

$$N_{s1}=0.7764z^2+1.4829z+5.064\times10^{-3}(H_1-z)^{3-n}-1.223\times10^{-4}(H_1-z)^{4-n}-28.04 \tag{7.4-3}$$

$$N_{s2}=0.8979z^2+1.7629z+6.02\times10^{-3}(H_1-z)^{3-n}-4.227\times10^{-5}(H_1-z)^{4-n}-33.33 \tag{7.4-4}$$

计算结果列入表 7.4-5。

表 7.4-5　　　　　　　　墙体两个侧面的下拉荷载（下拉力）计算成果表

墙深 z/m	0（墙顶）	5	10	15	20	25	30	35	39（墙底）
上游面 N_{s1}/kN	−25.80	3.72	72.18	173.86	315.80	496.74	716.06	975.09	1210.69
下游面 N_{s2}/kN	0	22.93	92.32	206.81	367.97	573.65	828.87	1128.47	1401.13
下拉力之和/kN	−25.80	26.65	164.5	380.67	683.77	1070.4	1544.9	2103.6	2611.82
下拉力之差 ΔN_s/kN	25.80	19.21	20.14	32.95	52.17	76.91	112.81	153.38	190.44

注　下拉力之差由式（5.2-17c）计算，即 $\Delta N_s=N_{s2}-N_{s1}$。

下拉荷载随墙深的变化如图 7.4-4 所示。图中将上下游两侧面的下拉力进行了叠加，叠加后的合力对墙体底面形成较大的压力作用，墙体还承受自重和通填区填筑体的重量，因此，可按下列步骤复核墙体底部的压应力是否满足混凝土抗压强度的要求，进而作为评判增强体的结构安全性依据之一。

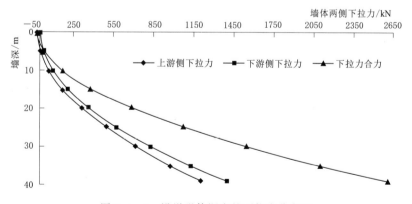

图 7.4-4　沿增强体深度的下拉力分布图

4. 竣工期增强体抗压强度复核

从第 5 章计算分析可知，由式（5.2-15）计算竣工期增强体受到上下游堆石体的下

拉力 N_s 作用，即 $N_s = N_{s1} + N_{s2}$。增强体自重为 $\rho_e g \delta H_1$，通填区堆石压重为 $\rho_0 g \delta l$，则由式（7.1-1）复核计算墙体底部的抗压强度：

$$KR_s = K \frac{N_s + \rho_e g \delta H_1 + \rho g \delta l}{1 \cdot \delta} \leqslant R_c$$

式中：R_s 为竣工期增强体底部固定端实际压应力，MPa；R_c 为增强体混凝土抗压强度，MPa。

对方田坝工程而言，设计与施工采用增强体为 C25 混凝土强度等级，取设计值 $R_c = 11.9$MPa[1]；K 为增强体结构的承载力安全系数，方田坝水库大坝作为主要建筑物按 4 级考虑，查规范[1] 表 3.2.4，考虑荷载效应组合由永久荷载控制，故取 $K = 1.20$。计算如下：

$$KR_s = K \frac{N_s + \rho_e g \delta H_1 + \rho g \delta l}{1 \cdot \delta}$$

$$= 1.20 \times \frac{2611.82 + 2.35 \times 9.81 \times 0.8 \times 39 + 2.13 \times 9.81 \times 0.8 \times 2.4}{1 \times 0.8}$$

$$= 1.20 \times \frac{2611.82 + 719.27 + 40.12}{0.8} = 1.20 \times \frac{3371.21}{0.8} = 5056.81 (\text{kN/m}^2)$$

$$\approx 5.1 \text{MPa} < R_c = 11.9 \text{MPa}$$

可见，竣工期增强体结构的抗压性能是安全的，不会产生所谓"压碎"式破坏。

5. 竣工期增强体抗弯拉复核

如前述表 7.4-5 所列墙体上下游侧面的下拉力存在差异，称为力差（其分析详见第 5 章 5.2 节），导致增强体两侧面受到不相等的力的作用，从而在墙体剖面上受到弯矩的作用（图 5.2-5）。

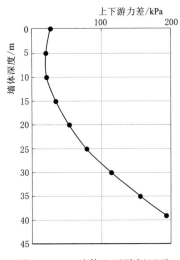

图 7.4-5　墙体上下游侧面下拉力差值分布图

下拉力在上下游同一高程断面的力差沿墙深的变化如图 7.4-5 所示。可见，在增强体较浅范围内〔一般小于 $(1/4)H_1$〕，力差较小，随着墙体深度增加而逐步增大，其增长规律仍然按二次幂形式变化。

显然，力差在墙底部达到最大值，由以上计算，墙底部沿坝轴线方向单位长度最大力差值为 190.44kN（见表 7.4-5），即 $\Delta N_d' = 190.44$kN，由此形成的增强体心墙底部最不利组合弯矩为 $M_d = \Delta N_{sd} \delta = 190.44 \times 0.8 = 152.35$kN·m。

根据《水工混凝土结构设计规范》（SL 191—2008）第 3.2.2 条的规定计算，由式（7.2-3a）计算得弯矩设计值 $M_s = 1.2M_d = 1.2 \times 152.35 = 182.82$kN·m。

下面由 7.2 节有关公式进行增强体底部抗弯拉复核计算。

（1）首先，按增强体设计方案，墙体施工分序为一期孔和二序孔，通过泥浆护壁利用坊卡石钻机形成槽孔，清渣清孔完成后，下设钢桁架。如图 7.4－6 所示为钢桁架结构简图，其钢筋用量列入表 7.4－6。

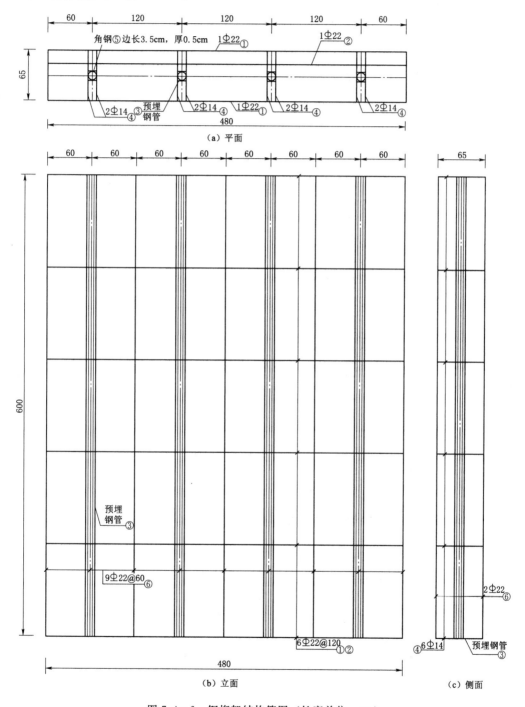

图 7.4－6　钢桁架结构简图（长度单位：cm）

①—框架钢筋；②—内部钢筋；③—预埋钢筋；④—固定钢筋；⑤—加筋角钢；⑥—分布钢筋

表 7.4 - 6　　　　　　　　　钢桁架钢筋用量表（按每次下设 6m 统计）

编号	直径/mm	型　式	单根长/cm	根数	总长/cm	备注
①	Φ 22	32.5　480　32.5	545	2×6	6540	与固定钢筋焊接
②	Φ 22	22　480　22	524	1×6	3144	与固定钢筋焊接
③	φ140	○	600	4	2400	与角钢焊接
④	Φ 14	14　65　14	93	8×6	4464	与角钢焊接
⑤	∠35×5	∟	5	16×6	480	与钢管焊接
⑥	Φ 22	600	600	9×2	10800	间距 60cm 前后布置

（2）其次，复核钢筋用量是否满足要求。采用第二种复核方法，即已知钢筋截面面积复核墙体底部结构受力情况是否满足要求。

1）由于墙体厚度为 80cm，钢桁架厚度取 65cm，则保护层厚度 $c=(80-65)/2=7.5cm$，钢筋按单层考虑，初选直径 $d=20mm$ 的 HPB235 热轧钢筋，则 $a_s=c+d/2=75+20/2=85mm$，$h_0=\delta-a_s=800-85=715mm$。

2）据设计，已知钢筋断面 $A_s=4537mm^2$。

3）相对受压区计算高度 ξ 值：

$$\xi=\frac{f_y A_s}{f_c bh_0}=\frac{210\times4537}{11.9\times1000\times715}=0.112$$

4）由于选用 HPB235 热轧钢筋，查手册表 4 - 2 - 4[2]，得 $0.85\xi_b=0.522$，$\xi=0.112<0.85\xi_b=0.522$，说明符合要求。

5）$\alpha_s=\xi(1-0.5\xi)=0.112\times(1-0.5\times0.112)=0.1057$。

6）$M_u=\alpha_s f_c bh_0^2=0.112\times11.9\times1000\times715^2\times10^{-6}=681.36(kN\cdot m)$

7）另外，方田坝水库为小（1）型水库，按 4 级水工建筑物考虑，其混凝土结构构件的承载力安全系数 K 查《水工混凝土结构设计规范》[1] 表 3.2.4，按基本组合取 $K=1.15$，则 $KM_s=1.15\times182.82=210.24(kN\cdot m)$。

8）$KM_s=210.24kN\cdot m<M_u=681.36(kN\cdot m)$，计算表明在竣工期增强体底部正截面的受弯承载力满足要求。

7.4.3　蓄水期复核计算

水库大坝一经建成，经过蓄水安全鉴定和蓄水验收以后，就可以下闸蓄水。新建成的大坝，无论以何种方式进行蓄水，不断增加的水荷载造成的坝体应力与变形的重新分布与调整都是前所未有的，因此，有关蓄水规程规范对土石坝的初次蓄水都有较为详细的规定，增强体心墙土石坝也不例外。这里须强调的是，在上游逐步蓄水到正常水位的过程中，增强体与上下游坝体料之间的应力与变形的分布调整是值得关注的。根据本章前面的分析，在设计上应当进行蓄水期的复核计算。本小节以建成的方田坝水库为例，详细介绍有关计算过程。蓄水期所需的有关计算参数已由 7.3 节列出。

1. 蓄水期上游堆石体的湿化变形

如前所述，在水库蓄水时，上游堆石体将出现因浸水而导致的湿化沉降变形，而下游堆石不会产生湿化变形的。根据第 6 章堆石料三参数湿化模型，结合方田坝水库筑坝的各类力学参数指标，得到上游堆石在湿化前后的变形计算式，具体步骤如下所述。

首先，湿化变形前，即堆石处于非饱和状态时，考虑在增强体附近的一维压缩条件，由第 6 章有关计算公式，其沉降为

$$s = \alpha_1 z + \alpha_2 \ln(1 + \alpha_3 z) = 0.2157z + 2.9872 \times 10^{-4} \ln(1 + 51.3678z) \quad (7.4-5)$$

其中：$\alpha_1 = \dfrac{\zeta e_0 - 1}{\zeta + \zeta e_0 - 1} = \dfrac{39.3 \times 0.3005 - 1}{39.3 + 39.3 \times 0.3005 - 1} = 0.2157$

$\alpha_2 = \dfrac{\alpha}{\rho_1 g (\zeta + \zeta e_0 - 1)^2} = \dfrac{15.6}{2.12 \times 9.81 \times (39.3 + 39.3 \times 0.3005 - 1)^2} = 2.9872 \times 10^{-4} (\mathrm{m^3/kN})$

$\alpha_3 = \dfrac{\rho_1 g (\zeta + \zeta e_0 - 1)}{(1 + e_0)\alpha} = \dfrac{2.12 \times 9.81 \times (39.3 + 39.3 \times 0.3005 - 1)}{(1 + 0.3005) \times 15.6} = 51.3678 (\mathrm{kN/m^3})$

其次，蓄水后堆石处于饱和状态，其沉降值为

$$s' = \alpha_1' z + \alpha_2' \ln(1 + \alpha_3' z) = 0.2175z + 5.0659 \times 10^{-4} \ln(1 + 21.6890z) \quad (7.4-6)$$

其中：$\alpha_1' = \dfrac{\zeta' e_0 - 1}{\zeta' + \zeta' e_0 - 1} = \dfrac{44.5 \times 0.3005 - 1}{44.5 + 44.5 \times 0.3005 - 1} = 0.2175$

$\alpha_2' = \dfrac{\alpha'}{\rho_1' g (\zeta' + \zeta' e_0 - 1)^2} = \dfrac{21.7}{1.35 \times 9.81 \times (44.5 + 44.5 \times 0.3005 - 1)^2} = 5.0659 \times 10^{-4} (\mathrm{m^3/kN})$

$\alpha_3' = \dfrac{\rho_1' g (\zeta' + \zeta' e_0 - 1)}{(1 + e_0)\alpha'} = \dfrac{1.35 \times 9.81 \times (44.5 + 44.5 \times 0.3005 - 1)}{(1 + 0.3005) \times 21.7} = 21.6890 (\mathrm{kN/m^3})$

最后，由式（6.1-8），得到堆石坝坝体在浸水湿化变形前后的沉降差：

$$\chi = s' - s$$
$$= (\alpha_1' - \alpha_1)z + \alpha_2' \ln(1 + \alpha_3' z) - \alpha_2 \ln(1 + \alpha_3 z)$$
$$= 0.0018z + 5.0659 \times 10^{-4} \times \ln(1 + 21.6890z) - 2.9872 \times 10^{-4} \times \ln(1 + 51.3678z)$$

$$(7.4-7)$$

由此可以计算出上游堆石料浸水后的湿化变形值（表 7.4-7），湿化变形沿墙深变化如图 7.4-7 所示。

表 7.4-7　　　　墙体附近堆石体的湿化沉降计算成果表

墙深 z/m	0（墙顶）	5	10	15	20	25	30	35	39（墙底）
湿化变形 χ/cm	0	0.97	1.89	2.79	3.7	4.61	5.51	6.41	7.13

可见，湿化变形沿墙体自上而下基本呈线性增长，在墙底部为最大。

2. 下拉应力 σ_{s1}' 的计算

蓄水期增强体上游侧因湿化引起的下拉应力由式（6.2-3）进行计算。

$$\sigma_{s1}' = \frac{c'(\alpha_1' - \alpha_1)}{2}z^2 - c'(\alpha_2' - \alpha_2)z + \frac{c'\alpha_2'(1 + \alpha_3' z)}{\alpha_3'}\ln(1 + \alpha_3' z) - \frac{c'\alpha_2(1 + \alpha_3 z)}{\alpha_3}\ln(1 + \alpha_3 z)$$

其中　　　　$c'=f'_{c1}k'_{01}\rho'_1 g=0.12\times0.2765\times1.35\times9.81=0.4394(kN/m^4)$

代入数据计算得

$$\sigma'_{s1}=3.95\times10^{-4}z^2-9.13\times10^{-5}z+1.03\times10^{-5}(1+21.689z)\ln(1+21.689z)-$$

$$2.56\times10^{-6}(1+51.3678z)\ln(1+51.3678z) \qquad (7.4-8)$$

可见，下拉应力主要是墙深的二次函数，墙体越深，下拉应力就越大。

下拉应力沿墙深的计算成果列于表7.4-8，其变化趋势如图7.4-8所示。

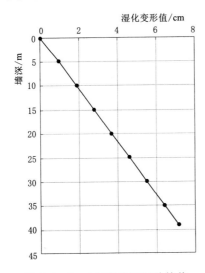

图7.4-7　大坝湿化变形计算值　　　图7.4-8　蓄水湿化下拉应力分布图

表7.4-8　　　　　　　　　　　　　　下拉应力沿墙深计算表

墙深 z/m	0（墙顶）	5	10	15	20	25	30	35	39（墙底）
下拉应力 σ'_{s1}/kPa	0	0.011	0.042	0.094	0.165	0.256	0.367	0.498	0.617

由表7.4-8可知，下拉应力作用方向一致向下，形成对增强体侧壁的下拉效应。

3. 湿化下拉力的计算

由式（6.2-4）计算湿化变形引起的下拉力（或称下拉荷载）N'_{s1}：

$$N'_{s1}=\frac{c'(\alpha'_1-\alpha_1)}{6}z^3-\frac{c'(\alpha'_2-\alpha_2)}{2}z^2+\frac{c'\alpha'_2(1+\alpha'_3 z)^2}{4\alpha'^2_3}[2\ln(1+\alpha'_3 z)-1]-$$

$$\frac{c'\alpha_2(1+\alpha_3 z)^2}{4\alpha_3^2}[2\ln(1+\alpha_3 z)-1]+\frac{c'}{4}\left(\frac{\alpha'_2}{\alpha'^2_3}-\frac{\alpha_2}{\alpha_3^2}\right)$$

$$=1.318\times10^{-4}z^3-4.567\times10^{-5}z^2+$$

$$1.183\times10^{-7}(1+21.689z)^2\times[2\ln(1+21.689z)-1]-$$

$$1.244\times10^{-8}(1+51.368z)^2\times[2\ln(1+51.368z)-1]+$$

$$1.058\times10^{-8} \qquad (7.4-9)$$

由上式可知，上游堆石坝体因水库蓄水产生湿化及湿化沉降对增强体上游侧壁的向下的拖曳力是墙深的三次函数，由于式中其他各项的参数十分微小，计算时对墙体较浅部位的影响不大，对墙体较深的部位存在一定影响，这需根据计算成果进行分析判断，不可任意省略或忽视。湿化下拉力 N'_{s1} 沿墙深的计算成果列入表 7.4-9，其变化趋势如图 7.4-9 所示。

表 7.4-9　　　　　　　　　　　湿化下拉力沿墙深分布表

墙深 z/m	0（墙顶）	5	10	15	20	25	30	35	39（墙底）
下拉力 N'_{s1}/kN	0	0.02	0.14	0.48	1.12	2.16	3.71	5.87	8.10

4. 蓄水期增强体抗压强度复核

作为一种计算工况，蓄水期应当进行增强体的抗压强度复核，在水库建成初次蓄水时，整个坝体特别是上游堆石等材料填筑坝体的湿化变形将对增强体侧壁形成相对位移，从而造成向下的摩擦拖曳，形成下拉荷载并增加了墙体的受力负担。另外，水库蓄水对墙体下游堆石的下拉变形与荷载没有影响，由此复核其底部在蓄水期的抗压强度是否满足要求，由式（7.1-2）进行计算：

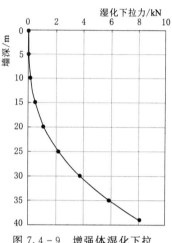

图 7.4-9　增强体湿化下拉荷载（力）分布图

$$KR_j = 1.20 \times \frac{N'_{s1} + N_s + (\rho_e H_1 + \rho l)g\delta}{\delta}$$

$$= 1.20 \times \frac{8.10 + 2611.82 + (2.35 \times 39 + 2.13 \times 2.4) \times 9.81 \times 0.8}{0.8}$$

$$= 5068.96(\text{kN/m}^2) = 5.07\text{MPa} < R_c = 11.9\text{MPa} \tag{7.4-10}$$

式中：K 为增强体结构的承载力安全系数，按《水工混凝土结构设计规范》（SL 191—2008）表 3.2.4，并结合方田坝工程的等级，考虑到增强体受力情况较为复杂、施工困难、荷载难以准确计算、缺乏成熟的计算方法等因素，可将原对应的 K 值适当提高，故此处取 $K = 1.20$；R_j 为荷载效应组合设计值，由《水工混凝土结构设计规范》（SL 191—2008）第 3.2 节式（3.2.2-1）确定，此处 $R_j = 1.20S_{G2k}$，S_{G2k} 为土压力、淤沙压力等永久荷载标准值产生的荷载效应。

上式计算表明，蓄水期增强体底部混凝土所受的压应力小于其抗压强度，说明墙体所受压应力是安全的。

5. 蓄水期增强体抗弯拉复核

蓄水期的抗弯拉复核仍然是基于墙体上下游两侧面存在不对等的下拉力（或下拉荷载），与竣工期相比主要是增加了湿化下拉力，在计算上湿化下拉力应当与上下游墙体侧壁的力差相叠加，以形成最不利荷载组合，表 7.4-10 为其计算组合值。由表可知，墙体底部组合下拉力最大，其值为 198.54kN。

表 7.4 - 10　　　　　　　　　　　　　最不利组合力差计算表

墙深 z/m	0（墙顶）	5	10	15	20	25	30	35	39（墙底）
竣工期墙体力差 $\Delta N_{sd}/\mathrm{kN}$	25.80	19.21	20.14	32.95	52.17	76.91	112.81	153.38	190.44
湿化下拉力 N'_{sld}/kN	0	0.02	0.14	0.48	1.12	2.16	3.71	5.87	8.10
组合值 $\Delta N'_{d}/\mathrm{kN}$	25.8	19.23	20.28	33.43	53.29	79.07	116.52	159.25	198.54

下面对墙体底部进行复核计算。实际上，这种复核与竣工期的情况一样，大致分以下几个步骤。

（1）首先，由式（7.2 - 2）计算弯矩设计值：

$$M_d = \Delta N'_d \delta = (\Delta N_{sd} + N'_{sld})\delta = 198.54 \times 0.8 = 158.832(\mathrm{kN \cdot m})$$

根据《水工混凝土结构设计规范》（SL 191—2008）第 3.2 节式（3.2.2 - 1）计算弯矩设计值，考虑土压力、淤沙压力等永久荷载标准值产生的荷载效应，由式（7.2 - 3a）计算弯矩设计值 M_s：

$$M_s = 1.2 M_d = 1.2 \times 158.832 = 190.598(\mathrm{kN \cdot m})$$

（2）增强体的设计方案已通过前面在竣工期的计算复核，此处再复核一下钢筋用量是否满足蓄水期湿化下拉力增加对钢筋用量的要求，从而满足抗拉弯应力。已知墙体厚度为 80cm，钢桁架厚度取 65cm，则保护层厚度 $c = (80 - 65)/2 = 7.5\mathrm{cm}$，钢筋按单层考虑，初选直径 $d = 20\mathrm{mm}$ 的 HPB235 热轧钢筋，则

$$a_s = c + d/2 = 75 + 20/2 = 85(\mathrm{mm}), \quad h_0 = \delta - a_s = 800 - 85 = 715(\mathrm{mm})。$$

据设计，已知钢筋断面 $A_s = 4537\mathrm{mm}^2$。

（3）相对受压区计算高度 ξ 值：

$$\xi = \frac{f_y A_s}{f_c b h_0} = \frac{210 \times 4537}{11.9 \times 1000 \times 715} = 0.112$$

（4）由于选用 HPB235 热轧钢筋，查《新编水工混凝土结构设计手册》表 4 - 2 - 4，得 $0.85\xi_b = 0.522$，$\xi = 0.112 < 0.85\xi_b = 0.522$，说明符合要求。

（5）计算 α_s：$\alpha_s = \xi(1 - 0.5\xi) = 0.112 \times (1 - 0.5 \times 0.112) = 0.1057$。

（6）$M_u = \alpha_s f_c b h_0^2 = 0.112 \times 11.9 \times 1000 \times 715^2 \times 10^{-6} = 681.36(\mathrm{kN \cdot m})$。

（7）另外，由于方田坝水库为小（1）型水库，按 4 级水工建筑物考虑，其混凝土结构构件的承载力安全系数 K 查《水工混凝土结构设计规范》[1] 表 3.2.4，适当提高，按基本组合取 $K = 1.20$，则

$$KM_s = 1.20 \times 190.598 = 228.72(\mathrm{kN \cdot m})$$

可见，$KM_s = 228.72\mathrm{kN \cdot m} < M_u = 681.36\mathrm{kN \cdot m}$

说明，蓄水期增强体底部正截面因湿化下拉力增加而形成的受弯承载力仍然满足要求。

7.5　小结

根据前两章提出的混凝土增强体心墙在竣工期和蓄水期的分析方法，以四川省通江县

方田坝水库扩建采用增强体心墙土石坝为实例，本章较为详细地叙述了增强体心墙作为结构体的设计与计算过程。

（1）土石坝或堆石坝中的增强体（即混凝土心墙）由于限制了筑坝料的变形而受到来自坝体的力的作用，这使增强体心墙具有结构受力的特点。土石坝或堆石坝坝体对增强体的作用主要体现在受压和受弯拉两方面，应依据《水工混凝土结构设计规范》（SL 191—2008）进行分析计算。

（2）土石坝或堆石坝坝体与增强体的接触界面是研究重点，堆石沉降产生界面摩擦，从而形成对增强体结构的不利影响。首先是增强体上下游界面受堆石向下的拖曳作用，称之为下拉应力或下拉荷载（力），它们均在墙底部达到最大值。下拉应力沿墙体深度基本呈线性分布，下拉力或下拉荷载沿墙呈二次幂分布。墙体两侧坝体材料的下拉力增加了墙体的受力负担，经与其他压力组合，复核其底部的抗压强度是否满足混凝土设计强度要求，如底部能够满足，那么，增强体其他截面也都能够满足。

（3）在计算分析过程中也发现，由于增强体上下游两侧面的堆石体工作性能的不同，由此产生界面下拉的力学性能上的差异，即无论是变形还是由此引起的下拉应力或下拉荷载，在墙体两侧面的量值是不一样的，这是造成增强体结构弯拉的基本原因之一。通过引入上下游界面下拉力之差亦即力差的概念，并按《水工混凝土结构设计规范》（SL 191—2008）有关混凝土或钢筋混凝土结构进行弯拉计算，复核其配筋，使其满足结构抗弯拉设计强度的要求。

（4）水库初次蓄水导致上游坝体产生一定程度的湿化变形，受墙体限制，这种变形是竖直向的，进而在坝体材料与墙体接触面产生湿化下拉力，这对墙体同样是一种负担。分析表明，尽管湿化下拉应力和湿化下拉力分别沿墙深呈二次和三次函数变化，计算比较发现湿化下拉应力和湿化下拉力的量级依然较小。

（5）基于方田坝水库增强体设计的复核，认为增强体作为结构体是安全可靠的。

参 考 文 献

［1］ 中华人民共和国水利部. 水工混凝土结构设计规范：SL 191—2008 ［S］. 北京：中国水利水电出版社，2009.

［2］ 钮新强，汪基伟，章定国. 新编水工混凝土结构设计手册 ［M］. 北京：中国水利水电出版社，2010.

［3］ 中华人民共和国水利部. 水利水电工程混凝土防渗墙施工技术规范：SL 174—2014 ［S］. 北京：中国水利水电出版社，2015.

［4］ 钱家欢，殷宗泽. 土工原理与计算 ［M］. 北京：中国水利水电出版社，1996.

［5］ 蒋明杰，陆晓平，朱俊高，等. 粗粒土静止侧压力系数估算方法研究 ［J］. 岩土工程学报，2018，40（增2）：77－81.

［6］ 朱俊高，蒋明杰，沈靠山，等. 粗粒土静止侧压力系数试验 ［J］. 河海大学学报（自然科学版），2016，44（6）：491－497.

［7］ 宋文晶，高莲士. 窄陡河谷面板堆石坝坝肩摩擦接触问题研究 ［J］. 水利学报，2005（7）：793－798.

［8］ 彭凯，朱俊高，伍小玉，等. 不同泥皮粗粒土与结构接触面力学特性实验 ［J］. 重庆大学学报，2011，34（1）：110－115.

［9］　张俊贤，臧冰，柳家凯. 水下多种摩擦界面摩擦系数实验研究 ［J］. 中国港湾建设，2017，37（2）：65 - 67，85.

［10］　天津大学摩擦系数研究课题组. 混凝土预制块体与块石基床间摩擦系数的现场实验研究——油毡原纸或泥浆夹层对摩擦系数的影响 ［J］. 港口工程，1993（6）：1 - 4.

［11］　梁军，张建海，赵元弘，等. 纵向增强体土石坝设计理论在方田坝水库中的应用 ［J］. 河海大学学报（自然科学版），2019，47（4）：345 - 351.

第8章　增强体心墙受力与坝坡稳定性分析

摘要： 基于土石坝内置混凝土刚性防渗心墙具有结构功能的特点，依据库仑土压力理论分析了内置墙体作为薄壁挡土墙的受力安全性能。通过竣工、正常蓄水和水位骤降三种工况的典型性分析，认为在土石坝体内置入刚性防渗心墙承担防渗、受力和抵御变形的结构体是安全可行的。作为薄壁挡土墙的内置增强体结构，混凝土心墙受坝体上下游双向水土压力作用，这有别于常规挡土墙的单向受力情形。根据这一特点，提出受力安全系数的概念，分析了这一安全系数与传统的边坡稳定安全系数的关系，以及不同坝坡坡角与筑坝料内摩擦角的相关关系。建立临界坝坡状态下不同工况被动土压力系数的计算模式，表明蓄水工况下，被动土压力是依主动的库水压力而得到发挥的，从而为坝体断面设计优化提供了依据。

8.1　概述

混凝土纵向增强体心墙置入土石坝体内并与原坝体一起组成坝体结构，共同工作，协同受力。根据第3章的分析，增强体心墙基本功能是防渗，其墙体内的渗流十分微小，浸润线跌落很大，上下游形成很大的浸润线落差，这完全不同于常规土石坝防渗体的渗流力学特点，如图8.1-1所示，图中对比了均质土坝、土质心墙坝和增强体心墙坝三种不同类型土石坝的渗流特点，均质坝和心墙土石坝在上游水头作用下，形成稳定的渗流状态，浸润线按抛物线分布并有一定程度的跌落，下游坝壳体的浸润线也是按抛物线与下游坝面（或排水体）平顺衔接，而增强体心墙土石坝的浸润线在墙体内呈较大跌落。三种坝型的浸润线不同，其基本原因是材料的渗透特性相差巨大，一般而言，均质坝所用材料为黏土料或类似于黏土材料的砾质土，其渗透系数为 $A\times(10^{-4}\sim10^{-5})\,\mathrm{cm/s}$；土石心墙坝所用材料也是黏土料或类似于黏土材料的砾质土料，其渗透系数为 $A\times(10^{-5}\sim10^{-6})\,\mathrm{cm/s}$；

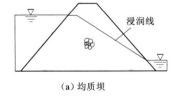

(a) 均质坝

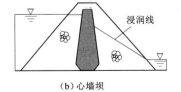

(b) 心墙坝

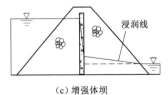

(c) 增强体坝

图 8.1-1　各种土石坝浸润线对比

混凝土防渗材料的渗透系数一般为 $A \times (10^{-8} \sim 10^{-9}) \mathrm{cm/s}$。渗透系数的巨大差异，导致阻水材料的浸润线形态存在较大差距。因此，混凝土墙体对上游库水的极小渗透性，导致墙体上下游侧面浸润线巨大落差，说明混凝土增强体阻水性能十分优越，以至于将混凝土防渗墙按照常规的土质或砾质防渗体进行同等对待是不适宜的；混凝土增强体心墙更像一种挡土墙呈现在坝体内，其力学性能表现得更加符合挡土结构。

高江林[1] 研究刚性墙体底端约束形式对墙体受力和变形的影响，发现采用固定约束计算的墙体应力大于采用接触约束的计算结果，尤其是对于墙体承载更为关键的拉应力，采用固定约束计算时不同基岩弹性模量对墙体应力的影响较小，说明基础约束条件对墙体本身的受力状况影响不大。侯奇东等[2] 基于方田坝水库的纵向增强体土石坝，采用数值计算方法对坝体稳定性及坝坡坡比优化进行研究，结果表明：纵向增强体土石坝防渗性能较好，增强体受力以压应力为主，出现整体性破坏的可能性较小，理论计算分析坝坡坡比有进一步优化的空间。王旭东等[3-5] 建立了能够考虑土体变形的朗肯土压力计算模型，并在模型基础上研究了被动土压力的折减系数，认为被动土压力折减系数随内摩擦角增大而减小，随变形量增大而增大。关立军研究了抗剪强度折减的土坡应力与位移，以及确定边坡的安全系数和最危险滑移面的方法[6]。上述研究没有涉及纵向增强体土石坝内置刚性心墙在受力机理上具有双向挡土墙的特点，也没有考虑在主动土压力作用下，被动区被动土压力由于变形受限而导致抗力的激发以致形成强力抵抗、从而产生等强增效的力学特点。梁军等[7] 通过分析土石坝内置混凝土刚性心墙在竣工、正常蓄水、水位骤降等典型工况运行的具体情况，认为上下游坝体和作为挡土墙的增强体必然发生受力状态的转换，即主动土压力和被动土压力的转换，增强体在坝体中分担水土耦合压力，起着双向挡土墙作用，进而提出了双向挡土墙在主动土压力作用下迫使被动区的被动土压力被激发从而形成抵抗并达到等强增效的力学机理。这种情况一般用被动土压力系数来反映并描述，即在主动土压力作用下，挡土墙产生一定的主动变形后引发被动区对这种变形的阻止，这种力的激发大小表示被动土压力的发挥程度。

本章基于文献［7］的研究，依据土石坝在竣工期、正常蓄水期和水位骤降三种工况下的水库运行方式，引入纵向增强体受力安全系数的概念，分析了被动土压力被激发形成等强增效的力学效果，研究了增强体受力安全与坝坡稳定性之间的关系。作为双向挡土墙的增强体，无论其受力、变形还是自身稳定，都与坝坡稳定性密切相关。针对增强体土石坝边坡稳定性进行相关分析与计算，进而提出了依据临界坝坡计算被动土压力系数的方法；进一步印证了这种坝型较传统土石坝更加优化的结论[2,7]，这也为研究更加经济合理、安全可靠的内置增强体堆石坝这一新坝型提出理论分析依据。

8.2　双向挡土墙机理分析

如图 8.2-1 所示，纵向增强体心墙将坝体分为上游临水一侧和下游背水一侧，在水平方向增强体同时受到上游侧和下游侧的水压力和土压力作用，与常规土石坝相比，增强体心墙不会产生如同土质心墙那样的渗流，因此，增强体在坝体中起到了双向挡土墙的作用，坝坡上下游荷载变化将直接影响墙体两侧受到的荷载大小，进而对墙体产生影响。

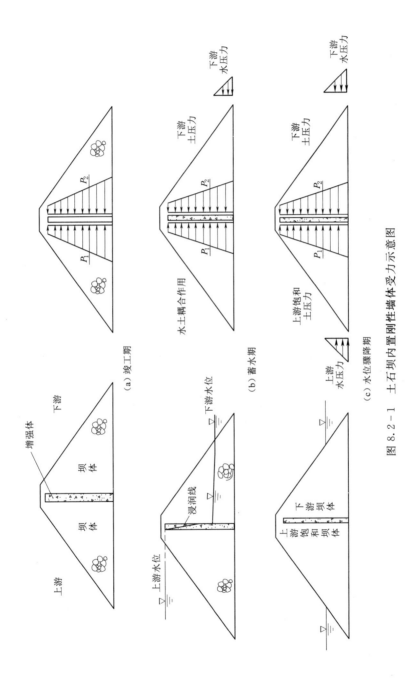

图 8.2-1 土石坝内置刚性墙体受力示意图

(a) 竣工期

(b) 蓄水期

(c) 水位骤降期

一般而言，墙体水平位移方向和大小随所受土压力方向和大小发生相应变化，如图 8.2-2 所示。与单向挡土墙相比，增强体作为挡墙的双向受力作用机理更为复杂，一般来说，墙体水平变形将引起墙体两侧土压力性质及大小发生变化，这种变形显然对应着坝体与墙体相互受力的变化。

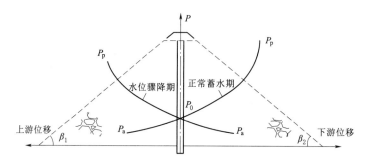

图 8.2-2　不同工况双向挡土墙与土压力的关系

同样，土石坝内置刚性墙体的应力与变形必将随水库运行工况的不同而呈现不同的变化。①在竣工期，由于所受荷载基本对称，增强体两侧坝体基本无水平位移或者位移很小，增强体两侧土体处于静止土压力状态。②在水库蓄水期，上游临水一侧作用在增强体上的水土耦合压力增大，上游临水一侧坝体则处于主动土压力状态，增强体产生弹性变形具有向下游位移趋势或者偏移，下游背水一侧坝体则处于被动土压力状态，形成被动抗力以平衡墙体变形。③在水位骤降期，当上游临水一侧从高水位下降到低水位（或水位消去），临水一侧处于卸载状态，墙体又有向上游方向变形的趋势或偏移，墙体弹性变形回复原位，下游区将转换成为主动土压力区而上游区则成为被动土压力区。由此可以看出，随着上游临水一侧水位变化，作用在增强体上的水土荷载也在发生动态变化，并产生作用方向与量值的变换，因而增强体两侧上下游坝体也存在主动受力区与被动受力区的转换。

8.3　不同工况下墙体受力安全系数

8.3.1　墙体受力安全系数的定义

将坝体运行过程中增强体的受力状态归纳为三个基本工况：一是竣工期，增强体处于坝体内部，受到两侧基本对称的静止土压力作用；二是正常蓄水期，蓄水墙体上游侧面（亦称墙前）处于主动水土压力状态，墙体下游侧面（亦称墙后）处于被动土压力状态；三是水位骤降期，通过堆石坝体排水上游水压力很快消散，则墙前上游区域转变成为被动土压力状态而墙后变为主动土压力状态。因此，库水位作为荷载变化的起因，导致了坝体和墙体受力状态的不同，主动土压力状态和被动土压力状态可以相互转化。

借助于 1955 年毕肖普提出的边坡抗滑稳定安全系数的定义思路，定义增强体心墙（双向挡土墙）受力安全系数 S 为其所受被动土压力与主动土压力之比[7]，即

$$S = \frac{P_p}{P_a} \qquad\qquad (8.3-1)$$

式中：P_p 为墙体所受到的被动土压力之和（含被动区水压力），kN；P_a 为墙体所受到的主动压力之和（含主动区水压力），kN。

显然，按上述定义，前述竣工、正常蓄水和水位骤降三种工况下墙体的受力安全系数是不一样的。

8.3.2 竣工期墙体受力安全系数

如图 8.2-1（a）所示，竣工期水库尚未蓄水，此时墙体处于静止土压力状态，鉴于墙体两侧坝体填筑料的物理力学性质指标不同（如干密度、内摩擦角、填料组成物质等），理论上讲仍存在墙前、墙后土压力量值的不同，严格意义上的静止土压力状态是不存在的。

为便于比较，按墙体两侧力学条件的差异，依照库仑经典挡土墙理论，设定填料密度大的墙体一侧将产生更大的土压力，从而形成主动土压力区，另一侧将形成被动土压力区。此处设定上游堆石体填筑密度大于下游堆石填筑密度。

那么，上游主动土压力 P_{1a}：

$$P_{1a} = \frac{1}{2}\rho_1 g k_{1a} H_1^2$$

其中

$$k_{1a} = \frac{\cos^2\varphi_1}{\left[1 + \sqrt{\dfrac{\sin\varphi_1 \sin(\varphi_1 + \beta_1)}{\cos\beta_1}}\,\right]^2}$$

式中：下脚标"1"表示坝体上游区；ρ_1 为上游坝体填筑料的密度，t/m³；g 为重力加速度，单位取 N/kg；k_{1a} 为上游堆石主动土压力系数；H_1 为增强体心墙高度（不计通填区的作用），m；φ_1 为上游坝体填筑料的内摩擦角，（°），由于竣工期无蓄水，可取非饱和不固结或不排水强度指标；β_1 为上游坝边坡的平均坡角，（°）。

下游被动土压力 P_{2p}：

$$P_{2p} = \frac{1}{2}\rho_2 g\lambda_2 k_{2p} H_1^2$$

其中

$$k_{2p} = \frac{\cos^2\varphi_2}{\left[1 - \sqrt{\dfrac{\sin\varphi_2 \sin(\varphi_2 - \beta_2)}{\cos\beta_2}}\,\right]^2}$$

式中：脚标"2"表示下游坝体区；ρ_2 为下游坝体填筑料的密度，t/m³；k_{2p} 为下游坝体填筑料的被动土压力系数；φ_2 为下游坝体填筑料的内摩擦角，（°），同样，可取非饱和不固结或不排水强度指标；β_2 为下游坝坡坡角，（°）；λ_2 为下游坝体被动土压力折减系数；其余符号意义同前。

由式（8.3-1）的定义，得到竣工期墙体受力安全系数 S_0：

$$S_0 = \frac{P_{2p}}{P_{1a}} = \lambda_2 \frac{\rho_2 \cos^2\varphi_2}{\rho_1 \cos^2\varphi_1} \left[\frac{1 + \sqrt{\dfrac{\sin\varphi_1 \sin(\varphi_1 + \beta_1)}{\cos\beta_1}}}{1 - \sqrt{\dfrac{\sin\varphi_2 \sin(\varphi_2 - \beta_2)}{\cos\beta_2}}}\right]^2 \tag{8.3-2}$$

8.3.3　正常蓄水运行期墙体受力安全系数

如图 8.2-1（b）所示，正常蓄水时，墙体受到上游水荷载和饱和状态下坝体主动土压力作用而倾向于向下游变形，同时又受到下游坝体被动土压力作用，即坝体上游处于主动土压力区而坝体下游处于被动土压力区，由于下游水位较低，可不考虑下游水位影响。按照第 4 章有关上游坝体水土耦合作用原理，根据库伦土压力理论，可以列出主动与被动土压力计算式。

1. 上游区水土耦合作用的主动土压力

由第 4 章式（4.3-6），上游饱和堆石水平推力即对墙体的主动土压力：

$$P_{1a} = \frac{1}{2}\rho_{1c}gH_1^2$$

其中

$$\rho_{1c} = [\rho_{1f} - \Delta(\rho_{1f} - \rho_{1h})]k_c \qquad \rho_{1f} = \rho_w + k_{1a}'\rho_1' \qquad \rho_{1h} = \rho_{1m}k_{1m}$$

$$k_c = \frac{1-\Delta}{2} + \frac{1+\Delta}{2}k_{1a}' \qquad k_{1a}' = \frac{\cos^2\varphi_1}{\left[1 + \sqrt{\dfrac{\sin\varphi_1\sin(\varphi_1+\beta_1)}{\cos\beta_1}}\right]^2}$$

式中：P_{1a} 为上游坝体水土耦合作用下的主动土压力，kN；ρ_{1c} 为上游区坝体水土耦合作用密度，t/m³；ρ_w 为水的密度值，取 $\rho_w = 1.0$ t/m³；ρ_1' 为上游坝体浮密度，t/m³；k_{1a}' 为上游区饱和主动土压力系数；φ_1 为上游饱和坝体填筑料的内摩擦角，（°），可取饱和固结不排水强度指标；k_c 为水土耦合体压力系数，无量纲；Δ 为水土耦合作用的耦合度，表示水土耦合作用影响程度，无量纲，其取值如表 4.3-1 所列；ρ_{1m} 为上游坝体材料的饱和密度，t/m³；k_{1m} 为上游筑坝料饱和状态的主动土压力系数，有 $k_{1m} = k_{1a}'$；其余符号意义同前。

2. 下游区坝体被动土压力

通过计算条件分析，蓄水期下游坝体受到被动土压力作用，其计算公式如下：

$$P_{2p} = \frac{1}{2}\rho_2\lambda_2 k_{2p}gH_1^2$$

其中

$$k_{2p} = \frac{\cos^2\varphi_2}{\left[1 - \sqrt{\dfrac{\sin\varphi_2\sin(\varphi_2-\beta_2)}{\cos\beta_2}}\right]^2}$$

式中：λ_2 为下游坝体被动土压力折减系数；其余符号意义同前。

3. 正常蓄水期受力安全系数 S_e 一般式

由定义式（8.3-1）得到正常蓄水运行期的受力安全系数 S_e：

$$S_e = \lambda_2\frac{\rho_2 k_{2p}}{\rho_{1c}} = \frac{\lambda_2\rho_2 k_{2p}}{[\rho_{1f} - \Delta(\rho_{1f} - \rho_{1h})]k_c} \tag{8.3-3}$$

或

$$S_e = \lambda_2\frac{\rho_2 k_{2p}}{\rho_{1c}} = \frac{\lambda_2\rho_2 k_{2p}}{[(1-\Delta)\rho_w + (\Delta\rho_w + \rho_1')k_{1a}']k_c} \tag{8.3-3a}$$

展开后得到

$$S_e = \cfrac{\lambda_2 \rho_2 \cos^2\varphi_2}{\left\{(1-\Delta)\rho_w + (\Delta\rho_w + \rho_1')\cfrac{\cos^2\varphi_1}{\left[1+\sqrt{\cfrac{\sin\varphi_1\sin(\varphi_1+\beta_1)}{\cos\beta_1}}\right]^2}\right\}\left[1-\sqrt{\cfrac{\sin\varphi_2\sin(\varphi_2-\beta_2)}{\cos\beta_2}}\right]^2 k_c}$$

$$(8.3-3b)$$

上式在引入水土耦合作用的耦合度 Δ 以后显得十分复杂。针对坝体上游区不同的填筑材料，由于水土耦合作用程度的不同，即耦合体的不同，蓄水期增强体心墙作为薄壁双向挡土墙的受力安全性就值得认真研究。为简单计，现分别按 $\Delta=1$ 和 $\Delta=0$ 两种极端情况进行简要分析。

4. 充分考虑耦合作用（$\Delta=1$）的墙体受力安全系数

化简式（8.3-3b）得

$$S_{e1} = \frac{\lambda_2 \rho_2}{\rho_{1m}} \frac{\cos^2\varphi_2}{\cos^4\varphi_1} \frac{\left[1+\sqrt{\cfrac{\sin\varphi_1\sin(\varphi_1+\beta_1)}{\cos\beta_1}}\right]^4}{\left[1-\sqrt{\cfrac{\sin\varphi_2\sin(\varphi_2-\beta_2)}{\cos\beta_2}}\right]^2}$$

$$(8.3-4)$$

式中：S_{e1} 为充分考虑耦合作用的墙体受力安全系数。

5. 不考虑耦合作用（$\Delta=0$）的墙体受力安全系数

化简式（8.3-3b）得

$$S_{e0} = \cfrac{2\lambda_2 \rho_2 \cos^2\varphi_2}{\left\{\rho_w + \cfrac{\rho_1'\cos^2\varphi_1}{\left[1+\sqrt{\cfrac{\sin\varphi_1\sin(\varphi_1+\beta_1)}{\cos\beta_1}}\right]^2}\right\}\left\{1+\cfrac{\cos^2\varphi_1}{\left[1+\sqrt{\cfrac{\sin\varphi_1\sin(\varphi_1+\beta_1)}{\cos\beta_1}}\right]^2}\right\}\left[1-\sqrt{\cfrac{\sin\varphi_2\sin(\varphi_2-\beta_2)}{\cos\beta_2}}\right]^2}$$

$$(8.3-5)$$

式中：S_{e0} 为不考虑耦合作用的墙体受力安全系数。

由此可见，在蓄水期由于水土耦合作用程度的不同，墙体受力安全系数是不一样的。一般情况下的耦合作用将介于这两者之间，进一步分析将在后面论述。

8.3.4 水位骤降期墙体受力安全系数

如图 8.2-1（c）所示，在水库水位发生骤降时，由于上游水荷载卸去，墙体就有向上游变位回复的倾向，上游坝体成为被动土压力区，下游坝坡体则变为主动土压力区（由于下游水位较低，可不考虑下游水位影响）。考虑最危险的水位骤降工况即上游水荷载被卸去同时上游坝体尚未排水而整体处于饱水状态，此时水土耦合作用也消失。同样，依据库仑理论，得到相关区域的主动与被动土压力计算式。

1. 上游被动土压力

库水位骤降时，上游饱水堆石体可视为被动区，其被动土压力 P_{1p} 为

$$P_{1p} = \frac{1}{2}\lambda_1 \rho_1' g k_{1p}' H_1^2$$

其中
$$k'_{1p} = \frac{\cos^2\varphi_1}{\left[1 - \sqrt{\dfrac{\sin\varphi_1 \sin(\varphi_1 - \beta_1)}{\cos\beta_1}}\right]^2}$$

式中：λ_1 为下游坝体被动土压力折减系数；k'_{1p} 为上游区饱和被动土压力系数；其余符号意义同前。

2. 下游主动压力

下游堆石坝体对增强体的主动土压力 P_{2a} 为

$$P_{2a} = \frac{1}{2}\rho_2 g k_{2a} H_1^2$$

其中
$$k_{2a} = \frac{\cos^2\varphi_2}{\left[1 + \sqrt{\dfrac{\sin\varphi_2 \sin(\varphi_2 + \beta_2)}{\cos\beta_2}}\right]^2}$$

式中：k_{2a} 为下游区主动土压力系数；其余符号意义同前。

3. 水位骤降期的受力安全系数

由式（8.3-1）得出水位骤降期的受力安全系数 S_d 为

$$S_d = \lambda_1 \frac{\rho'_1 \cos^2\varphi_1 \left[1 + \sqrt{\dfrac{\sin\varphi_2 \sin(\varphi_2 + \beta_2)}{\cos\beta_2}}\right]^2}{\rho_2 \cos^2\varphi_2 \left[1 - \sqrt{\dfrac{\sin\varphi_1 \sin(\varphi_1 - \beta_1)}{\cos\beta_1}}\right]^2} \tag{8.3-6}$$

式中：λ_1 为上游坝坡体的被动土压力折减系数；φ_1 为上游饱和坝体填筑料内摩擦角，（°），取饱和固结不排水强度指标；φ_2 为下游坝体填筑料的内摩擦角，（°），取非饱和固结不排水强度指标；β_1 为上游坝坡坡角，（°），坡角不同时，可取平均值；β_2 为下游坝坡坡角，（°），坡角不同时，可取平均值。

8.4　两种安全系数的关系分析

1955 年，毕肖普提出边坡稳定安全系数的新定义，使基于边坡稳定分析的条分法产生了质的飞跃，他定义边坡稳定安全系数为滑动面上的材料抗剪强度与实际剪应力之比。

$$F_s = \frac{\tau_f}{\tau_i} \tag{8.4-1}$$

式中：F_s 为边坡稳定安全系数；τ_f 为边坡材料的抗剪强度，kPa；τ_i 为材料的实际剪应力，kPa。

边坡稳定安全系数的定义和具体计算方法已经成为土石坝边坡稳定分析的基本方法，在工程实践中得到广泛应用。

8.4.1　关系式的建立

如上所述，增强体受力安全系数的定义源于毕肖普的定义，那么，土石坝边坡稳定安全系数 F_s 与内置增强体受力安全系数 S 的关系究竟如何？对此本节将重点进行研究讨论。

这种研究仍然从经典的边坡稳定分析的条分法开始。很显然，每一个"土条"正好相当于一个对应的增强体心墙，如图8.4-1所示。如果第 i 个"土条"所受的各种力的作用与边坡稳定分析的受力情况完全一致，只是对一些力的作用性质的理解分析有所不同，即图中土条上下游两侧的水平条间力分别为类似于墙体所受到的主动土压力 P_a 和被动土压力 P_p，而竖向条间力就相当于土条（或墙体）的下拉力，分别为 H_i 与 H_{i+1}，同时在潜在滑动面上有切向阻力 T_i 和法向支承力 N_i。同样，在极限平衡状态下各种力达到平衡，水平 x 轴和垂直 y 轴的作用力合力为0，因此，有

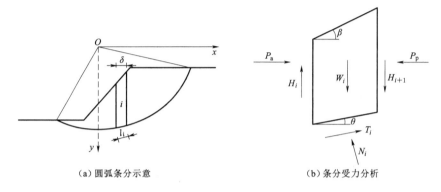

（a）圆弧条分示意　　　　　　　（b）条分受力分析

图8.4-1　土条作为墙体受力图

$\sum F_x = 0$，即

$$P_a - P_p + T_x - N_x = 0 \tag{8.4-2}$$

$\sum F_y = 0$，即

$$W_i - T_y - N_y - H_i + H_{i+1} = 0 \tag{8.4-3}$$

其中　　　$T_x = \cos\theta_i T_i = \cos\theta_i \tau_i l_i$　　　$T_y = \sin\theta_i T_i = \sin\theta_i \tau_i l_i$

　　　　　$N_x = \sin\theta_i N_i$　　　　　　　$N_y = \cos\theta_i N_i$

以上两式中：P_a、P_p 分别为作用在土条（假想墙体）两侧的主动、被动土压力；T_i、N_i 分别为潜在滑动面上的切向阻力和法向支承力；T_x、T_y 和 N_x、N_y 分别为它们在 x 轴和 y 轴的分量；W_i 为土条重量，$W_i = \rho g \delta h_i$，此处 ρ 为土条的密度；g 为重力加速度（或称重量质量比）；δ 为土条水平宽度；h_i 为土条中心高度；H_i、H_{i+1} 为土条（墙体）两侧面的竖向条间力（下拉力或其反力），可由第5～第6章计算出来。

将毕肖普定义的边坡稳定安全系数 F_s 表达式（8.4-1）改写为

$$\tau_i = \frac{\tau_f}{F_s} \tag{8.4-4}$$

由库仑抗剪强度公式：

$$\tau_f = c + \sigma_n \tan\varphi = c + \frac{N_i}{l_i} \tan\varphi \tag{8.4-5}$$

式中：c 为土的黏聚力；σ_n 为潜在滑动面的法向应力；φ 为土体内摩擦角。

分析以上各式，不难看出，潜在滑动面上的法向力 N_i 是一个未知值，而且此值与土

条（墙体）两侧的力学条件紧密相关。

考虑最一般的情形，即土条（墙体）存在条间力的作用，如图 8.4-1 所示，土条的条间力为水平方向上的主动土压力 P_a 和被动土压力 P_p，以及竖直方向上的竖向条间力 H_i 与 H_{i+1}，竖向条间力实际上就是土条（墙体）的下拉力及其反力（用于维持垂直方向上的一部分重力平衡），这种力在第 5、第 6 章均有详细论述。

则式（8.4-3）改为

$$W_i - T_y - N_y + \Delta H = 0 \tag{8.4-6}$$

式中：$\Delta H = H_{i+1} - H_i$ 为墙体下拉力之力差，其余符号意义同前。

将 T_y 和 N_y 表达式代入，得

$$W_i - \sin\theta_i \tau_i l_i - \cos\theta_i N_i + \Delta H = 0$$

或

$$W_i - \sin\theta_i \frac{\left(c + \dfrac{N_i}{l_i}\tan\varphi\right)}{F_s} l_i - \cos\theta_i N_i + \Delta H = 0$$

由此，得到法向支承力 N_i：

$$N_i = \frac{W_i - \dfrac{cl_i\sin\theta_i}{F_s} + \Delta H}{\dfrac{\sin\theta_i\tan\varphi}{F_s} + \cos\theta_i} \tag{8.4-7}$$

将上式代入式（8.4-2），整理得到

$$P_p = P_a + \frac{cl_i\cos\theta_i}{F_s} + \left(\frac{\cos\theta_i\tan\varphi}{F_s} - \sin\theta_i\right)\frac{W_i - \dfrac{cl_i\sin\theta_i}{F_s} + \Delta H}{\dfrac{\sin\theta_i\tan\varphi}{F_s} + \cos\theta_i} \tag{8.4-8}$$

上式两边同除以 P_a，由此得到墙体受力安全系数 S 的计算式：

$$S = 1 + \frac{\cos\theta_i cl_i}{F_s P_a} + \frac{(\cos\theta_i\tan\varphi - F_s\sin\theta_i)(W_i F_s + \Delta H F_s - cl_i\sin\theta_i)}{(\sin\theta_i\tan\varphi + \cos\theta_i F_s)P_a F_s} \tag{8.4-9}$$

上式为墙体（土条）受力安全系数与坝体边坡稳定安全系数的一般计算式。

纵向增强体心墙土石坝在实际应用中，主要针对新建土石坝和对病险水库土石坝（俗称"老土坝"）进行加固改造。对于新建坝而言，堆石等筑坝材料因其沉降变形而对增强体心墙产生下拉荷载作用，墙体两侧面有力的作用而不"光滑"；对老土坝而言，这种沉降变形的下拉作用就比较小了，因而墙壁是"光滑"的。可见，墙壁是否"光滑"取决于有没有坝体材料的沉降变形及其与墙体的变形差。下面根据增强体两侧面的"光滑"与否，展开针对式（8.4-9）的相关分析讨论。

8.4.2 增强体墙背不"光滑"的相关分析

1. 计算公式的若干分析

对于新建增强体土石坝，由于坝体填筑料与墙体之间变形存在较大差异，墙体两侧面的下拉力总是存在的，因而墙背不"光滑"。即力差 $\Delta H \neq 0$，如果第 i 个土条正好是墙

体，由于墙体底部一般是水平的，故 $\theta_i = 0$，由式（8.4-9）得

$$S = 1 + \frac{cl_i + (W_i + \Delta H)\tan\varphi}{P_a F_s} \qquad (8.4-10)$$

当坝坡处于临界稳定状态时，即 $F_s = 1.0$，则有

$$S = 1 + \frac{cl_i + (W_i + \Delta H)\tan\varphi}{P_a} \qquad (8.4-11)$$

对式（8.4-10）、式（8.4-11）的综合分析表明：

（1）对于"插入"坝坡（或边坡）中的诸如增强体之类的墙体而言，即便边坡处于临界稳定状态（即最小稳定状态，以下简称"临界坝坡"），此时 $F_s = 1.0$，墙体也是安全的，因为 S 总是大于 1.0 ［此时 $S = 1 + (cl_i + (W_i + \Delta H)\tan\varphi)/P_a$ 为定值］。

（2）坡体越稳定，即当 F_s 值充分大时，S 值越小，且 $S \to 1$，但 S 总大于 1.0，说明在土体中"插入"增强体等刚性材料不会影响土体的稳定性。

（3）在坡体稳定性得到保障的情况下，内置的增强体受力安全系数 S 值取于半开区间，$S \in \left(1, \; 1 + \dfrac{cl_i + (W_i + \Delta H)\tan\varphi}{P_a}\right]$，安全系数 S 是随坡体材料性质参数、边坡形状而变化的有界函数。

（4）S 与 F_s 值均随潜在滑动面而产生变化。当 $F_s = 1.0$，即坡体达到临界稳定状态时，实际上 $S = S_{max}$，达到 S 的最大值，即 $S_{max} = 1 + [cl_i + (W_i + \Delta H)\tan\varphi]/P_a$，如式（8.4-11）所示。换言之，只有临界坝坡时的墙体受力安全系数才可达到最大值。一般情况下，由于 $F_s > 1.0$，因而 $S < S_{max}$，表明任意稳定边坡的墙体受力安全系数均小于临界坝坡时的受力安全系数。

（5）S 随 θ_i 的增大而减小。当 $\theta_i = 0$ 时，实际上 $S = S_{max}$ 已达到 S 的最大值；当 $\theta_i > 0$ 时，S 随 θ_i 的增大而减小；在极端情况，当 $\theta_i \to 90°$ 时，$S = 1 + [cl_i - (W_i + \Delta H) \cdot F_s]/(P_a \tan\varphi)$，可见 S 值将进一步减小，甚至可能小于 1.0 ［当 $F_s \geqslant cl_i/(W_i + \Delta H_i)$ 时］。这表明，潜在滑动面较陡时，土条（墙体）自身出现不稳定，作为墙体的受力可能也不安全（这一计算模式没有考虑土条特别是墙体插入到滑动面以下的情况）。

2. 计算分析实例

以方田坝水库为例，考虑条间力的作用以及 $\theta_i = 0$ 的情况。

（1）增强体心墙作为"土条"时的 S、F_s 关系。取墙体厚度 $\delta = l_i = 0.8\text{m}$，墙高 $h_i = 39\text{m}$，混凝土墙体的抗剪强度指标 $c = 1.1\text{MPa}$，$\varphi = 48°$，密度 $\rho_e = 2.4\text{t/m}^3$，坝体边坡坡角 $\beta = 24°$。由第 5 章相关计算式得出墙体两侧的下拉力（见表 7.4-5），即 $H_i = 1210.69\text{kN}$（上游侧）；$H_{i+1} = 1401.13\text{kN}$（下游侧），力差 $\Delta H = H_i - H_{i+1} = 1210.69 - 1401.13 = -190.44\text{kN}$。

1）增强体作为"土条"的重量：

$$W_i = \rho_e g h_i l_i = 2.4 \times 9.8 \times 39 \times 0.8 = 734.5728\text{kN}$$

2）土压力系数：

$$k_{1a} = \frac{\cos^2\varphi}{\left[1 + \sqrt{\dfrac{\sin\varphi\sin(\varphi+\beta)}{\cos\beta}}\,\right]^2} = \frac{\cos^2 48°}{\left[1 + \sqrt{\dfrac{\sin 48°\sin(48°+24°)}{\cos 24°}}\,\right]^2} = 0.1267$$

3）主动土压力：

$$P_a = \frac{1}{2} k_{1a} \rho_e g h_i^2 = \frac{1}{2} \times 0.1267 \times 2.4 \times 9.81 \times 39^2 = 2269.238 \text{(kN)}$$

由式（8.4-10），得

$$S = 1 + \frac{cl_i + (W_i + \Delta H) \tan\varphi}{P_a F_s} = 1 + \frac{1.1 \times 10^3 \times 0.8 + (734.5728 - 190.44) \times \tan 48°}{2269.238 F_s} = 1 + \frac{0.65}{F_s}$$

可见，临界坝坡（$F_s = 1.0$）并计入下拉力时的 $S = 1.65$。S 值大于 F_s 值 65% 左右。

（2）考虑下拉力的任意纯土条的 S 与 F_s 的关系。由于土条是人为划分的，在土体中并不实际存在，土体作为整体也无法计算下拉力（或条间力），只能参照墙体与土体的计算值。为便于比较，仍然取力差 $\Delta H = -190.44 \text{kN}$，其他值与上述取值一致，即取土体厚度 $\delta = l_i = 0.8 \text{m}$，土条高 $h_i = 39 \text{m}$，土条的抗剪强度指标 $c = 0.035 \text{MPa}$，$\varphi = 37°$，密度 $\rho = 2.125 \text{t/m}^3$，坝体边坡坡角仍为 $\beta = 24°$。

1）土条重量：

$$W_i = \rho g h_i l_i = 2.125 \times 9.8 \times 39 \times 0.8 = 650.403 \text{(kN)}$$

2）土压力系数：

$$k_{1a} = \frac{\cos^2\varphi}{\left[1 + \sqrt{\dfrac{\sin\varphi \sin(\varphi + \beta)}{\cos\beta}}\right]^2} = \frac{\cos^2 37°}{\left[\left(1 + \sqrt{\dfrac{\sin 37° \sin(37° + 24°)}{\cos 24°}}\right)\right]^2} = 0.2061$$

3）主动土压力：

$$P_a = \frac{1}{2} k_{1a} \rho g h_i^2 = \frac{1}{2} \times 0.2061 \times 2.125 \times 9.81 \times 39^2 = 3267.4214 \text{(kN)}。$$

由式（8.4-10），得

$$S = 1 + \frac{cl_i + (W_i + \Delta H) \tan\varphi}{P_a F_s} = 1 + \frac{0.035 \times 10^3 \times 0.8 + (650.403 - 190.44) \times \tan 37°}{3267.4214 F_s} = 1 + \frac{0.11}{F_s}$$

可见，临界坝坡（$F_s = 1.0$）时 $S = 1.11$，说明对同一种性质的土条而言，其自身的受力安全系数 S 与 F_s 相差 11%，依然较为接近。此时，土体（土条）的受力安全性与其稳定性基本上是等价的，在理论上，这完全符合平衡条件下变形体的虚功原理。

8.4.3 增强体墙背"光滑"的相关分析

1. 计算公式的分析

如前所述，主要针对病险水库土石坝采用增强体加固改造处理的情况。墙体"插入"坝体之中，由于坝体固结沉降与变形基本稳定，墙体两侧面基本满足"光滑"条件，由此引起的界面摩擦力即下拉荷载也很小，接近于 0。因此，墙体作为土条的两侧接触面可不计垂直条间力（下拉力及其力差），即 $\Delta H = H_i = H_{i+1} = 0$，式（8.4-9）则为

$$S = 1 + \frac{\cos\theta_i cl_i}{F_s P_a} + \frac{(\cos\theta_i \tan\varphi - F_s \sin\theta_i)(W_i F_s - cl_i \sin\theta_i)}{(\sin\theta_i \tan\varphi + \cos\theta_i F_s) P_a F_s} \tag{8.4-12}$$

可见，在墙背"光滑"与否（即是否计入垂直条间力）的计算式中，表面上是否计入竖向条间力（下拉力及力差）的作用，在本质上反映了坝体与墙体变形性能上的差异，以及新建土石坝与老旧土石坝设计与计算的不同特点。

同样，当滑动面水平时（墙体底面一般为水平面），令 $\theta_i = 0$，式（8.4-12）变为

$$S = 1 + \frac{cl_i + W_i \tan\varphi}{P_a F_s} \tag{8.4-13}$$

当坝坡处于临界稳定状态，即 $F_s = 1.0$ 时，有

$$S = 1 + \frac{cl_i + W_i \tan\varphi}{P_a} \tag{8.4-14}$$

以上两式为墙背"光滑"情况下的计算公式。显然，上两式与式（8.4-10）、式（8.4-11）基本一致，只是取 $\Delta H = 0$，其相应的综合分析结果依然成立。

2. 计算分析实例

仍以方田坝水库为例，进行墙背光滑（不计竖向条间力作用即 $\Delta H = 0$）条件下的受力分析，取 $\theta_i = 0$（墙体即土条底部呈水平向）。

（1）先计算增强体心墙作为"土条"的 S 与 F_s 的关系。已知墙体厚度 $\delta = l_i = 0.8\text{m}$，墙高 $h_i = 39\text{m}$，墙体的抗剪强度指标 $c = 1.1\text{MPa}$，$\varphi = 48°$，混凝土墙体密度 $\rho_e = 2.4\text{t/m}^3$，坝体边坡平均坡角 $\beta = 24°$。

1）增强体作为"土条"的重量：

$$W_i = \rho_e g h_i l_i = 2.4 \times 9.81 \times 39 \times 0.8 = 734.5728(\text{kN})$$

2）计算土压力系数：

$$k_{1a} = \frac{\cos^2\varphi}{\left[+\sqrt{\dfrac{\sin\varphi\sin(\varphi+\beta)}{\cos\beta}}\right]^2} = \frac{\cos^2 48°}{\left[1+\sqrt{\dfrac{\sin48°\sin(48°+24°)}{\cos24°}}\right]^2} = 0.1267$$

3）主动土压力：

$$P_a = \frac{1}{2}k_{1a}\rho_e g h_i^2 = \frac{1}{2} \times 0.1267 \times 2.4 \times 9.81 \times 39^2 = 2268.5903(\text{kN})$$

由式（8.4-13）可得

$$S = 1 + \frac{cl_i + W_i \tan\varphi}{P_a F_s} = 1 + \frac{1.1\times10^3\times0.8 + 734.5728\times\tan48°}{2268.5903 F_s} = 1 + \frac{0.75}{F_s}$$

可见，临界坝坡（$F_s = 1.0$）时的 $S = 1.75$。说明 S 较 F_s 大 75% 左右。

（2）再计算一个任意划分的纯土条 S 与 F_s 的关系。仍然取土体厚度 $\delta = l_i = 0.8\text{m}$，土条高 $h_i = 39\text{m}$，土条的抗剪强度指标 $c = 0.035\text{MPa}$，$\varphi = 37°$，密度 $\rho = 2.125\text{t/m}^3$，坝体边坡坡角仍为 $\beta = 24°$。

1）土条重量：

$$W_i = \rho g h_i l_i = 2.125 \times 9.81 \times 39 \times 0.8 = 650.403(\text{kN})$$

2）土压力系数：

$$k_{1a} = \frac{\cos^2\varphi}{\left[1+\sqrt{\dfrac{\sin\varphi\sin(\varphi+\beta)}{\cos\beta}}\right]^2} = \frac{\cos^2 37°}{\left[1+\sqrt{\dfrac{\sin37°\sin(37°+24°)}{\cos24°}}\right]^2} = 0.2061$$

3）主动土压力：

$$P_a = \frac{1}{2}k_{1a}\rho g h_i^2 = \frac{1}{2} \times 0.2061 \times 2.125 \times 9.81 \times 39^2 = 3267.4214(\text{kN})$$

由式（8.4-13）可得

$$S = 1 + \frac{cl_i + W_i \tan\varphi}{P_a F_s} = 1 + \frac{0.035 \times 10^3 \times 0.8 + 650.403 \times \tan 37°}{3267.4214 F_s} = 1 + \frac{0.16}{F_s}$$

可见，临界坝坡（$F_s = 1.0$）时的 $S = 1.16$，说明对纯土条而言，其自身的受力安全系数 S 与 F_s 较为接近，相差仅 16%，同样体现了两者的等价性或同一性。因此，通过"纯土条"的分析，无论假想墙体"光滑"与否，其 S 与 F_s 值相差仅为 11% ~ 16%，说明两者的同一性关系较好。

8.4.4　简化表达式

通过以上分析，可知有下列两种情形：

其一为墙背光滑不计竖向条间力（$\Delta H = 0$），当 $\theta_i = 0$ 时，有

$$F_s = \frac{cl_i + W_i \tan\varphi}{P_a(S-1)} \tag{8.4-15}$$

其二为考虑计入竖向条间力，当 $\theta_i = 0$ 时，有

$$F_s = \frac{cl_i + (W_i + \Delta H)\tan\varphi}{P_a(S-1)} \tag{8.4-16}$$

从以上两式可知：

（1）墙体受力安全系数 S 与坝坡稳定安全系数 F_s 均为确定值，当 $S \to 1$ 时，F_s 值就变得充分大（意味着坡体越稳定），说明边坡很缓，自然也就很稳定；反之，当坡体更加稳定时，墙体的 S 值将趋近于 1.0，说明墙体受到的主动土压力值与被动土压力值更加接近，相当于处于一个静止土压力的平衡状态，内置墙体"浮"在土体中基本不受力的作用。

（2）当 $S = 1 + (cl_i + (W_i + \Delta H)\tan\varphi)/P_a$ 时，有 $F_s = 1.0$，即边坡处于临界稳定状态，此时的 S 值也是其上限值，因此，S 值不会像 F_s 值那样可以变得充分大。

（3）从算例分析，增强体的 S 值比坝体边坡的 F_s 值一般大 65% ~ 75%，而与是否计入条间力关系不大；坝体土料本身的 S 值与 F_s 值仅相差 11% ~ 16%，说明对纯土体 S 值与 F_s 值具同一性或等价性，但总有 $S > F_s$。后面的计算同样证明这一点（如图 8.5-8 所示），这可能与计算分析模式有关。

因此，土石坝内置的增强体受力安全系数与坝体边坡稳定安全系数之间存在同一性，且有相对固定的表达，其一般关系式可简化如下：

$$S = \bar{k} F_s \tag{8.4-17}$$

或

$$F_s = \frac{1}{\bar{k}} S \tag{8.4-18}$$

式中：$\bar{k}$ 为 S 与 F_s 值的调整系数，$\bar{k} = 1.0 \sim 1.85$。

8.4.5　墙体受力安全系数确定

根据上述分析，墙体受力安全系数 S 与坝边坡稳定安全系数 F_s 最终归结为式（8.4-

17)～式（8.4－18）的简化关系式，由此，可以依据《碾压式土石坝设计规范》（SL 274—2020）表8.3.15的规定值来建立墙体受力安全系数在不同工况下的安全性取值，详见表8.4－1所列。

表8.4－1 纵向增强体土石坝墙体受力安全系数

运 行 工 况	工 程 等 级		
	2	3	4、5
竣工期	1.60	1.55	1.50
蓄水运行期	1.35	1.30	1.25
水位骤降期	1.50	1.45	1.40

注 表中蓄水运行期符合《碾压式土石坝设计规范》（SL 274—2020）规定的正常运用条件；竣工期、水位骤降期符合《碾压式土石坝设计规范》（SL 274—2020）规定的非常运用条件Ⅰ。

8.5 被动土压力折减系数的分析与应用

在计算挡土墙被动土压力时，一般都采用被动土压力折减系数进行修正[8]，这方面也取得了一些研究成果[3,6]。如前分析，纵向增强体土石坝在不同工况下墙体上下游两侧坝体的受力状态是不一样的，存在主动力与被动力的转换，不同工况的被动土压力折减系数的选择对正确计算被动土压力具有重要作用。本节基于增强体心墙作为双向挡土墙结构开展这方面的研究，由8.3节分析可知，三种工况的墙体受力安全系数 S 还与筑坝材料的内摩擦角 φ 和边坡坡角 β 等指标有关，存在下列四种组合关系：

（1）不稳定坝坡，即 $\varphi < \beta$（即 $\varphi_1 < \beta_1$ 或 $\varphi_2 < \beta_2$）的情况。

（2）临界坝坡，即 $\varphi = \beta$（即 $\varphi_1 = \beta_1$ 或 $\varphi_2 = \beta_2$）的情况。

（3）恒稳定坝坡，即 $\varphi \gg \beta$（即 $\varphi_1 \gg \beta_1$ 或 $\varphi_2 \gg \beta_2$）的情况。

（4）一般性坝坡（非临界坝坡），即 $\varphi > \beta$（即 $\varphi_1 > \beta_1$ 或 $\varphi_2 > \beta_2$）的情况。

下面分别进行讨论，以期得出一些有价值的结论。

8.5.1 不稳定坝坡

由式（8.3－2）～式（8.3－6）可知，上下游坝坡坡角不宜大于坝坡体材料的内摩擦角，即不能成立 $\varphi_1 < \beta_1$ 或 $\varphi_2 < \beta_2$，否则坝坡不稳定，并且这些公式中的平方根号是负数，挡土墙的受力安全系数无意义。此时，相应的坝坡稳定分析（诸如条分法）计算的稳定安全系数 F_s 小于1.0，即坝坡处于不稳定状态。

这种情况在实际工程中是不允许存在的，也违背了相应设计准则。

8.5.2 临界坝坡

1. 基本公式分析

从边坡稳定的角度来看，当 $\varphi = \beta$（即 $\varphi_1 = \beta_1$ 或 $\varphi_2 = \beta_2$，但 $\varphi_1 \neq \varphi_2$）时的坝坡基本上处于临界稳定状态。临界坝坡时在竣工、正常蓄水、水位骤降三种工况的墙体受力安全系数计算关系式（8.3-2）～式（8.3-6）可对应简化为式（8.5-1）～式（8.5-3）。

1) 竣工期：

$$S_0 = \lambda_2 \frac{\rho_2 \cos^2 \varphi_2}{\rho_1 \cos^2 \varphi_1} (1 + \sqrt{2} \sin\varphi_1)^2 \tag{8.5-1}$$

2) 蓄水期。此时略显复杂，考虑某种耦合作用的一般式为

$$S_e = \frac{\lambda_2 \rho_2 \cos^2 \varphi_2}{\left[(1-\Delta)\rho_w + (\Delta \cdot \rho_w + \rho_1') \dfrac{\cos^2 \varphi_1}{(1 + \sqrt{2} \sin\varphi_1)^2}\right] k_c} \tag{8.5-2}$$

及

$$S_{e1} = \lambda_2 \frac{\rho_2 \cos^2 \varphi_2}{\rho_{1m} \cos^4 \varphi_1} (1 + \sqrt{2} \sin\varphi_1)^4 \qquad (\Delta = 1.0) \tag{8.5-2a}$$

$$S_{e0} = \frac{\lambda_2 \rho_2 \cos^2 \varphi_2}{\left[\rho_w + \dfrac{\rho_1' \cos^2 \varphi_1}{(1 + \sqrt{2} \sin\varphi_1)^2}\right]\left[1 + \dfrac{\cos^2 \varphi_1}{(1 + \sqrt{2} \sin\varphi_1)^2}\right]} \qquad (\Delta = 0) \tag{8.5-2b}$$

3) 水位骤降期：

$$S_d = \lambda_1 \frac{\rho_1' \cos^2 \varphi_1}{\rho_2 \cos^2 \varphi_2} (1 + \sqrt{2} \sin\varphi_2)^2 \tag{8.5-3}$$

以上各式符号意义同 8.3 节。

显然，临界坝坡情况下，坝坡稳定安全系数 F_s 值等于或接近于 1.0。在这种情况下，由 8.4 节的分析和式（8.4-17）可知，墙体受力安全系数 $S = \bar{k} F_s$，当 $F_s = 1$ 时，有 $S_0 = \bar{k}_0$（竣工期），$S_e = \bar{k}_e$（蓄水期），$S_d = \bar{k}_d$（水位骤降期），其中 $\bar{k}_0$、$\bar{k}_e$、$\bar{k}_d$ 代表相应工况的调整系数 $\bar{k}$ 值，它们可以不一样，但均在 [1.0，1.85] 取值区间内，取值原则是 $\bar{k}_0 > \bar{k}_d > \bar{k}_e$，即竣工期的 $\bar{k}$ 值最大，蓄水期的 $\bar{k}$ 值最小。

按照这一思路，由式（8.5-1）～式（8.5-3）可得临界坝坡状态下竣工期、正常蓄水运行期和水位骤降期被动土压力折减系数计算式，即式（8.5-4）～式（8.5-6）。

1) 竣工期：

$$\lambda_2 = \bar{k}_0 \frac{\rho_1 \cos^4 \varphi_1}{\rho_2 \cos^2 \varphi_2 (1 + \sqrt{2} \sin\varphi_1)^4} \tag{8.5-4}$$

2) 蓄水期：

$$\lambda_2 = \frac{\bar{k}_e}{\rho_2 \cos^2 \varphi_2} \left[(1-\Delta)\rho_w + (\Delta \cdot \rho_w + \rho_1') \frac{\cos^2 \varphi_1}{(1 + \sqrt{2} \sin\varphi_1)^2}\right] k_c \tag{8.5-5}$$

其中

$$k_c = \frac{1-\Delta}{2} + \frac{1+\Delta}{2} k_{1a}'$$

及

$$\lambda_{21} = \bar{k}_e \frac{\rho_{1m} \cos^4 \varphi_1}{\rho_2 \cos^2 \varphi_2 (1 + \sqrt{2} \sin\varphi_1)^4} \qquad (\Delta = 1.0) \tag{8.5-5a}$$

$$\lambda_{20} = \frac{\bar{k}_e}{2\rho_2 \cos^2 \varphi_2} \left[\rho_w + \frac{\rho_1' \cos^2 \varphi_1}{(1 + \sqrt{2} \sin\varphi_1)^2}\right]\left[1 + \frac{\cos^2 \varphi_1}{(1 + \sqrt{2} \sin\varphi_1)^2}\right] \qquad (\Delta = 0) \tag{8.5-5b}$$

3）水位骤降期：

$$\lambda_1 = \bar{k}_d \frac{\rho_2 \cos^2 \varphi_2}{\rho_1' \cos^2 \varphi_1 (1+\sqrt{2}\sin\varphi_2)^2} \quad (8.5-6)$$

假定在一个材料均质且上下游对称的坝体中设置纵向增强体的理想情况，即 $\rho_1 = \rho_2 = \rho$ 且 $\varphi_1 = \varphi_2 = \varphi$，实际施工可以采用乌卡斯钻机等建造连续防渗墙来实现，操作简易，实施性强。则式（8.5-4）～式（8.5-6）可以进一步简化为下列各式。

1）竣工期：

$$\lambda_2 = \frac{\bar{k}_0}{(1+\sqrt{2}\sin\varphi)^2} \quad (8.5-7)$$

2）蓄水期。一般式为

$$\lambda_2 = \frac{\bar{k}_e k_c (1-\Delta)\rho_w}{\rho\cos^2\varphi} + \frac{\bar{k}_e k_c (\Delta \cdot \rho_w + \rho')}{\rho(1+\sqrt{2}\sin\varphi)^2} \quad (8.5-8)$$

及

$$\lambda_{21} = \frac{\bar{k}_e \rho_m \cos^2\varphi}{\rho(1+\sqrt{2}\sin\varphi)^4} \quad (\Delta=1.0) \quad (8.5-8a)$$

$$\lambda_{20} = \frac{\bar{k}_e}{2\rho}\left[\frac{\rho_w}{\cos^2\varphi} + \frac{\rho'}{(1+\sqrt{2}\sin\varphi)^2}\right]\left[1+\frac{\cos^2\varphi}{(1+\sqrt{2}\sin\varphi)^2}\right] \quad (\Delta=0) \quad (8.5-8b)$$

3）骤降期：

$$\lambda_1 = \frac{\bar{k}_d \rho}{\rho'(1+\sqrt{2}\sin\varphi)^2} \quad (8.5-9)$$

以上式中：φ 为均质坝体材料的内摩擦角；ρ 为均质坝体材料的天然密度，t/m^3；ρ_m 为均质坝体材料的饱和密度；$\bar{k}_0$、$\bar{k}_e$、$\bar{k}_d$ 为不同工况的调整系数，可取 $\bar{k}_0=1.3$、$\bar{k}_e=1.0$、$\bar{k}_d=1.2$。

2. 竣工期的相关分析

由式（8.5-7）计算得到的竣工期被动压力折减系数 λ_2 与《水工挡土墙设计规范》[8] 表 A.0.11-11 取值进行对比，列入表 8.5-1。竣工期被动土压力折减系数 λ_2 与坝料内摩擦角变化关系如图 8.5-1 所示。从表与图可以看出，计算值十分接近规范值，一般均随材料内摩擦角的增加而减小，取值范围一般为 0.75～0.35，对应的筑坝料内摩擦角为 15°～45°，因此，竣工期计算坝体被动土压力折减系数可直接按《水工挡土墙设计规范》表 A.0.11-11 取值，或者按式（8.5-7）直接计算取得。

表 8.5-1　　　竣工期被动土压力折减系数值

内摩擦角 φ		15°	20°	25°	30°	35°	40°	45°
被动土压力折减系数 λ	挡土墙规范[8] 取值	0.75	0.64	0.55	0.47	0.41	0.35	—
	本书计算值	0.76	0.63	0.55	0.48	0.42	0.38	0.35

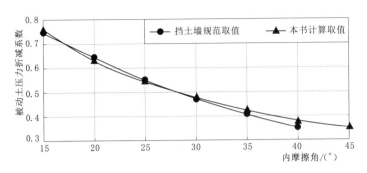

图 8.5-1　折减系数对比图

3. 蓄水期的相关分析

蓄水期的被动土压力折减系数较为复杂，首先与水土耦合程度密切相关，同时与材料的内摩擦角、填筑密度、浮密度等指标也有关联。因而在蓄水期考虑有水荷载作用的挡土结构时，被动区的土压力折减关系就变得更加复杂，而不会像竣工期那么简单，因此《水工挡土墙设计规范》不再适用。为使问题简化并得到有效解决，按照充分耦合（$\Delta=1.0$）、大部分耦合（$\Delta=0.75$）、中度耦合（$\Delta=0.5$）、小部分耦合（$\Delta=0.25$）与不耦合（$\Delta=0$）五种情况分别分析蓄水期被动土压力的折减情况，计算时取 $k_e=1.0$。

（1）水土充分耦合（$\Delta=1.0$）的情况。

由式（8.5-8a）进行简单计算分析。设坝体填筑密度（单位 t/m^3）分别取值 1.6、1.7、1.8、1.9、2.0、2.1、2.2 七级，相应的饱和密度（单位 t/m^3）取为 1.7、1.8、1.9、2.0、2.1、2.2、2.3，如图 8.5-2 所示为被动土压力折减系数与坝料内摩擦角变化关系，可见这种密集的变化是随着筑坝料内摩擦角与填筑密度的增加而减小的，而与具体的填筑密度取值关系不大，其变化规律与竣工期的情况完全类似。也就是说，蓄水期在坝体填筑料水土充分耦合的情况下，其被动土压力折减系数的变化规律与竣工期的情况是一致的，只是其值略有降低，取筑坝料内摩擦角为 $15°\sim45°$，对应的被动土压力系数 λ_2 一般为 $0.57\sim0.26$。

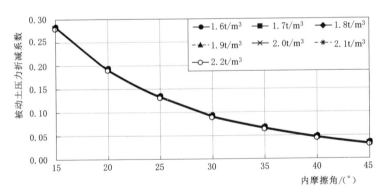

图 8.5-2　蓄水期耦合度 $\Delta=1.0$ 时被动土压力折减系数

（2）水土耦合度 $\Delta=0.75$ 时的情况。

由式（8.5-8），设坝体填筑密度（单位 t/m³）分别取值 1.6、1.7、1.8、1.9、2.0、2.1、2.2，相应的浮密度（单位 t/m³）分别取值 0.7、0.8、0.9、1.0、1.1、1.2、1.3，按 $\Delta=0.75$，则计算式如下：

$$\lambda_2=\left[\frac{0.25}{\rho\cos^2\varphi}+\frac{0.75+\rho'}{\rho\,(1+\sqrt{2}\sin\varphi)^2}\right]k_c,\quad k_c=0.125+0.875k'_{1a}，计算结果如图8.5-3所$$

示。从图可知计算结果出现有趣的变化：在坝体填筑料内摩擦角 φ 值从 15°开始，被动土压力折减系数 λ_2 一直呈下降趋势；当 φ 值大于 35°以后，λ_2 值不再降低，而是缓慢增加，在 $\varphi=35°\sim40°$ 存在最小值，这一最小值一般随填筑密度而变，当坝体填筑密度 $\rho=1.6\sim2.2\text{t/m}^3$ 时，λ_2 最小值一般为 0.453~0.509。因而对应不同的坝体填筑料内摩擦角 φ，被动土压力折减系数 λ_2 是不一样的。

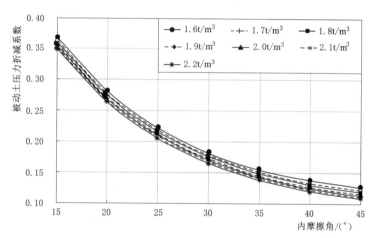

图 8.5-3　蓄水期耦合度 $\Delta=0.75$ 时被动土压力折减系数

（3）水土耦合度 $\Delta=0.5$ 时的情况。

这种情况可称为中度耦合。同样设坝体填筑密度（单位 t/m³）分别取值 1.6、1.7、1.8、1.9、2.0、2.1、2.2 七级，相应的浮密度（单位 t/m³）分别为 0.7、0.8、0.9、1.0、1.1、1.2、1.3，按 $\Delta=0.5$，由式（8.5-8），得到计算式：

$$\lambda_2=\left[\frac{0.5}{\rho\cos^2\varphi}+\frac{0.5+\rho'}{\rho(1+\sqrt{2}\sin\varphi)^2}\right]k_c,\quad k_c=0.25+0.75k'_{1a}，通过计算，其结果如图8.5-4$$

所示。从图可知，在坝体填筑料内摩擦角 φ 值大于 30°以后，被动土压力折减系数 λ_2 不降反升，在 $\varphi=30°$ 左右存在 λ_2 最小值。在 $\varphi=35°$ 以后，λ_2 值增加明显。当填筑密度 $\rho=1.6\sim2.2\text{t/m}^3$ 时，λ_2 存在最小值一般为 0.584~0.674。

（4）水土耦合度 $\Delta=0.25$ 时的情况。

这种情况可称为轻度耦合。按前面思路设坝体填筑密度（单位 t/m³）分别取值 1.6、1.7、1.8、1.9、2.0、2.1、2.2，相应的浮密度（单位 t/m³）分别为 0.7、0.8、0.9、1.0、1.1、1.2、1.3，按 $\Delta=0.25$，由式（8.5-8），得到计算式：

$$\lambda_2=\left[\frac{0.75}{\rho\cos^2\varphi}+\frac{0.25+\rho'}{\rho(1+\sqrt{2}\sin\varphi)^2}\right]k_c,\quad k_c=0.375+0.625k'_{1a}，计算结果如图8.5-5所$$

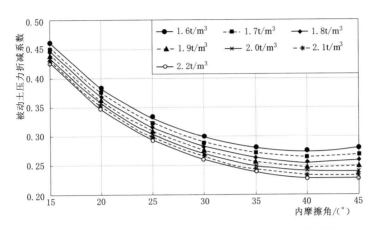

图 8.5-4　蓄水期耦合度 Δ＝0.5 时被动土压力折减系数

示。从图可知，在坝体填筑料内摩擦角 φ 值大于 25°以后，被动土压力折减系数 λ_2 处于缓慢增加的趋势，当 φ 值大于 35°以后 λ_2 值增加较快，个别计算情况出现了 $\lambda_2＞1.0$，被动土压力折减系数不再折减而是增大。这种情况以前未见。

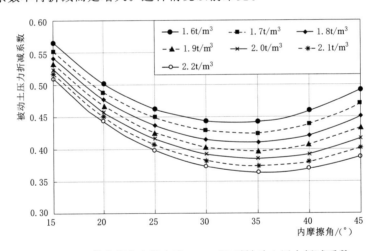

图 8.5-5　蓄水期水土耦合度 Δ＝0.25 时被动土压力折减系数

（5）水土耦合度 Δ＝0 时的情况。

这一情况可称为水土不耦合（俗称"水土不服"），在实际工程中存在的可能性较小，但具有一定的理论研究价值，由式（8.5-8b）进行计算分析。同样，设坝体填筑密度（单位 t/m³）分别取值 1.6、1.7、1.8、1.9、2.0、2.1、2.2，相应的浮密度（单位 t/m³）分别为 0.7、0.8、0.9、1.0、1.1、1.2、1.3，计算结果如图 8.5-6 所示，图中所示的曲线变化更为奇特，也就是在水土不耦合的情况下，被动土压力折减系数将随坝料的密实程度增加而减小，但却明显随着坝料的内摩擦角的增加而激增。水土不耦合作用使得实际被动土压力接近计算值而不须折减，反映出上游水土荷载的压力作用，其中库水荷载作为可变主动力，挑起下游坝体被动区形成一种被激发的抵抗性被动土压力，上游主动力与下游被动力之间存在一种等强增效的关系。

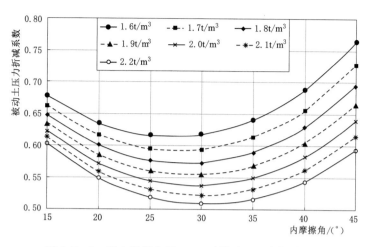

图 8.5-6 蓄水期耦合度 Δ＝0 时被动土压力折减系数

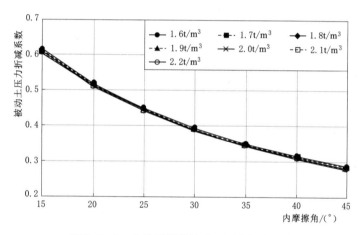

图 8.5-7 水位骤降期被动土压力折减系数

4. 库水位骤降期的压力分析

采用与上述几种情况相同的坝料计算参数，由式（8.5-9）计算水位骤降时上游形成被动土压力区而下游为主动土压力区的情形。此时上游坝体处于饱水状态，式中 φ 值采用上游坝体的饱和不排水强度指标，计算结果如图 8.5-7 所示。这一工况的被动土压力折减系数随坝体内摩擦角的增加而减小，与竣工期的变化趋势具有相同的规律，也属与填筑密度取值关系不大的密集变化，只是具体数据存在差异。当坝体内摩擦角 $\varphi=15°\sim45°$ 时，对应的被动土压力折减系数 λ_1 一般为 $0.63\sim0.27$。当已知筑坝材料的填筑密度等指标时，也可以直接按式（8.5-9）计算上游被动区的土压力折减系数 λ_1。

5. 临界坝坡各工况的折减系数分析

从以上计算可知：

（1）被动土压力折减系数反映了土体受主动土压力作用时，被动土压力的发挥程度，即可能折减，也可能增加。这种情况不仅与坝体材料的物理力学性质密切相关，也与坝体的受力条件（工况）有关，不同工况下被动土压力折减系数计算式不同。增强体心墙进一步体现出双向挡土墙的结构特点。

（2）在竣工和水位骤降工况，被动土压力折减系数随坝料内摩擦角的增大而减小，是折减的，且与具体的填筑密度取值关系不大，呈密集关系，这与文献［3］、［6］、［8］的研究结论一致；而在蓄水工况时，情况就比较复杂，这与水土耦合的程度密切相关。

（3）在正常蓄水工况，总的来看，被动土压力折减系数随着水土耦合程度的增加而减小，当水土充分耦合（$\Delta=1.0$）时，其折减系数 λ_2 与竣工期的变化规律一致，只是具体数值更小一些。当水土不耦合（$\Delta=0$）时，被动土压力折减系数反而增大，反映出坝体下游的被动区因受到上游水荷载作用的激发而呈现"等强增效"的力学特点。因此，被动土压力折减系数实际上反映在主动土压力作用下，被动土压力因墙体变形"后靠"而产生较为"顽强"的抵抗所致，只有水荷载引起的主动压力才能够最大限度地激发被动土压力的受力响应。

（4）对于水土耦合度弱的筑坝材料如硬岩堆石料、砂砾石料等，由于上游库水形成主动水土压力的激发，下游堆石区的被动土压力产生"等强增效"性（即下游被动土压力折减幅度较小或不折减），因此，对应 $\lambda_2=1.0$（此时被动土压力不折减）的坝体边坡坡角为 $32°\sim41°$（图 8.5-6），在这个坡角范围增强体心墙所受的被动压力随上游水与土形成的主动压力的作用而得以等强发挥，相应坡比为 $1:1.6\sim1:1.2$，达到最陡坝边坡，此时坝体断面相对于其他断面是最小的，因而也是最经济的。

8.5.3　恒稳定坝坡

恒稳定坝坡是指筑坝材料的内摩擦角远大于坝坡坡角的情况，即有 $\varphi\gg\beta$（即 $\varphi_1\gg\beta_1$ 或 $\varphi_2\gg\beta_2$），坝坡稳定性能够确保，计算出坝坡稳定安全系数 $F_s\gg1.0$。

1. 不同工况的增强体受力安全系数表达式

对恒稳定坝坡作如下的简要分析，由于 $\varphi\gg\beta$，所以 $\beta/\varphi\ll1.0$，取 $\beta/\varphi\rightarrow0$，由式（8.3-2）～式（8.3-6），假设坝体为均质坝，其不同工况墙体受力安全系数 S 可简化为以下几种。

1）竣工期：

$$S_0=\lambda_2\left(\frac{1+\sin\varphi}{1-\sin\varphi}\right)^2 \tag{8.5-10}$$

2）正常蓄水期：

$$S_e=\lambda_2\frac{\rho\cos^2\varphi}{(1-\sin\varphi)^2\left[(1-\Delta)\rho_w+(\Delta\cdot\rho_w+\rho')\left(\frac{\cos\varphi}{1+\sin\varphi}\right)^2\right]k_c} \tag{8.5-11}$$

3）水位骤降期：

$$S_d=\lambda_1\frac{\rho'}{\rho}\left(\frac{1+\sin\varphi}{1-\sin\varphi}\right)^2 \tag{8.5-12}$$

2. 不同表达式的计算分析

为了说明以上关系，分析一内置薄壁挡土墙的坝体，坡度很小，坡角 β_1 和 β_2 均为 $5°$；上下游坝料内摩擦角 φ_1 和 φ_2 分别取 $38°$ 和 $36°$；取 $\rho_1=1.65\ \text{t/m}^3$，$\rho_2=1.68\ \text{t/m}^3$；

$\rho_{1m} = 1.78$ t/m³；$\rho_1' = 0.78$t/m³。由于 $\varphi_1 \gg \beta_1$、$\varphi_2 \gg \beta_2$，墙体受力安全系数可采用式（8.5-10）～式（8.5-12）近似计算。

首先，按常规的方法即挡土墙设计规范[8] 或本章表 8.5-1，统一取固定不变的被动土压力折减系数 λ_1 和 λ_2 值为 0.38 进行计算。计算结果如下：

1）竣工期。墙体受力安全系数 $S_0 = 5.63$；上、下游坝坡稳定安全系数分别为 $F_{s1} = 3.78$ 和 $F_{s2} = 4.20$，S_0 与 F_s 值的调整系数 $\bar{k}_0$ 为 1.34～1.49，说明恒稳定坝坡与内置墙体均有较大的稳定安全余度。

2）正常蓄水期。按耦合度 $\Delta = 1.0$、0.75、0.5、0.25、0 五级进行计算，得到墙体受力安全系数 S_e 依次为 6.34、4.37、3.34、2.7、2.26；而坝坡稳定安全系数分别为 $F_{s1} = 3.65$ 和 $F_{s2} = 4.18$，对应 S_e 与 F_s 值的调整系数 $\bar{k}_e$ 为 0.54～1.74。这说明坝坡的稳定性基本不变，但墙体的受力安全性却有着较大变化，并与坝体材料与水的耦合作用有关，即水土耦合程度越低，墙体受力安全性也就越趋于不安全，但这是不合理的。土压力折减系数不会是固定不变的。

3）水位骤降期。计算得 $S_d = 6.08$，坝坡稳定安全系数分别为 $F_{s1} = 3.30$ 和 $F_{s2} = 4.13$，对应 S_d 与 F_s 值的调整系数 $\bar{k}_d$ 为 1.47～1.84，表明水位骤降情况下边坡与内置墙体又是较为稳定安全的。

其次，再采用临界坝坡情况下计算三种工况下得到可变的折减系数 λ_1 和 λ_2 值（图 8.5-1～图 8.5-7），由此进行相应计算，得到如下结果：

1）竣工期。取 $\lambda_2 = 0.40$，有 $S_0 = 6.82$，坝坡稳定安全系数仍然为 $F_{s1} = 3.78$ 和 $F_{s2} = 4.20$，对应 S_0 与 F_s 值的调整系数 $\bar{k}_0$ 为 1.62～1.80，说明恒稳定坝坡条件下的稳定安全余度较大，这与常规计算结果相同。

2）正常蓄水期。对应水土耦合度 Δ 为 1.0、0.75、0.5、0.25、0，取 λ_2 分别为 0.064、0.138、0.268、0.441、0.638，k_c 分别为 0.2379、0.3332、0.4284、0.5237、0.6189，计算 S_e 依次为 3.77、4.14、4.86、5.36、5.55，坝坡稳定安全系数仍然为 $F_{s1} = 3.65$ 和 $F_{s2} = 4.18$，那么对应 S_e 与 F_s 值的调整系数 $\bar{k}_e$ 为 1.18～1.52，说明坝坡的稳定性基本维持不变，但墙体的受力安全性却与坝体材料与水的耦合作用有关，即水土耦合程度越低，墙体受力安全性能够得到更好的保证。

3）水位骤降期。取 $\lambda_1 = 0.373$，有 $s_d = 5.97$，此时坝坡稳定安全系数仍然为 $F_{s1} = 3.30$ 和 $F_{s2} = 4.13$，对应 S_d 与 F_s 值的调整系数 $\bar{k}_d$ 为 1.45～1.81，表明水位骤降情况下坝坡与内置墙体还是比较稳定安全的。

3. 简要分析及结果

（1）这类恒稳定坝坡计算表明两种安全系数均远大于 1.0，规律性还是一致的。竣工期的墙体受力安全系数 S 与坝坡稳定安全系数 F_s 对比，两种系数能够满足式（8.4-15）～式（8.5-17），说明这种关系是客观存在的。

（2）不同工况的被动土压力折减系数选择应当是不同的，挡土墙设计规范所规定的折减系数值，只适合于类似于竣工期的情形，没有考虑蓄水期水土耦合作用的影响，因此，被动土压力折减系数的取值应按照不同工况进行选取，这样使墙体受力安全系数计算结果更为合理。

（3）墙体受力安全系数 S 总是大于坝坡稳定安全系数 F_s 的，两者在一定限度内呈现正比例变化关系。按两种折减系数取值方法计算的 S 值均大于 1.0，说明在恒稳定坝坡（即 $\varphi \gg \beta$）情况下，墙体受力总是安全的。

8.5.4　非临界坝坡

在 $\varphi > \beta$（即 $\varphi_1 > \beta_1$ 或 $\varphi_2 > \beta_2$）的条件下，也就是坝坡的坡角小于坝料内摩擦角，这是最一般最常见的坡体结构，称为非临界坝坡。验算表明，只要坝坡的坡角 β 不超过材料的内摩擦角 φ，一般通过极限平衡计算坝坡也处于稳定安全状态。

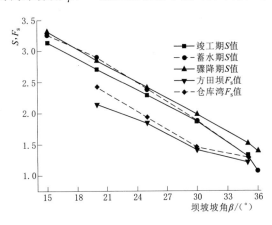

图 8.5-8　墙体受力和坝坡稳定的相关性

考虑一般性的堆石坝，仍然采用前述计算参数。坝体材料内摩擦角 φ_1 和 φ_2 分别为 38° 和 36°，$\rho_1 = 2.13 t/m^3$，$\rho_2 = 2.12 t/m^3$；$\rho_{1m} = 2.35 \ t/m^3$；$\rho_1' = 1.35 t/m^3$。按式（8.3-2）～式（8.3-6）计算，其中被动土压力折减系数 λ_1、λ_2 按图 8.5-1～图 8.5-7 选择，蓄水期应注意上游坝体的水土耦合影响，选用 λ_1、λ_2 值分别为 0.41（竣工期）、0.638（蓄水期不耦合情形）、0.39（骤降期），由此得到墙体三种工况的受力安全系数 S 与不同坝坡坡角 β 间的关系如图 8.5-8 所示，图中同时罗列了方田坝、仓库湾两座堆石坝的坝坡稳定安全系数计算成果[9-10]。由图可知：

（1）三种工况下墙体受力安全系数随坝坡坡角的增大而降低，只要保持坡角 β 不超过堆石内摩擦角 φ，墙体受力安全系数 S 亦将大于 1.0～1.2 以上，墙体受力状况是安全的。

（2）在 $\beta = \varphi$（此处 $\beta_2 = \varphi_2 = 36°$）的临界坝坡，其 S 值为 1.05，因此不宜采取 $\beta = \varphi$ 的临界坝坡设计。

（3）水位骤降对增强体而言是一种卸荷，因而墙体受力的安全余度较大，在这一工况下，墙体的受力安全性是有保证的。

（4）通过本算例与方田坝和仓库湾两座堆石坝边坡稳定分析结果对比，墙体受力安全系数 S 值与坝坡稳定安全系数 F_s 值之间存在某种同一性或相关性，正如 8.4 节的分析。由于 S 总大于 F_s，或者说 S 是 F_s 的外包线，说明一旦满足坝坡的安全稳定，那么，墙体的受力安全性能也必然得到满足。

8.6　小结

（1）纵向增强体作为土石坝坝内双起向作用的薄壁挡土墙，其受力安全系数与坝坡稳定安全系数相对于坡体力学性能而言存在相同的变化规律，8.4 节也初步作了分析论证，依据这种关系，本章给出了三种基本工况下墙体受力安全系数与坝坡稳定安全系数之间的简化关系，可用于具体设计计算。

（2）进行纵向增强体土石坝内置挡土墙受力分析时，有关被动土压力折减系数的选取，仅在竣工期与挡土墙设计规范一致；在蓄水期和库水位骤降期计算被动土压力折减时，宜按临界坝坡的概念进行参数选择和计算确定，本章给出了相关计算公式。

（3）值得注意的是，被动土压力折减系数反映了上游坝坡体主动力的作用，从而使下游坝体被动抵抗力的发挥程度在竣工和水位骤降期是折减的。蓄水期的被动土压力将随着水土耦合作用程度的不同而产生一些变化：水土耦合程度高的坝体，墙体下游被动区的被动压力需要折减，这种现象一般产生在水理性强的黏性土坝中；水土耦合程度差的坝体，其下游被动力便不再折减或折减较少，因为水荷载主动力的激发使其被动力产生对等响应，这种情况多产生在石坝和砂砾石坝中。耦合度低的增强体土石坝，下游被动土压力因上游水荷载引起的主动压力的增长而得以激发，其受力程度也将得到更好地发挥，从而实现等强增效的力学特点。

（4）一般来讲，水理性差、水土耦合度很低的坝（如堆石坝、砂砾石坝），库水位引起的主动压力能够进一步激发下游坝体被动压力，此时坝体结构的受力情况应接近于最佳状态，对应的增强体堆石坝的坝体断面应当是比较优化的，这就接近于面板堆石坝的坝体断面。因而，墙体受力安全性分析对增强体堆石坝的坝体断面优化设计提供了依据，能使坝体更优更经济。

参 考 文 献

［1］ 高江林. 底端约束对封闭式坝体防渗墙应力计算的影响［J］. 中国农村水利水电，2016（2）：117-120.

［2］ 侯奇东，梁军，李海波，等. 纵向增强体新型土石坝稳定性研究［J］. 水资源与水工程学报，2019，30（6）：164-171.

［3］ 王旭东，梅国雄，宰金珉. 被动土压力折减系数的研究［J］. 工业建筑，2003，33（1）：29-31.

［4］ 徐日庆，陈页开，杨仲轩，等. 刚性挡土墙被动土压力模型试验研究［J］. 岩土工程学报，2002，24（5）：569-575.

［5］ 梅国雄，宰金珉. 考虑变形的朗肯土压力模型［J］. 岩石力学与工程学报，2001（6）：851-854.

［6］ 关立军. 基于强度折减的土坡稳定分析方法研究［D］. 大连：大连理工大学，2003.

［7］ 梁军，杨燕伟. 纵向增强体土石坝内置心墙受力安全性分析［J］. 工程科学与技术，2020，52（05）：110-116.

［8］ 中华人民共和国水利部. 水工挡土墙设计规范：SL 379—2007［S］. 北京：中国水利水电出版社，2007.

［9］ 王小雷，等. 四川省通江县方田坝水库扩建工程初步设计报告［R］. 成都：四川省水利水电设计勘测设计研究院，2015.

［10］ 陈立宝，等. 四川省通江县仓库湾水库初步设计报告［R］. 成都：四川大学设计院，2018.

第 9 章 增强体土石坝洪水漫顶安全性分析

摘要：为防止土石坝遭遇洪水漫顶破坏，并彻底解决土石坝漫顶溃坝问题，在土石坝中内置刚性混凝土墙体，形成即防渗又防溃的新的土石坝结构，是解决问题的一个有效途径。本章依据模型试验，分析了增强体土石坝遭受洪水漫顶冲刷的力学机理，提出有关形成冲坑的冲刷计算公式和防冲安全性复核关系式，首次引入洪水漫顶不溃安全系数概念及计算方法，可作为土石坝洪水漫顶安全性复核与分析之用。

9.1 概述

一般而言，常规的或传统的土石坝是由岩土散粒体材料通过外力分层填筑碾压密实而形成的整体，不允许出现洪水漫顶冲刷的情况。随着土石坝运行时间的增长和年复一年的气候变迁，这种"柔性"的土石坝将不可避免地出现各类病害和运行风险[1-2]，其安全运行性能较"刚性"的重力坝为差。据中国大坝工程学会、中国水利水电科学研究院等单位统计，国内土石坝溃坝案例3496座，其中四川省最多，达396座，其次为山西省288座，湖南省287座，云南省234座[2]。这些溃决大多发生于中低坝，主要原因是洪水漫过坝顶导致的溃决，因此，洪水漫顶对土石坝是致命的，同时危及下游防洪安全，是不可忽视的重大课题。

从机理上讲，土石坝漫顶溃决是遭遇超标洪水（也有泄水设施出了故障不能有效泄洪），洪水从坝顶翻水漫顶冲刷下游坝坡，使得由外部强力压密的散粒体组成的下游坝体被水流逐步冲刷崩解而出现的垮塌甚至溃决的过程。根据《中国水利统计年鉴2019》，我国坝工建设具有符合国情的两大突出特点：一是全国已建成各类水库大坝总数98822座，其中小型水库占比95％以上；二是各类已建成的水库中，又以土石坝为最多，占比也在95％以上。实际上四川省坝工建设基本是全国的一个缩影，截至2019年年底，四川省境内已建成水库大坝总数为8283座，其中大型水库49座，中型水库226座，小型水库8008座；这些已建成的水库大坝也以中低土石坝最为常见。四川省内的中低土石坝大多数修建于20世纪六七十年代，分布在经济与社会发展水平相对发达地区，水库管理水平、安全运行状况、病害整治程度等情况十分复杂。随着时间的推移，由于受土石坝自身特性及施工技术条件的限制，70％～80％以上的土石坝都存在渗漏、稳定、裂缝、白蚁侵蚀等各种不同程度的病险隐患。这些水库大坝的运行风险也较高，每年汛期耗费大量人力物力用于巡查、检测和防汛等工作。

鉴于常规土石坝占比高、安全运行风险高、汛期防洪压力大、病险情况复杂以及安全鉴定、除险加固存在实际困难等情况，对这类长期运行又存在安全隐患且不宜报废重建的土石坝从结构上进行适当改造势在必行。

有一些学者对传统土石坝的建造思路进行反思，提出新的建坝理念并在工程实践中得到应用[3-6]，这种开拓精神引领着坝工界进行广泛的研究、应用与实践，同时也取得了十分丰硕的成果。金峰、贾金生等提出了胶结坝新坝型（包括胶凝砂砾石坝、胶结堆石坝和胶结土坝）以及"宜材适构"和"宜构适材"等新型筑坝理念，提出了新坝型结构设计和坝料配制方法，研发了安全优质高效的新坝型施工成套技术、专用装备及数字质量监控系统，提出了控制指标体系，并在工程中得到实际应用[7-12]。基于研究和实践总结提炼了胶结坝的筑坝原则，形成了新坝型筑坝技术体系[13]，实现了利用当地材料胶结筑坝漫顶不溃的目标，造价低廉，环境友好，对于新建中小型水库大坝具有良好的应用前景。

上述坝工创新与进展基于筑坝材料的融合，亦即按照土石坝的岩土材料的颗粒压实和重力坝混凝土材料的凝结硬化，再加上施工方法上的变革，从而生成胶结颗粒料的筑坝技术。显然，这种筑坝技术只适合于新坝建设，仅在一定程度上对老旧混凝土类坝的改造具有作用，但对大量的病险土石坝的除险加固却无能为力。

根据大量中小型水库大坝整治工作的实践，通过"刚柔相济"筑坝理念对常规土石坝进行"改良"，形成纵向增强体土石坝[14]，不但能够用于新建而且也能用于已建水库的除险加固。理论分析与工程实践证明，这种新的坝型能够增强土石坝的防渗、受力和抵抗变形能力，有效降低土石坝周期性病险率和重复治理加固频度。本章重点研究纵向增强体土石坝发生洪水漫顶时的安全运行水平和抗溃坝风险能力，为纵向增强体土石坝漫顶不溃提供理论支撑。

9.2 洪水漫顶水工模型试验分析

常规土石坝在遭遇洪水或超标洪水时，如果泄水设施出现故障，坝体安全将受到严重威胁，此时，洪水漫顶冲刷将在所难免，在多数情况下，大坝面临溃坝风险，将对河道下游城镇居民和生产生活设施构成极大危害。针对各类大坝特别是常规土石坝的漫顶溃坝分析已有大量研究[15-18]，但对于纵向增强体土石坝在坝体遭遇洪水形成漫顶时的情形却研究甚少，因此，开展相应的试验研究，以期得到若干有益成果。

试验按 1:100 的模型比尺进行，模型坝高 50cm，上下游边坡坡比均采用 1:1.75，顶宽 6cm，通填区高度 2.4cm，模拟的增强体心墙采用厚 0.8cm 的硬质纤维板且表面粗糙，与玻璃水槽接触边采用塑胶黏接固定，如图 9.2-1 所示。模型试验坝体选用最大粒径 $d_{max} \leq 10mm$ 的筛分砂砾料，其级配组成如图 9.2-2 所示。模型坝制备干密度按 1.82g/cm³ 控制。

试验模拟实际单宽流量 0.15m³/(s·m)，打开循环供水系统，水位持续上升直至漫顶（图 9.2-3），从水流漫顶、下游坝面出现冲槽、墙体下游侧冲刷成坑（槽）、墙后冲坑（槽）不断深化以取代下游坝面不再冲深（图 9.2-4）。

（a）上游侧面

（b）下游侧面

（c）下游坝面

图 9.2-1　试验前的增强体模型坝（参见文后彩插）

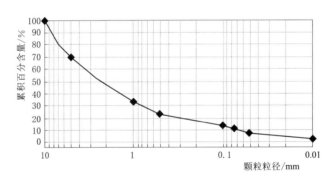

图 9.2-2　模型料级配曲线

根据以上试验及其观察结果[19-20]，将增强体土石坝的漫顶冲刷过程概化为 4 个过程，如图 9.2-5 所示。分图（a）表示洪水漫顶冲刷开始，分图（b）表示洪水冲刷致使坝顶消失并使增强体下游侧出现冲刷破坏开始形成冲坑的情形，分图（c）表示洪水落差增大，冲刷继续发展，增强体下游侧开始形成临空面，分图（d）表示冲坑达到最大并形成最终临空高度 Z_m 的情形。

有趣的是，在试验过程中，下游坝面一开始受到水流冲刷，但随着时间的演进，坝面冲刷尽管出现一些沟槽，但并没有深入发展以致形成下游坝坡的冲刷破坏。也就是说，水流并没有在下游坝坡某一高程或某一缝隙形成对堆石颗粒的破坏性冲刷，从而造成局部破坏。对这一情况的解释是：通过"宽顶堰"的水流是重力流，下游堆石体存在的孔隙首先诱导水流向下进入孔隙以充填饱和局部堆石体，所以一开始的表面流动较少，随着下游堆石体陆续达到局部饱和，重力流使局部饱和堆石产生浮力，再加上表面水流的带动，堆石

（a）水流漫顶　　　　　　　　　　　　　　（b）水流冲刷下游坝面

（c）水流继续　　　　　　　　　　　　　　（d）形成墙后冲坑（槽）

图 9.2-3　增强体土石坝模拟漫顶冲刷试验过程（参见文后彩插）

（a）增强体下游侧出现冲坑（槽）　　　　　　（b）下游冲坑（槽）（局部）

图 9.2-4　墙体形成冲坑（槽）（参见文后彩插）

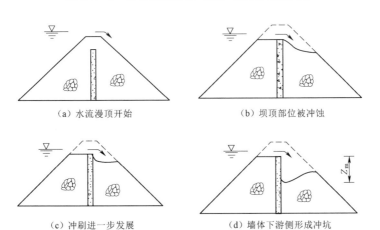

（a）水流漫顶开始　　　　　　　　　　　　（b）坝顶部位被冲蚀

（c）冲刷进一步发展　　　　　　　　　　　（d）墙体下游侧形成冲坑

图 9.2-5　增强体土石坝漫顶溃决过程

颗粒就会失稳、被水流冲走，逐渐在墙体下游侧形成冲坑（槽）。而在下游坝坡面的情况就不太一样，因为沿坡面流动的速度更快，重力流下渗饱和孔隙的情况就难以实现，因而，堆石颗粒的浮力也就难以形成，从而颗粒的抬动也难以形成。这就是下游堆石坝坡不先被冲刷破坏以致失稳的根本原因。

9.3　坝体冲刷计算分析

上述模型试验还表明，增强体土石坝在洪水漫顶形成冲刷乃止破坏时，由于刚性墙体的阻挡作用，墙体上游侧的堆石坝体并没有被冲刷破坏，墙顶的过流类似于宽顶堰的过流方式。由于墙后堆石体缺乏应有的保护而遭到洪水冲刷，以致产生冲刷变形，这一变形如上节试验观测分析，最终形成墙体下游侧堆石颗粒的流失，导致墙体下游侧临空。

9.3.1　已往冲刷研究成果简述

有关水流作用下的冲刷问题研究较多，这些研究主要针对特定的研究对象：如对堤防工程的冲刷研究[21-23]，指出《堤防工程设计规范》（GB 50286）（如 1998 年和 2013 年版本）对冲刷计算的适用性和与实际情况的一致性；桥梁基础冲刷特性研究[24-26]，指出模型试验及数值模拟方法存在的不足和问题，讨论了桥梁基础冲刷探测方法及主要的冲刷防护措施，比较了各种探测方法的优缺点及各种防护措施的作用原理，概述了冲刷对桥墩结构的承载力及变形特性的影响；另外，还有大量与航道、码头相关的河道（床）的冲刷研究。

实际上，有关土石坝的冲刷研究也有较多成果面世[27-32]。文献 [27] 根据无黏性土颗粒冲刷过程中的受力平衡分析，无黏性土颗粒冲刷临界剪切应力（冲刷启动剪切应力）与颗粒粒径成正比，已有的砂、砾冲刷试验结果验证了无黏性土颗粒冲刷临界剪切应力理论；认为砂粒的冲刷归结于流水的剪切应力和涡流冲击力，砂粒在流水中受到有效重力、接触力、上举力和拖曳力共同作用。砂粒冲刷以砂粒滚动为主，颗粒间的水平移动不是冲刷的主要运动形式。文献 [28]、[29] 通过理论分析和模型试验，研究了爆破堆石坝的抗冲蚀稳定特性，认为我国典型的爆破堆石坝断面在大坝拦截高程低于坝顶高程的洪水时，大坝下游坡不会产生严重的冲刷破坏；当洪水从坝体表面漫流时，纯无黏性土堆石坝比夹杂有少量黏性土坝料更容易被冲刷；对于无专门保护措施的爆破堆石坝，保证大坝抗冲刷安全的条件是坝顶大部分漫流在坝顶能够转化为流向垂直向下的潜流（即重力流），即坝顶向下的排渗能力 $f(B, k)$ 应该大于坝顶水平向的过流流量 $f(H)$。文献 [30] 分析了黏性原状土起动机理，研究了黏性原状土冲刷起动的各种影响因素，构建了起动模式，得到了临界起动切应力公式。文献 [31]、[32] 研究了土石坝溃坝机理与溃坝数学模型，提出了一个能正确反映土石坝渗透破坏的溃决机理，合理描述土石坝从渗透通道发展到坝体坍塌和漫顶溃决的全过程数值模拟方法。该方法通过分析土体颗粒在渗透通道中的受力情况，得出了渗透破坏发生时的临界起动流速；分别提出了可合理反映筑坝材料颗粒级配、密度、强度、渗透通道倾角和坝坡、摩阻流速、水流速度对冲刷的影响，以及计算渗透通道扩展到大坝漫顶溃决后溃口发展过程的坝体冲刷公式。

上述具代表性的研究成果表明：一方面从无黏性砂土和黏性原状土等土料的基本冲刷

特性入手，分析了冲刷起动条件及其各种影响因素，得出一些定量公式，对土石坝冲刷特性、漫顶溃决的研究具有基础性指导作用；另一方面，通过土石坝漫顶溃坝机理与溃坝计算模式的研究，对于常规土石坝遭遇较大洪水以致出现漫顶冲刷、溃流直至破坏的全过程模拟同样具有重要指导作用。然而针对增强体土石坝在遭遇洪水漫顶形成冲刷、溃流直至破坏全过程模拟的研究却十分少见。文献［20］、［27］、［29］基于相关试验研究分析了洪水漫顶造成下游堆石料被冲刷流失、形成坝体冲坑的水力学过程，冲坑的逐步形成将影响增强体的受力条件，最终导致增强体上游侧受力而下游侧局部临空的受力状态。在土石坝中"插入"增强体形成"刚柔相济"的增强体土石坝，这一新坝型的冲刷机理是将传统土石坝的漫顶溃坝破坏模式改变为坝顶冲坑模式，从而维持坝体不溃决或者延缓了坝体的溃决。这种坝型在洪水冲刷下是否溃决取决于增强体是否被破坏，也就是取决于墙后冲坑深度与对应深度的墙体临空面的极限受力状态。

9.3.2 增强体土石坝坝顶冲刷的水力学分析

根据试验观察，增强体土石坝在漫顶溢流一开始到坝顶通填区堆石填筑体被冲蚀掉的这一过程［图9.2-5（a）、（b）］是十分复杂的，坝顶过流从不稳定的堰流逐步发展到相对稳定的堰流（即以墙顶为阻挡的宽顶堰过流），其冲蚀流量和堰流形式也是变化的，从不断变化的且不规则的实用堰型发展到宽顶堰型的流动过程。在这一过程中，实际形成三个不同的水流区域（图9.3-1）：一是 H 区，即增强体高度 H_1 以下的区，这是水库正常蓄水区，也称为静水区；二是过渡区 l 区，这一区域表明通填区的堆石填筑体将逐步被冲蚀掉；三是动水区 H_0 区，此区域是漫顶水流的作用区。这三个区，除了静水区维持不变外，其他区域都是变化的，最后 l 区因通填区被冲蚀殆尽而逐步被动水区 H_0 区所替代。值得注意的是，静水区即墙体顶部高程以下的堆石是不会被冲蚀的，因为这部分堆石处于饱和状态而且没有潜流作用，因此，墙体上游一侧只保留与墙体高度齐平的上游堆石而形成所谓宽顶堰的过流条件。墙体下游侧的堆石由于没有任何保护将不断地受到水流的连续冲刷，水的表面流与潜流共同作用，使这部分堆石出现较大的变形，正如图9.2-5（a）、（b）所示的那样。

如图9.3-1所示为增强体土石坝的漫顶溢流过程，坝顶部位因不断受到冲蚀，其堰流形态是不断变化的，因而这种溢流过程较为复杂。这一过程对下游侧的冲刷也十分明显，应重点关注通填区被冲刷掉后，堰流继续对下游堆石体的冲蚀，即如图9.2-5（c）、（d）所示的下游冲刷过程。

如果设定坝轴线在坝顶中部，增强体下缘与坝轴线重合（图9.3-2），则通填区被冲蚀后堰流达到相对稳定的宽顶堰的总宽度 $\sigma' = B/2 + l/m_1$（m_1 为上游坝坡系数），可以复核，这种漫顶过流一般满足 $2.5 \leqslant \sigma'/H_0 < 10$ 的宽顶堰过流条件。

按照堰流基本公式[33]：

$$Q = m\varepsilon\sigma_s b\sqrt{2g}\,H_0^{\frac{3}{2}} \qquad (9.3-1)$$

式中：Q 为坝顶漫顶溢流通过的洪水流量；H_0 为坝顶溢流水深，$H_0 = H' + v_0^2/2g$，H' 为堰上水深，v_0 为坝前行近流速；b 为坝顶溢流宽度，此时 $b = L$，L 为坝顶长度（m）；m 为流量系数；ε 为侧收缩系数；σ_s 为淹没系数。

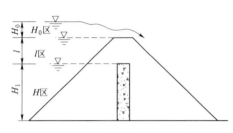

图 9.3-1　通填区漫顶溢流示意图

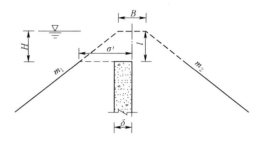

图 9.3-2　溢流形成宽顶堰

很显然，漫顶溢流是一种非淹没的自由出流，并且坝顶过流是沿整个坝顶长度范围开展的，亦即与上游河道宽度相同。根据漫顶溢流的这些特点，有 $\varepsilon = 1$、$\sigma_s = 1$。则式（9.3-1）变为

$$Q = mb\sqrt{2g}H_0^{\frac{3}{2}} \tag{9.3-2}$$

流量系数 m 影响因素较多，其计算方法也比较复杂，可按别列津斯基法取 $m = 0.36$。单宽流量 q 为

$$q = m\sqrt{2g}H_0^{\frac{3}{2}} \tag{9.3-3}$$

即

$$q = 1.6H_0^{\frac{3}{2}} \tag{9.3-3a}$$

上式与文献 [34] 有关结果十分接近，表明坝顶溢流的单宽流量随溢流水头 H_0 而变，图 9.3-3 所示为漫顶溢流到漫顶冲刷的过程，说明宽顶堰过流冲刷墙后冲坑的形成演化过程，冲坑形态从 ①→②→③ 依次变化。

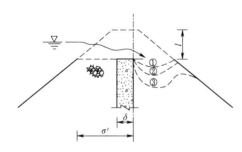

图 9.3-3　宽顶堰溢流冲刷过程

由于增强体顶部形成的宽顶堰以上水流均参与动态过流，可以不计堰上水深 H'，由此，得出坝顶溢流水头 H_0：

$$H_0 = 0.731q^{\frac{2}{3}} \tag{9.3-4}$$

如图 9.3-4 所示，给出了洪水漫顶时溢流流速与水头的关系。可见漫顶时的溢流水头 H_0 达 2m 时，其溢流流速为 5.94m/s，说明洪水对坝顶的冲刷是十分显著的。

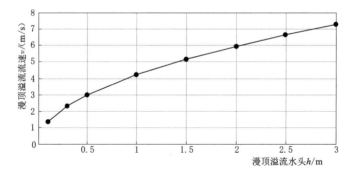

图 9.3-4　漫顶时溢流水头与流速关系曲线

9.3.3 增强体土石坝下游堆石冲刷特性

如前所述，增强体土石坝在漫顶冲刷时，H_0 区是十分重要的动水区域，如图 9.3-1 所示。动水区形成的表面流不断地饱和、侵蚀乃至冲刷着通填区坝顶，坝顶堰流在不断发生变化，过渡区 l 也不断地消失，直至被动水区 H_0 取代，在这一过程中，表面流逐步转化为潜流，成为墙体后堆石颗粒被逐步"抬动"的主要因素。通填区被冲蚀掉之后的堰流才是一种稳定的堰流，即形成与增强体顶部高程齐平的宽顶堰水流。这一基于墙体顶部相对固定的宽顶堰水力学过流过程，使墙体下游侧形成冲坑，漫顶冲刷过程的延长意味着冲坑的持续扩大加深。

由于目前未见专门针对堆石料的冲刷试验研究报道，根据本次试验和比照有关碎裂岩体的冲刷试验研究成果[35-36]，分析认为碾压堆石与碎裂岩体的冲刷性能具有相似性，最大的不同在于影响深度和有关冲刷参数的选择。经振动碾压密实的堆石坝体下游侧冲刷坑最大深度 Z_m 由下式估算确定：

$$Z_m = \Phi H^m q^n \overline{D}^s \qquad (9.3-5)$$

式中：Φ 为冲刷系数，与筑坝料的物性及密实程度、级配等有关，取 $\Phi = 3.25 \sim 4.50$，一般为黏性土取小值，无黏性土取大值；$\overline{D}$ 为下游堆石料平均粒径，m；q 为对应某一洪水频率漫顶过流时的单宽流量，$m^3/(s \cdot m)$；m、n、s 为试验系数，取值范围为 $m = 0.15 \sim 0.45$，$n = 0.42 \sim 0.56$，$s = 0.15 \sim 0.25$。

一般来说，被冲刷的无黏性土筑坝料的颗粒组成越细，冲刷系数 Φ 取值越大；颗粒偏细的坝料，m、n 取值偏大一些，s 则取小一些。

H 为遭遇不同频率洪水漫顶时坝体上下游的水位差，m。根据前面的分析，有

$$H = \nabla H_1 - \nabla H_2 + H_0$$

式中：∇H_1 为不同洪水频率上游水库挡水高程，m，∇H_2 为坝下游对应水位高程，m；H_0 由式（9.3-4）计算，表示宽顶堰过流时的行近流速形成的水深（m），即 $H_0 = 0.731 q^{\frac{2}{3}}$。

这里应注意，如果缺乏不同频率洪水的上下游水位，可以统一采用增强体心墙的高度进行替代，即取 $\nabla H_1 - \nabla H_2 = H_1$（$H_1$ 为增强体心墙高度，m），因为漫顶冲刷是以增强体顶部高程为限的具有一定宽度的宽顶堰过流形态（图 9.3-3）。

形成最大冲坑的时间 T_m 由下式计算：

$$T_m = \omega q^\alpha \overline{D}^\beta \qquad (9.3-6)$$

式中：ω 为时间系数，$\omega = 3.16 \sim 3.88$；α、β 为试验因子，$\alpha = -(0.40 \sim 0.55)$，$\beta = -0.12 \sim 0.22$。

参数取值时，应注意颗粒偏细的坝料系数 α 取值要大一些，而 β 应取小值，甚至为负值。

下面用计算实例来介绍计算过程。方田坝水库上下游水位差 $H_1 = 39.5 - 1.5 = 38m$，采用 C25 刚性混凝土作为防渗心墙，砂岩石渣料填筑坝体，下游堆石料平均粒径 $\overline{D} = 0.45m$。取冲刷系数 $\Phi = 3.83$，$m = 0.25$，$n = 0.50$，$s = 0.18$；时间系数 $\omega = 3.52$，$\alpha = -0.45$，$\beta = 0.15$。

方田坝水库洪水特性及有关计算成果如表 9.3-1 所列。

表 9.3－1　　　　　　　　　　水库洪水特性与成果表

洪水频率 P	300 年一遇	30 年一遇	20 年一遇	10 年一遇	5 年一遇
流量 $Q/(\mathrm{m}^3/\mathrm{s})$	149	93.4	83.2	66.1	49.1
单宽流量 $q/[\mathrm{m}^3/(\mathrm{s} \cdot \mathrm{m})]$	0.408	0.256	0.228	0.181	0.135
行近水深/m	0.402	0.295	0.273	0.234	0.192
水位差 H/m	38.40	38.30	38.27	38.23	38.19

分别由式 (9.3－5)、式 (9.3－6) 计算各频率洪水冲刷坑深 Z_m 和冲刷达到计算坑深所需的时间 T_m 列入表 9.3－2。

表 9.3－2　　　　　　　　　　冲 蚀 计 算 成 果 表

洪水频率 P	300 年一遇	30 年一遇	20 年一遇	10 年一遇	5 年一遇
最大冲坑深 Z_m/m	5.27	4.19	3.94	3.51	3.03
形成冲坑时间 T_m/h	4.67	5.77	6.07	6.74	7.69

注　各频率洪水均参与冲刷计算。

由表 9.3－1 和表 9.3－2 可知：

(1) 在水库遭遇 300 年一遇的校核洪水漫顶冲刷时，下游堆石最大冲深可达 5.27m，相应所需时间为 4.67h。

(2) 在 30 年一遇的设计洪水工况下，如洪水漫顶，则墙体下游侧最大冲深 4.19m，所需时间为 5.77h。

(3) 在遭遇常态洪水 (5 年一遇) 的持续冲刷下，下游堆石冲刷最大坑深 3.03m，所需时间为 7.69h。

(4) 显然，单宽流量越小，所形成的冲坑就越小，并且所需时间越长。

这里必须强调，一般土石坝是不允许洪水漫顶的，也没有这一设计工况。但目前的极端气候导致土石坝洪水漫顶溃坝时有发生，在建设层面也必须充分考虑水库大坝的防溃安全。统计分析表明，水库大坝溃坝常遭遇所谓"超标洪水"，而业内常说的超标洪水又无定量依据，为此约定，超标洪水按校核洪水量级再加 20% 选定；增强体土石坝洪水漫顶冲刷的复核可以按照遭遇超标洪水、校核洪水、设计洪水及一般性洪水进行计算分析和比较。通过超标洪水、校核洪水量级的漫顶冲刷计算，如果土石坝能够实现漫顶不溃坝，那么土石坝就是安全的。

如果方田坝水库遭遇超标洪水，即在校核洪水的基础上再加 20%，则其洪水量级为 178.8m³/s，经计算，漫过坝顶的单宽流量为 0.490m³/(s·m)，形成冲刷的最大冲坑为 5.78m，相应时间为 4.3h。

9.4　冲刷后增强体的受力分析

如图 9.4－1 所示，增强体遭遇洪水漫顶冲刷后，其受力强度复核的基本思路是：增强体在某一深度范围内，按下游侧临空的挡土受力结构验算，看这一深度处是否满足结构强度要求，即要求：

剪力条件 $\qquad Q_a \leqslant \delta K_Q R_Q \qquad$ (9.4-1)

弯矩条件 $\qquad M_a \leqslant K_M R_M \qquad$ (9.4-2)

以上两式中：R_Q 为增强体的抗剪强度值，$R_Q = (0.056 \sim 0.316) R_c$[37]，取均值 $R_Q = 0.186 R_c$；R_M 为增强体的抗弯强度值，$R_M = (1/20 \sim 1/30) R_c$[38]，取均值 $R_M = \dfrac{5}{12} R_c$；R_c 为增强体轴心抗压强度标准值[39]；K_Q、K_M 分别为相应工程等级的结构抗剪、抗弯安全系数[39]；δ 为增强体厚度。

如果冲坑底部的剪力和弯矩满足上述规定，表明增强体并没有产生破坏，因而整个坝体就不会溃决，否则，增强体将发生折断破坏，坝体也将溃决。

由此计算出剪力或弯矩产生破坏的极限深度，并用此计算深度同洪水冲刷形成的最大冲刷深度 Z_m 进行对比，进而判断是否会产生洪水漫顶溃坝的情况。值得注意的是，此时并没有按变形指标来控制（如增强体顶端的转角与挠度值），因为即便墙体已发生较大变形，但只要没有超过强度极限以致被折断，就不会引起坝体溃决。

增强体下游侧形成最大冲刷坑时的受力情况如图 9.4-1 所示。

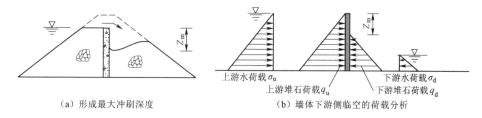

（a）形成最大冲刷深度　　　　（b）墙体下游侧临空的荷载分析

图 9.4-1　最大冲坑时墙体的受力简图

按第 4 章所述，计算增强体所受水土荷载时，根据筑坝料具体情况可以按照水土耦合作用进行考虑。

在剪力或弯矩产生破坏的极限深度（Z_Q、Z_M）范围内，剪力、弯矩由下式计算：

$$Q = \int_0^{Z_Q} \rho_c g Z \, \mathrm{d}Z \qquad (9.4-3)$$

$$M = \int_0^{Z_M} \rho_c g Z (Z_M - Z) \, \mathrm{d}Z \qquad (9.4-4)$$

式中：ρ_c 为水土耦合作用密度值，t/m^3，$\rho_c = [\rho_f - \Delta(\rho_f - \rho_h)] k_c$，$t/m^3$；$\rho_f = \rho_w + k'_{1a} \rho'_1$，$t/m^3$；$\rho_h = \rho_{1m} k_{1m}$，$t/m^3$；$\Delta$ 为水土耦合作用的耦合度，表示水土耦合作用影响程度，无量纲，其取值如表 4.3-1 所列；ρ'_1 为上游堆石体浮密度，t/m^3；ρ_{1m} 为上游坝体饱和密度，t/m^3；ρ_w 为水密度，t/m^3；k'_{1a}、k_{1m} 为上游堆石坝体的饱和主动土压力系数，$k'_{1a} = k_{1m}$；$k_c = \dfrac{1-\Delta}{2} + \dfrac{1+\Delta}{2} k'_{1a}$；$Z_Q$、$Z_M$ 分别为由剪力或弯矩使增强体产生破坏时的极限深度，m；g 为重力加速度；其余符号意义同前。

这里应当注意，用于增强体结构抗剪和抗弯安全系数的选择仍然基于《水工混凝土结构设计规范》（SL 191—2008）表 3.2.4 的相关规定[39] 并适当调整，为了便于选取，结合该表及相关规定，再分析增强体结构的实际受力与运行特点，将 K_Q、K_M 的选取统一列入表 9.4-1 以供实际工程计算选用。

表 9.4-1　　　　　　　　　　增强体结构在洪水漫顶时的承载力安全系数

水工建筑物等级		2 级	3 级	4 级	5 级
漫顶溢流工况荷载组合	抗剪切 K_Q	1.35	1.30	1.25	1.25
	抗弯矩 K_M	1.30	1.25	1.20	1.20

注　漫顶溢流时的工况应按土石坝有关规范规定的非常运行工况 I 来考虑[40]。

所以，增强体在遭受洪水漫顶冲刷以致下游堆石不断被冲蚀形成冲坑，墙体下游侧逐步形成临空最后达到剪切破坏和弯矩破坏时的极限深度由以下各式计算。

9.4.1　墙体剪切破坏最大极限深度

造成墙体剪切破坏的最大极限深度由下列各式计算：

对于任一耦合度 Δ 的一般表达式为
$$Z_Q = \sqrt{\frac{2K_Q R_Q \delta}{g \rho_c}} \qquad (9.4-5)$$

或
$$Z_Q = \sqrt{\frac{2K_Q R_Q \delta}{g\left[(1-\Delta)(1-k'_{1a})\rho_w + k'_{1a}\rho_{1m}\right]k_c}} \qquad (9.4-5a)$$

如果考虑坝体为堆石填筑，其水土耦合低，取 $\Delta=0$，则有
$$Z_Q = 2\sqrt{\frac{K_Q R_Q \delta}{g(\rho_w + k'_{1a}\rho'_1)(1+k'_{1a})}} \qquad (9.4-5b)$$

如果考虑坝体为土石石渣填筑，或者对于建设时间较长的老坝，其水土耦合较高，可按第 4 章取 $\Delta \geqslant 0.5 \sim 1$，或直接取 $\Delta=1$，则有
$$Z_Q = \frac{1}{k'_{1a}}\sqrt{\frac{2K_Q R_Q \delta}{g \rho_{1m}}} \qquad (9.4-5c)$$

9.4.2　墙体弯矩破坏最大极限深度

使墙体产生弯矩破坏的最大深度可由下列各式进行计算。

一般表达式：
$$Z_M = \sqrt[3]{\frac{6K_M R_M}{g \rho_c}} \qquad (9.4-6)$$

或者
$$Z_M = \sqrt[3]{\frac{6K_M R_M}{g\left[k'_{1a}\rho_{1m} + (1-\Delta)(1-k'_{1a})\rho_w\right]k_c}} \qquad (9.4-6a)$$

同理，得出

$\Delta=0$ 时
$$Z_M = \sqrt[3]{\frac{12K_M R_M}{g(\rho_w + k'_{1a}\rho'_1)(1+k'_{1a})}} \qquad (9.4-6b)$$

$\Delta=1$ 时
$$Z_M = \sqrt[3]{\frac{6K_M R_M}{g k'^2_{1a}\rho_{1m}}} \qquad (9.4-6c)$$

以上式中：Z_Q 为墙体受上游土水荷载作用达到剪切破坏时的极限深度（自墙顶向下起算），m；Z_M 为墙体受上游土水荷载作用达到弯矩破坏时的极限深度（自墙顶向下起算），m。

很显然，一般计算的两个极限深度 $Z_Q \neq Z_M$，亦即剪切破坏和弯矩破坏的墙体范围是不相同的，可设定 $Z_s = \min(Z_Q, Z_M)$，即取两个极限深度的小值作为增强体心墙受力安全的极限深度 Z_s。

9.5 坝体漫顶过流的安全性评价

9.3 节计算分析了洪水漫顶冲刷形成下游堆石体的冲坑，其最大冲坑深度 Z_m 值由式（9.3-5）给出；9.4 节分析了增强体在洪水冲刷引起下游堆石散粒体不断被冲蚀以致形成临空面，由此导致墙体单独承受来自上游的土、水压力作用。因此，增强体单独受力的安全性便决定了整个坝体是否溃决的关键，这一受力的安全性实际上就是墙体的抗剪强度和抗弯强度是否满足要求。如果墙体的受力安全性满足要求，表明增强体可以单独抵抗上游的土水压力而不会破坏，因而洪水漫顶也不会造成溃坝，亦即，实现洪水漫顶不溃；否则，墙体受力不安全将会导致洪水漫顶溃坝。

为此，定义洪水漫顶不溃安全系数 F：

$$F = \frac{\min(Z_Q, Z_M)}{Z_m} = \frac{Z_s}{Z_m} \qquad (9.5-1)$$

式中：F 为洪水漫顶不溃安全系数；Z_s 为增强体在漫顶冲刷形成下游临空时维持受力安全的最小深度，m；Z_m 为洪水漫顶冲刷下游堆石形成的最大冲坑（槽）深度，m；其余符号意义同前。

洪水漫顶不溃安全系数 F 用于评价洪水漫顶时的墙体的受力安全性当属首次，目前国内外没有这方面的论述和定义，工程经验的积累也不多。洪水漫顶作为一种特殊工况，可按照土石坝非常运用条件 I 来设定，由此参照相关工程设计规范[39-42] 定义安全系数的做法，具体定义洪水漫顶不溃安全系数选取与规定如表 9.5-1 所列。

表 9.5-1　　　　　　　　　　　洪水漫顶不溃安全系数

非常运用条件 I		工 程 等 级			
		2 级	3 级	4 级	5 级
F	设计洪水工况	1.25	1.20	1.15	1.15
	校核洪水工况	1.20	1.15	1.10	1.10

注　遭遇超标洪水的安全系数可按校核洪水工况选取。

由表 9.5-1 可知：

（1）在遭遇校核洪水及超标洪水时，对大坝等级为 3 级的增强体土石坝洪水漫顶安全系数 F 大于 1.15（含）时，坝体不会产生漫顶溃坝，否则，将漫顶溃坝；

（2）在遭遇校核洪水及超标洪水时，对大坝等级为 4、5 级的增强体土石坝洪水漫顶安全系数 F 大于 1.10（含）时，坝体不会产生漫顶溃坝，否则，将产生漫顶溃坝。

（3）当洪水漫顶安全系数 F 小于相应等级的安全系数而面临溃坝风险时，由 9.3 节可知，坝体遭遇漫顶溃坝依然需要一个时间 T_m［由式（9.3-6）估算］，如果溃坝洪水峰值到达下游城镇的时间为 T_c，那么留给城镇居民安全转移的时间 T_s 就应满足：$T_s \leqslant$

$T_m + T_c$。T_s 可根据具体情况，留出一定的安全余度，确保人员避险转移的安全可靠。

（4）值得注意的是，非常运用条件 I 表达了洪水漫顶的特殊工况，所指的洪水一般是指超过设计标准的洪水（如校核洪水等）。当然也不排除大坝放水泄洪设施不能正常运用而导致的非超标洪水的漫顶冲刷。

（5）在水库大坝遭遇所谓超标洪水时，应当按上述方法进行洪水漫顶安全性复核分析。前面建议超标洪水可在校核洪水的基础上，再加 20% 进行选定。但超标洪水的量值如何确定，应当专门研究，科学确定。

9.6　新建水库计算实例

9.6.1　水库基本情况

四川省通江县方田坝水库为 2015 年新建的增强体心墙土石坝[43-44]，工程等级为 4 级，最大坝高 41.5m，水库上游水位 39.5m，下游水位 1.5m，坝顶长 365m，采用砂岩石渣料填筑坝体，下游堆石料平均粒径 $\overline{D} = 0.45\text{m}$。依前面 9.3 节计算实例，假定库水漫顶冲刷后上游库水位与增强体心墙顶部高程齐平，该水库洪水特性与相应计算成果如表 9.6 - 1 所列。

表 9.6 - 1　　　　　　　　　　　　洪水漫顶冲刷计算表

洪水频率 P	超标洪水	300 年一遇	30 年一遇	20 年一遇	10 年一遇
流量 $Q/(\text{m}^3/\text{s})$	178.8	149	93.4	83.2	66.1
单宽流量 $q/[\text{m}^3/(\text{s} \cdot \text{m})]$	0.490	0.408	0.256	0.228	0.181
计算冲坑深度 Z_m/m	5.78	5.27	4.19	3.94	3.51
冲坑形成时间 T_m/h	4.30	4.67	5.77	6.07	6.74
备注	超标洪水	校核洪水	设计洪水	一般洪水	一般洪水

注　表中一般洪水主要用来与超标与校核、设计洪水进行对比，在通常情形下一般洪水是不存在洪水漫顶的，除非水库泄洪设施出现故障。

9.6.2　洪水冲刷深度计算

由表 9.6 - 1 可知：

（1）在水库遭遇超标洪水形成漫顶冲刷时，最大冲深可达 5.78m，所需时间为 4.30h。

（2）在水库遭遇 300 年一遇的校核洪水漫顶冲刷时，最大冲深可达 5.27m，相应时间为 4.67h。

（3）在 30 年一遇的设计工况下，如产生洪水漫顶，则坝下游最大冲深 4.19m，所需时间为 5.77h。

9.6.3　墙体受力分析

依据 9.4 节所列公式进行增强体的抗折断强度复核。由《水工混凝土结构设计规范》（SL 191—2008）规定[39] 和表 9.4 - 1 所列，取 $K_Q=1.25$，$K_M=1.20$，C25 墙体混凝土强度标准值 $R_c=16.7$MPa，则 $R_Q=3.1062$MPa，$R_M=6.9583$MPa，对本工程，增强体设计厚度 $\delta=0.8$m，已知上游堆石浮密度 $\rho_1'=1.35$t/m³，土压力系数 $k_{1a}'=0.198$，由式（9.4 - 5）和式（9.4 - 6），得到如下计算结果。

1. 结构受力安全的最小墙深

不考虑土石耦合作用（即 $\Delta=0$）时，即在没有耦合的情况下，墙体不受剪切或不受弯折破坏的最大深度值分别为 $Z_Q=28.88$m 和 $Z_M=18.88$m。则保持墙体结构受力安全的最小墙深为 $Z_s=\min(Z_Q,Z_M)=Z_M=18.88$m。

当耦合度 $\Delta=1$ 时，得 $Z_Q=82.91$m，$Z_M=38.13$m，即在充分耦合的情况下，墙体不受剪切或不受弯折破坏的最大深度分别为 82.91m 和 38.13m。此时墙体结构受力安全的墙深为 $Z_s=\min(Z_Q,Z_M)=Z_M=38.13$m。

可见，维持墙体结构受力安全是由其抗弯性能决定的。

2. 设计洪水漫顶不溃安全性

在水库产生设计洪水量级的洪水漫顶冲刷时，其漫顶不溃安全性评价由式（9.5 - 1）计算：

$$F=\frac{\min(Z_Q,Z_M)}{Z_m}=\begin{cases}\dfrac{18.88}{4.19}=4.51>1.15 & (\Delta=0)\\[2mm]\dfrac{38.13}{4.19}=9.10>1.15 & (\Delta=1)\end{cases}$$

式中：系数 1.15 为取自表 9.5 - 1 规定的相应工程等级的洪水漫顶不溃安全系数值。

计算表明，在遭遇设计洪水时，不会出现溃坝的情况。

3. 校核洪水漫顶不溃安全性

同样，校核洪水时，由式（9.5 - 1）计算：

$$F=\frac{\min(Z_Q,Z_M)}{Z_m}=\begin{cases}\dfrac{18.88}{5.27}=3.58>1.10 & (\Delta=0)\\[2mm]\dfrac{38.13}{5.27}=7.24>1.10 & (\Delta=1)\end{cases}$$

式中：系数 1.10 为取自表 9.5 - 1 规定的相应工程等级的洪水漫顶不溃安全系数值。

可见在遭遇校核洪水时，也不会出现溃坝的情况。

4. 超标洪水漫顶不溃安全性

遭遇超标洪水漫顶不溃安全性的复核是基于校核洪水进行放大考虑的，由表 9.6 - 1 可知，水库遭遇超标洪水形成冲刷的最大冲坑为 5.76m。由式（9.5 - 1）计算：

$$F=\frac{\min(Z_Q,Z_M)}{Z_m}=\begin{cases}\dfrac{18.88}{5.78}=3.27>1.10 & (\Delta=0)\\[2mm]\dfrac{38.13}{5.78}=6.60>1.10 & (\Delta=1)\end{cases}$$

式中：系数 1.10 为取自表 9.5 - 1 规定的按照校核洪水漫顶不溃安全系数取值。

可见方田坝水库在遭遇超标洪水时，也不会出现溃坝的情况。

以上计算表明，将水土不耦合（$\Delta=0$ 时）作为复核洪水漫顶不溃坝的安全性下限是完全合适的，因此，对于新建增强体土石坝，漫顶不溃坝的验算可以只需复核耦合度 $\Delta=$

0 时的情形即可，如该情形能够满足，则其他任一耦合度 Δ 也自然满足。将上述计算成果列入表 9.6-2。

表 9.6-2　　　方田坝水库洪水漫顶不溃分析表（$\Delta = 0$ 时）

非常运用条件 I（工况）	计算冲坑深 Z_m/m	形成冲深的时间 /h	墙体按抗剪强度计算深度/m	墙体按抗弯强度计算深度/m	漫顶不溃安全系数 F	洪水漫顶不溃安全系数允许值	结论
超标洪水	5.78	4.30			3.27	1.10	不溃决
校核洪水	5.27	4.67	28.88	18.88	3.58	1.10	不溃决
设计洪水	4.19	5.77			4.51	1.15	不溃决

综上，方田坝水库在遭遇 300 年一遇洪水和 30 年一遇洪水乃至超标洪水情况下，增强体土石坝并不会产生如同常规土石坝所谓溃决的极端情况，因而增强体起到了抵制土石坝漫顶溃坝的结构支撑作用，说明增强体土石坝的安全运行性能比常规土石坝更为出色。

9.7　水库除险加固计算实例

9.7.1　基本概况

位于四川省岳池县的大高滩水库除险加固拟采用纵向增强体加固方案[45]，已取得四川省水利厅批复。以该水库为例，复核其漫顶不溃的安全性能。

大高滩水库功能以灌溉为主，兼有防洪、供水、发电等综合利用的 III 等中型水库，主要建筑物为 3 级，大坝为均质坝，1960 年建成并蓄水。1976 年和 1986 年先后两次出现危及大坝安全的严重险情。特别是 1976 年受暴雨影响，大坝内坡出现大面积滑坡，上部裂缝宽 4～7cm，深度在 1.5m 以下，大坝安全受到严重威胁；经过抛石压护坡脚、削坡减载等方式处理后，水库带病运行至 1997 年，大坝上游坝坡再次出现大面积滑坡，这比 1976 年的范围更大，情况更为严重。2000 年水利部大坝安全管理中心鉴定该坝为"三类坝"并进行了较为彻底的除险加固整治。2012 年 7 月，发现大坝外侧二级马道附近有库水渗漏，最大渗漏量为 0.0133L/s，水库管理单位在坝体渗漏部位设 80cm 厚塑性混凝土防渗墙进行了应急处置。2016 年岳池县水务局委托达州市水利电力建筑勘察设计院编制完成《广安市岳池县大高滩水库大坝安全评价报告》，认为大坝下游坡面出现约 160m² 渗漏区及 5 处集中漏水点，现场检查漏水总量约 0.15L/s；坝体原塑性混凝土防渗墙存在局部渗漏情况，坝体有白蚁危害，白蚁通道较为发育；现场勘察表明，大坝左右两岸坝肩连接部位存在绕坝渗漏情况，特别在右坝肩有两处集中渗水点，测试漏水量约为 0.12L/s。目前，该水库病险虽经周期性治理依然未能有效消除，且随着时间推移，一些病险危害成为痼症，难以满足水库大坝安全运行的要求，为此，水库运行管理单位委托设计单位提出采用增强体加固坝体方案，以期彻底整治坝体各类病险危害。

9.7.2　洪水冲刷计算

水库总库容 3980 万 m³，大坝现状坝轴线长 185.0m，坝顶宽 4.66m，实测坝顶高程

376.69m，最大坝高 36.6m，上游坝坡 1：2.4～1：3.0，下游坝坡 1：2.0～1：3.0，增强体心墙厚度 0.8m，采用 C25 混凝土，计算选择墙体顶部高程与正常蓄水位 375.77m 同高，下游水位按 347.3m 考虑。历次勘察揭示，坝体填筑料组成比较复杂，而且也不均一，主要由黏土、粉质黏土、砂质泥岩石渣等组成，以前整治时在上下游坝体一定范围内（深度约 5～10m）采用人工抛石碾压形成护坡。通过 150 多组的试验资料分析，得出用于漫顶计算的相关参数：下游填筑料平均粒径 $\overline{D}=0.0078$m，由于下游坝体填筑料粒径偏细，取冲刷系数 $\Phi=3.85$，相应指数 $m=0.28$，$n=0.55$，$s=0.15$；时间系数 $\omega=3.50$，相应指数 $\alpha=-0.48$，$\beta=-0.12$。计算假定库水漫顶冲刷后上游库水位与增强体心墙顶部高程齐平，则挡水高度为 $H_1=375.77-347.3=29.47$m，由式（9.3-4）计算行近水深 H_0，则上下游水位差 $H=H_1+H_0$。分别由式（9.3-5）、式（9.3-6）计算各频率洪水冲刷坑深 Z_m 和达到计算坑深所需的时间 T_m，一并列入表 9.7-1。

表 9.7-1　　　　　　　　大高滩水库洪水漫顶冲刷计算表

洪水频率 P	超标洪水	1000 年一遇	100 年一遇	30 年一遇	20 年一遇
流量 $Q/(m^3/s)$	1546.92	1289.1	861.4	700.0	538.8
单宽流量 $q/[m^3/(s \cdot m)]$	8.362	6.968	4.656	3.784	2.912
计算冲坑深度 Z_m/m	15.99	14.41	11.46	10.13	8.75
冲坑形成时间 T_m/h	2.26	2.47	2.99	3.31	3.75
备注	超标工况	校核工况	设计工况	其他工况	其他工况

表中其他工况主要用来与超标洪水与校核、设计两工况对比之用，除非水库泄洪设施因故不能正常工作，否则其他工况所代表的运行条件一般不存在。

由表 9.7-1 可知，在水库遭遇 1000 年一遇的校核洪水漫顶冲刷时，最大冲深可达 14.41m，相应所需时间为 2.47h；在 100 年一遇的设计工况下，如果洪水漫顶，则坝下游最大冲深可达 11.46m，所需时间为 2.99h。更有甚者，在遭遇所谓超标洪水时的最大冲深达 15.99m，所需的冲刷时间仅为 2.26h。

9.7.3　墙体受力分析

下面进行增强体的抗剪（抗弯）安全性复核。因工程等别为Ⅲ等，根据《水工混凝土结构设计规范》（SL 191—2008）规定[39] 与表 9.4-1，取 $K_Q=1.3$，$K_M=1.25$，墙体采用 C25 混凝土，其强度标准值 $R_c=16.7$MPa，按照 9.4 节所列公式计算，$R_Q=3.1062$MPa，$R_M=6.9583$MPa。对于本工程，增强体设计厚度 $\delta=0.8$m，上游堆石浮密度 $\rho_1'=1.06$t/m^3，经计算，土压力系数 $k_{1a}'=0.46$，本工程为老土坝，取 $\Delta=1$，由式（9.4-5c）和式（9.4-6c）算得 $Z_Q=38.87$m，$Z_M=23.02$m，则维持墙体结构受力安全的最大墙深为 $Z_s=\min(Z_Q,Z_M)=Z_M=23.02$m。

（1）在遭遇设计洪水时，由式（9.5-1）计算：

$$F=\frac{\min(Z_Q,Z_M)}{Z_m}=\frac{\min(38.87,23.02)}{11.46}=\frac{23.02}{11.46}=2.01>1.20$$

这表明在设计洪水时不会出现溃坝的情况。

（2）在遭遇校核洪水时，同样，由式（9.5－1）计算：

$$F=\frac{\min(Z_Q,Z_M)}{Z_m}=\frac{\min(38.87,23.02)}{14.41}=\frac{23.02}{14.41}=1.60>1.15$$

这表明在校核洪水时也不会出现溃坝的情况。

（3）在遭遇超标洪水时，其漫顶不溃安全系数为

$$F=\frac{\min(Z_Q,Z_M)}{Z_m}=\frac{\min(38.87,23.02)}{15.99}=\frac{23.02}{15.99}=1.44>1.15$$

可见，在遭遇超标洪水时，大坝仍不会出现漫顶溃坝的危险状态。

将上述计算成果列入表 9.7－2。

表 9.7－2　　大高滩水库洪水漫顶不溃分析表

非常运用条件 I（工况）	计算冲坑深 Z_m/m	形成冲深的时间 /h	墙体按抗剪强度计算深度/m	墙体按抗弯矩强度计算深度/m	计算漫顶不溃安全系数 F	洪水漫顶不溃安全系数允许值	结论
超标洪水	15.99	2.26			1.44	1.15	不溃决
校核洪水	14.41	2.47	38.87	23.02	1.60	1.15	不溃决
设计洪水	11.46	2.99			2.01	1.20	不溃决

由计算可知，大高滩水库经过采用纵向增强体加固病险水库以后，在遭遇 1000 年一遇校核洪水和 100 年一遇设计洪水工况下，如果出现因各种原因而产生的洪水漫顶冲刷的话，在冲刷将近 3 小时后增强体心墙下游侧冲坑可达 11.46～14.41m，尽管如此，大坝不会产生溃决。因此，大高滩水库由于增强体心墙的加入，极大改善了土石坝坝体的安全运行水平，实现了遭遇大洪水的漫顶不溃，从而保障了工程安全和下游保护对象的安全。如果考虑到超标洪水漫顶冲刷，大坝也不会出现因增强体顶不住上游巨大水土压力而产生"折断破坏"式的大坝溃决，说明在这种情况下，大坝能够保持安全运行。

9.8　小结

本章重点分析了增强体土石坝在洪水漫顶冲刷时的安全性。与常规土石坝相比，增强体作为心墙的土石坝能够实现洪水漫顶不溃或漫顶缓溃，从而改变了常规土石坝漫顶即溃坝的传统认识。

（1）根据所做的洪水漫顶溃坝试验，纵向增强体在土石坝中的存在从根本上改变了洪水漫顶时的过流、冲刷直至破坏的变化过程。首先，在过流方式上，遭遇洪水不断冲刷、坝顶通填区筑坝料被冲蚀殆尽后，坝体就形成以增强体顶部为末端的宽顶堰漫顶过流方式，其顶部高程即为宽顶堰的高程。其次，在冲刷方式上，漫顶洪水流过宽顶堰后，冲刷就集中发生在墙体下游一侧的坝体中，此时水流主要以重力流方式垂直向下，因为下游堆石坝体的透水性较强，而水平向的冲刷就减弱了，使得常规土石坝可能发生的漫顶溃坝模式改变成为增强体下游侧的冲坑（槽）模式。第三，从破坏形态看，随着冲刷的不断演进，宽顶堰下游侧的坝体将逐步被冲蚀并形成冲坑（槽），因为冲坑处的坝料已被冲走或松动，墙体下游侧将逐步形成临空面，墙体也将逐步单独承受来自上游的土水压力，其结

果是，要么墙体能够单独承受上游水土压力并取得平衡，要么墙体受力达到强度极限而被折断，造成大坝整体溃决。

（2）提出基于碎裂岩体冲刷模式的坝体堆石冲刷深度的计算模型。计算实例表明，洪水漫顶冲刷的冲坑深度与筑坝材料的物理力学性质指标直接相关：一般而言，筑坝材料越细（以平均粒径 $\overline{D}$ 衡量），计算冲深就越大（亦即冲刷坑越深）；筑坝材料越粗，计算冲深就越小。洪水经过漫顶冲刷使增强体下游侧形成冲坑而临空，墙体单独承受上游的土水荷载，因此，坝体是否溃决实际上就演变成在冲刷深度范围内增强体是否能够承受这种土水荷载作用。

（3）首次提出增强体土石坝的洪水漫顶不溃安全系数 F 值及其计算公式，对照常规土石坝的非常运用条件，给出了 F 值随工程等级的选择范围。洪水漫顶不溃安全系数 F 对工程的运行管理十分有用，运行管理单位可以据此编制相应的水库安全运行与调度方案，并对下游影响范围内安全转移与撤离提出相关建议，有利于保障人民群众生命财产安全。

参 考 文 献

［1］ 中华人民共和国水利部，中华人民共和国国家统计局. 第一次全国水利普查公报［M］. 北京：中国水利水电出版社，2013.

［2］ 贾金生，赵春，郑璀莹. 水库大坝安全研究与管理系统开发［M］. 郑州：黄河水利出版社，2014.

［3］ 韦凤年. 因地制宜采用新坝型推动我国筑坝业的发展［J］. 中国水利. 1988（9）.

［4］ 金峰，安雪晖，石建军，等. 堆石混凝土及堆石混凝土大坝［J］. 水利学报，2005（11）：78-83.

［5］ 方坤河，刘克传，段亚辉，等. 推荐一种新坝型——面板超贫碾压混凝土重力坝［J］. 农田水利与小水电，1995（11）：32-36.

［6］ IIA J S，LINO M，JIN F，et al. The Cemented Material Dam：A New，Environmentally Friendly Type of Dam. Engineering，2016（2）490-497.

［7］ 金峰，安雪晖，周虎. 堆石混凝土技术［M］. 北京：中国建筑工业出版社，2017.

［8］ 贾金生，马锋玲，李新宇，等. 胶凝砂砾石坝材料特性研究及工程应用［J］. 水利学报，2006（5）：578-582.

［9］ 贾金生，刘宁，郑璀莹，等. 胶结颗粒坝研究进展与工程应用［J］. 水利学报，2016，47（3）：315-323.

［10］ 何世钦，陈宸，周虎，等. 堆石混凝土综合性能的研究现状［J］. 水力发电学报，2017，36（5）：10-18.

［11］ 黄世国. 软岩应用于中低堆石混凝土重力坝的质量控制和技术要求［J］. 四川水利，2019，40（3）：38-40.

［12］ 易绍林，黄国芳，孙邵岗. 堆石自密实混凝土重力坝施工技术要点分析［J］. 水利建设与管理，2020，40（8）：31-34，43.

［13］ 中华人民共和国水利部. 胶结颗粒料筑坝技术导则：SL 678—2014［S］. 北京：中国水利水电出版社，2014.

［14］ 梁军. 纵向增强体土石坝的设计原理与方法［J］. 河海大学学报（自然科学版），2018，46（2）：128-133.

［15］ 崔广涛，林继镛，梁兴蓉. 拱坝溢流水舌对河床作用力及其影响的研究［J］. 水利学报，

1985 (8)：60 - 65.

[16] 刘沛清，冬俊瑞，李永祥，等. 在冲坑底部岩块上脉动上举力的实验研究 [J]. 水利学报，1995 (12)：59 - 66.

[17] 陈生水. 土石坝溃决机理与溃坝过程模拟 [M]. 北京：中国水利水电出版社，2012.

[18] 杨武承. 引冲式自溃坝口门形成时间的试验及规律 [J]. 水利水电技术，1984 (7)：23 - 27.

[19] 梁军. 纵向增强体土石坝新坝型及其安全运行性能分析 [J]. 工程科学与技术，2019，51 (2)：38 - 44.

[20] 梁军，陈晓静. 纵向增强体土石坝漫顶溢流安全性能分析 [J]. 河海大学学报（自然科学版），2019，47 (3)：238 - 242.

[21] 水利部水利水电规划设计总院. 堤防工程设计规范：GB 50286—2013 [S]. 北京：中国计划出版社，2013.

[22] 李晓庆，唐新军. 对《堤防工程设计规范》推荐冲刷深度公式的探析 [J]. 水资源与水工程学报，2006 (2)：50 - 52.

[23] 杨兆，谢银昌. 山区性河流冲刷研究 [J]. 电力勘测设计，2019 (增1)：41 - 43.

[24] 向琪芪，李亚东，魏凯，等. 桥梁基础冲刷研究综述 [J]. 西南交通大学学报，2019，54 (2)：235 - 248.

[25] LIANG F Y, WANG C, HUANG M, et al. Experimental observations and evaluations of formulae for local scour at pile groups in steady currents [J]. Marine Georesources & Geotechnology, 2017, 35 (2)：245 - 255.

[26] LEE T L, JENG D S, ZHANG G H, et al. Neural network modeling for estimation of scour depth around bridge piers [J]. Journal of Hydrodynamics, 2007, 19 (3)：378 - 386.

[27] 殷成胜，殷如阳，卢佩霞. 无黏性土的冲刷机理 [J]. 盐城工学院学报（自然科学版），2016，29 (1)：66 - 69.

[28] 朱建华. 爆破堆石坝的抗冲刷稳定性 [J]. 水利学报，1993 (3)：75 - 81.

[29] 朱建华. 面板堆石坝碎石垫层料的渗透稳定及反滤料设计 [J]. 水利学报，1991 (5)：57 - 63.

[30] 洪大林. 粘性原状土冲刷特性研究 [D]. 南京：河海大学，2005.

[31] 陈生水，陈祖煜，钟启明. 土石坝和堰塞坝溃决机理与溃坝数学模型研究进展 [J]. 水利水电技术，2019，50 (8)：27 - 36.

[32] 陈生水，钟启明，曹伟. 土石坝渗透破坏溃决机理及数值模拟 [J]. 中国科学：技术科学，2012，42 (6)：697 - 703.

[33] 关志诚，等. 水工设计手册（第一卷 基础理论）[M]. 北京：中国水利水电出版社，2007.

[34] 金家麟. 土坝洪水溢顶及破坏 [J]. 四川水力发电. 1991 (3)：53 - 56.

[35] 刘新纪，徐秉衡. 岩石冲刷试验模拟方法冲深估算 [R]. 沈阳：水利电力部东北勘测设计院，1978.

[36] Г. А. 尤季茨基. 跌落水流对节理岩块的动水压力作用和基岩的破坏条件 [J]. 水工水力学译文集（岩基冲刷专辑）. 南京：华东水利学院，1979：27 - 32.

[37] 施士昇. 混凝土的抗剪强度、剪切模量和弹性模量 [J]. 土木工程学报，1999，32 (2)：47 - 52.

[38] 中国建筑科学研究院建筑结构研究所. 混凝土结构设计规范：GB 50010—2010（2015 年版）[S]. 北京：中国建筑工业出版社，2015.

[39] 中华人民共和国水利部. 水工混凝土结构设计规范：SL 191—2008 [S]. 北京：中国水利水电出版社，2009.

[40] 中华人民共和国水利部. 碾压式土石坝设计规范：SL 274—2020 [S]. 北京：中国水利水电出版社，2021.

[41] 中华人民共和国水利部. 小型水利水电工程碾压式土石坝设计规范：SL 189—2013 [S]. 北京：中国

水利水电出版社，2014.

[42] 中华人民共和国水利部. 水工挡土墙设计规范：SL 379—2007 [S]. 北京：中国水利水电出版社，2007.

[43] 梁军，张建海，赵元弘，等. 纵向增强体土石坝设计理论在方田坝水库中的应用 [J]. 河海大学学报（自然科学版），2019，47（4）：345 - 351.

[44] 王小雷. 四川省通江县方田坝水库扩建工程初步设计报告 [R]. 成都：四川省水利水电设计勘测设计研究院，2015.

[45] 邓建文. 岳池县大高滩水库除险加固初步设计报告 [R]. 南充：四川南充水利电力建筑勘察设计研究院，2020.

第 10 章 土石坝纵向加固技术

摘要：本章简要回顾了增强体心墙设计的一些具体过程，强调了基础资料的收集与分析的重要性。按照纵向增强体心墙在土石坝中有着防渗、受力、抵抗变形直至漫顶不溃或缓溃的结构特点，要求在增强体具体设计与计算中，应复核并满足上述四方面的要求，保证增强体受力与变形的安全性，其中，满足防渗要求是最基本的，其他方面的力学性能也应进一步深入分析。本章从设计角度对墙体基础的选择也进行了有益探讨，指出新建增强体土石坝和病险水库除险加固的异同点。本章还对增强体混凝土的施工进行了一些有益探讨，简要分析评价了墙体作为混凝土结构体的可靠性。

10.1 概述

如前所述，采用刚性的混凝土防渗墙作为土石坝关键"芯片"——防渗体，已经超越了常规意义上的单纯的"防渗"，因而这种混凝土防渗墙便有了一个新颖的名称——增强体。增强体是在土石坝中建造集防渗与受力为一体的刚性结构体，该结构体具有承担防渗、受力、抵抗变形作用，通过预设钢桁架与后期帷幕灌浆钢管，按地下连续墙的施工方式建造的刚性墙体，墙体底部一般嵌入坝基一定深度并通过墙下帷幕和固结灌浆与坝基紧密连接，最终形成相对稳定的固定端。由于增强体是沿着坝轴线方向展布，连接河谷左右两岸，故又称为纵向增强体。

由此，增强体土石坝是基于常规土石坝并在其内部建造集防渗与受力为一体的刚性结构体（即增强体，或简称"墙体"）构成的一种新坝型，混凝土刚性墙体与柔性土石坝坝体形成"刚柔相济"的整体受力结构。增强体既起到防渗体作用，能有效降低墙体下游浸润面高程和减小坝体渗漏量；又起到结构体作用，增强了土石坝的抗变形能力，提高了坝体安全稳定性；还能防止可能出现的超标准洪水漫坝溢流引发的坝体溃决，从而保障坝体及下游的安全。

增强体土石坝的分区与常规土石坝基本一致，一般按不同材料与在坝体中的功能分为增强结构功能区、过渡区、坝壳料区、排水体、护坡等主要分区，以及其他分区诸如下游堆石排水棱体，上下游坝坡衬护表层，坝顶部位排水边沟、防浪墙、护栏等。其主要不同之处是常规土石坝的防渗体作为一种分区，在增强体土石坝中已经不仅仅起着防渗作用而上升为具有增强坝体受力与抵抗变形的功能，因此可称此区为增强体结构功能区，这是增强体土石坝的重要特征。一般而言，为了做好土石坝的分区设计，设计人员应当充分了解筑坝材料的物理力学特性，并根据坝体分区的不同力学性能要求，按照"宜材适构"的原则，科学合理、经济适宜地安排好筑坝材料在坝体中的结构配置。

增强体土石坝是指防渗心墙由刚性材料建造的一种土石坝。显然，纵向增强体设计便成为这类土石坝至关重要的环节与步骤，目前，已经出台有关纵向增强体技术规程[1] 并在实际工作中得到较好的应用[2-3]。

如前所述，增强体单纯从施工角度来说实际上就是混凝土防渗墙。我国最早使用混凝土防渗墙对大坝进行防渗加固的是江西柘林水库黏土心墙坝，之后又在丹江口水库土坝加固中得到应用。防渗墙早期采用乌卡斯钻机施工，施工速度较慢，费用较高，随着液压抓斗的使用，成墙速度提高，工程造价也逐步降低。目前，混凝土防渗墙已广泛应用于水库渗漏加固处理中，如黑龙江象山水库、江西油罗口水库、湖北陆水水库、安徽卢村水库、湖南六都寨水库、内蒙古霍林河水库、重庆马家沟水库、四川通江竹子坎水库等病险加固工程均采用混凝土防渗墙进行防渗加固处理。但不能不说，这些防渗墙施工建造只有施工工法而没有设计理论和设计方法，没有认识到混凝土防渗墙在坝体中的功能已经超出单纯的"防渗"，而在作用机理上形成结构受力的特点，从而对土石坝的应力与变形以及安全运行性能产生了不可忽略的增强作用。

增强体的设计是综合考虑了墙体的防渗、受力、漫顶防溃和施工等性能特点而进行的，实际上也就是从这几个方面设计的综合取优来确定的，从而满足技术安全可靠和经济造价合理两方面的总要求。这是每一个设计者对每一项工程设计的必由之路。根据前几章的理论研究与分析计算，混凝土增强体心墙首先应当满足防渗要求，这是底线或下限；其次还应当尽量保证特殊情况下遭遇洪水漫顶时坝体不溃决或延缓溃决，这是上限目标。显然，上下限目标一旦满足，那么增强体的受力与变形、稳定与安全等性能就都能得以实现。

同样，由混凝土材料形成的增强体设计所需基本资料也是综合的、多方面的。混凝土增强体设计所需主要资料如下：

（1）工程枢纽总体布置图。

（2）坝体剖面与平面布置图。

（3）水库不同运行工况下的洪水特性与上下游水位特征资料。

（4）坝体各类筑坝材料的物理力学性质指标，包括渗透性指标、变形性能指标、强度指标、筑坝材料与混凝土接触面力学指标等。

（5）坝体下游填筑料有关水力冲刷性能资料或试验指标。

（6）坝基覆盖层的地质剖面图，坝基物理力学指标与工程地质评价及结论。

（7）坝区水文地质条件与水质分析资料。

（8）近坝场地评价资料与施工总体布置图。

（9）坝区环境保护评价与要求。

（10）枢纽工程附近混凝土主材与护壁黏土或膨润土获得等资料。

（11）其他所需的相关资料。

10.2　增强体心墙设计

混凝土纵向增强体心墙设计的主要内容有以下几方面：

（1）根据本工程筑坝材料的物理力学特性，计算出增强体心墙满足防渗要求的基本厚度 δ，并根据施工方案选择经济合理的墙体设计厚度值。

（2）按照有关规程规范进行墙体组成设计，包括材料组成、强度等级、耐久性能等指标的选择。

（3）开展增强体心墙的变形与受力分析，复核墙体安全稳定性能。

（4）计算坝体沉降对墙体的下拉荷载效应，复核混凝土墙体的抗压、抗弯拉强度是否满足要求，提出墙体配筋的方案意见。

（5）分析不同设计工况增强体在上游库水作用与上下游坝体荷载作用下的受力安全性，综合分析坝边坡稳定性与墙体受力安全性的相关关系，得出较为经济合理的坝体断面与体型设计。

（6）在一些特殊工况下，复核增强体遭遇洪水漫顶不溃坝的安全性能。

混凝土增强体设计一开始主要针对墙体防渗设计而展开，这是基础。第 3 章有关墙体厚度的计算改变了以往土石坝防渗设计与计算都是凭经验操作的传统套路，而将防渗体的厚度与水库水位特征、墙体与筑坝材料力学特性联系起来，从理论上得出防渗体厚度的定量计算值，该数值应作为进一步设计的基本依据。墙体防渗厚度的计算方法同样适合于沥青混凝土防渗墙。

10.2.1　心墙设计厚度确定

防渗墙体的厚度计算已在第 3 章作了详细研究，墙体防渗设计宜以最大作用水头进行计算，由此求出墙体厚度，这个最大作用水头一般是指经调洪演算得到的上游最高库水位，以及对应的下游水位之间的差值。

这里必须强调，第 3 章的厚度计算是单纯从防渗设计角度出发的，并没有考虑到墙体施工所必备的机械化施工特点，另外，按《水工挡土墙设计规范》（SL 379—2007）规定，当墙体计算厚度 $\delta \leqslant 30\text{cm}$ 时，应取计算厚度为 30cm。实际上，从目前工程实践来看，增强体心墙的设计厚度主要是考虑机械化施工的技术要求，即乌卡斯冲击抓斗的施工作业宽度，这个宽度可以通过抓斗的宽度进行调整，一般为 0.4～1.2m，这对中小水库工程已经足够。因此，增强体防渗墙最终的设计厚度应该根据墙体计算厚度值和机械施工设备的要求最终确定，从经济造价上看，一般选择最接近且略大于计算厚度的机械设备造孔宽度作为墙体厚度设计值。

应当注意的是，有关墙体结构受力与变形计算与复核，以及在特殊工况下的洪水漫顶溃坝分析计算，不再作为墙体厚度的设计依据，因为防渗墙的施工控制是一个关键因素，防渗"芯片"的施工影响着水库大坝是否安全建成。

10.2.2　增强体防渗心墙的高度与建基面确定

增强体作为防渗心墙的设计高度值，应按最高洪水高程与坝体建基高程之差再加上一定的安全裕度进行确定，这个安全裕度一般为 0.3～0.5m。然而在具体的应力与变形计算中，为使计算更加简洁，增强体的计算高度值可以不计这个裕度，而直接将墙体计算高度值取为与水库特征水位齐平，墙体的计算高度值与设计高度值形成的误差相对于几十米高的大坝而言是可以忽略不计的。

大坝建基高程是指拟建大坝开挖基础的高程，一般会在设计图纸上标明并让现场设代通过施工开挖验槽来确定。常规土石坝的建基高程一般较易确定，对于增强体土石坝来说，新建坝和病险处置坝是有区别的，关键是防渗墙的布置可深可浅，也可一直贯穿于整个坝体和坝基。显然，建基高程不能按墙体与下部灌浆体的接触面起算，也不宜按增强体底部高程来确定，否则，坝体虚高太多，不科学。实际上，建基高程的确定应该依然按设计图纸标明或现场施工开挖情况而定：一方面，对于病险加固处理或改扩建的老坝，按原设计图纸标明的建基高程确定；另一方面，对于拟建的新坝，则将人工开挖的作业面确定为建基面，而无论墙体底部在何处。一般墙体机械化施工总是要嵌入人工开挖建基面一定深度，这个深度是墙下预埋灌浆管的底部位置，亦即墙体底部与下部灌浆的接触面，可见，建基面不一定就是增强体底部高程。简言之，大坝建基面就是人工开挖作业的最低基面，也是计算增强体坝高的起算面。

10.2.3 增强体心墙组成材料

增强体心墙所用原材料包括拌制用水、水泥、骨料、掺合料、外加剂，以及各种型钢、钢筋、钢管等，这些原材料应符合国家和行业现行有关标准、规定。限于当地条件等特殊情况，如骨料选用不合规定时，宜进行专门技术论证。已被批准使用的原材料在被使用之前应集中妥善保存，确保原材料的物理力学性能、化学性能保持不变。

1. 混凝土骨料

用于增强体的混凝土骨料可以是天然砂砾石料，也可以是人工骨料，一般按 2～3 级配进行制备。骨料中所含有机物、淤泥、硫化物、泥炭等有害物质的含量应满足国家有关规范和标准要求。混凝土骨料分粗、细两大类骨料。粗骨料一般要求采用新鲜、坚硬、完整、磨圆度好、针片状含量少的河床天然砂砾石或人工加工料，其母岩饱和抗压强度不低于 40MPa，颗粒粒径不超过 40～60mm，含泥量应不大于 1.0%，可参照《水工混凝土施工规范》（SL 677—2014）[4] 相关规定选择。细骨料（天然砂或人工砂）的含泥量应不大于 3%～5%，细度模数一般在 2.2～3.0 之间，细度模数超出规定值应进行试验论证。

2. 水泥

增强体混凝土不宜采用凝结速度较快的水泥，例如铝酸盐水泥、硫铝酸盐水泥等，以保证混凝土有足够的扩散度，同时水泥选用还应考虑外加剂的相容性。凡符合国家标准的普通硅酸盐水泥均可采用。水泥品质应符合《通用硅酸盐水泥》（GB 175—2007）[5]、《中热硅酸盐水泥、低热硅酸盐水泥、低热矿渣硅酸盐水泥》（GB 200—2003）[6] 的要求。水泥的品质、运输和储存条件应符合《通用硅酸盐水泥》国家标准第 1 号修改单（GB 175—2007/XG1）[7] 的要求。水泥应新鲜、无结块，细度要求为通过 $80\mu m$ 标准筛的筛余量不大于 5%，施工过程中应定期进行细度检测；对已经受潮结块的水泥，必须经加工处理，并检验合格后才能使用。

混凝土拌制用水应符合《水工混凝土施工规范》（SL 677—2014）拌制水工混凝土用水第 5.6 节的要求。

3. 外加剂

增强体混凝土外加剂的品质及其要求应按照《水工混凝土外加剂技术规程》（DL/T 5100—2014）[8] 的规定，外加剂品种的选用和掺入量应通过实验确定。墙体混凝土根据需要可掺用高效减水剂或引气剂，夏天施工时可掺用满足缓凝性要求的缓凝性减水剂。

4. 掺合料

各类灌浆所需材料的掺合料宜选用膨润土，其质量标准按照《水利水电工程钻探规程》（SL/T 291—2020）[9] 规定执行。增强体心墙混凝土可掺入粉煤灰、粒化高炉矿渣粉、硅灰、磷渣粉、复合矿物掺合料等矿物掺合料。掺用品种和掺和量应根据工程实际情况、技术要求和经济性价比等因素综合选定，并通过试验论证相关掺和指标。

5. 钢材

各型钢筋、钢管的选用主要是考虑增强体的结构性要求。钢筋选用宜根据墙体受力分析计算并按有关规范[10-11] 有关规定执行。如前所述，如果弯拉配筋计算所得钢筋截面面积小于或接近于施工下设的钢筋截面面积，说明施工所需含钢量已经满足结构要求，则无须另外增加配筋；如果计算钢筋截面大于施工钢筋用量，应就两者之差再行布置配筋，以满足结构受力要求。另外，为保证钢桁架下设时的稳定、防止变形，可以布置适当的型钢（包括槽钢和角钢）作为加固结构的构件，用量与尺寸以满足现场施工保持钢桁架刚度和稳定为宜。

钢桁架中的预埋钢管宜采用无缝钢管并满足后期灌浆需要，规格一般为 $DN100\sim DN150$，尺寸 108mm×4.0mm～133mm×4.5mm（外径×壁厚）。灌浆结束后，钢管应采用细石混凝土实施封堵，墙体结构强度并没有考虑这种封堵后形成所谓钢管混凝土的增强作用，因而配筋计算与强度复核是偏于安全的。

将预埋灌浆管后期充填封堵形成所谓钢管混凝土，是纵向增强体土石坝在墙体结构上的一个特点。目前水工设计与计算对这种钢管混凝土所起的作用缺乏相应研究，类比建筑、交通桥梁的大量应用，钢管混凝土较钢筋混凝土应该具有更高的强度与抵抗变形的性能。增强体在某种程度上可以视为钢管混凝土结构构件，它是由钢筋与钢管本身及钢管内混凝土、钢管外的钢筋混凝土、保护层混凝土组成，施工工艺多为整体下设与浇筑，所以整体性能较好。由于墙体长期埋置于坝体内部，其温度与应力环境相对稳定，不会出现大起大落的极端情况，因而在结构上不需分缝。为使坝体内置混凝土防渗墙能够真正发挥增强体的结构作用，一般可按建筑行业要求，管内混凝土强度等级不宜低于管外混凝土强度等级。为了遵循有关设计规范和便于比较计算结果，仍然按照管外混凝土强度等级作为增强体的强度等级，而将钢管混凝土的增强效应作为一种安全储备。由此，有关水工混凝土结构设计计算规范、手册就完全适用于增强体结构设计与计算。

10.3　增强体心墙技术要求与特点

10.3.1　墙体结构型式

纵向增强体心墙是"插入"土石坝中的刚性材料，属于埋置在坝体中的隐蔽性关键

"芯片"。按照第1章土石坝完备性理论分析，增强体心墙应在坝体轴线附近采用垂直式布置型式，不宜布置为倾斜式或垂直式与倾斜式的组合型式，也不宜按照浇筑式沥青混凝土的施工方法进行建造。从受力特点讲，纵向增强体心墙的底部嵌入基础可视作固定端，而其顶部为允许变形的自由端，从剖面上看，增强体属于底部固定、顶部自由的垂直向等厚度悬臂梁结构。

10.3.2 耐久性要求

增强体为"插入"坝体内部的隐蔽性刚性结构体，设计时可以根据这一特点提出耐久性要求，墙体结构的耐久性要根据结构设计使用年限和所处环境类别进行设计。按照《水工混凝土结构设计规范》（SL 191—2008）第3章有关规定[11]，纵向增强体的环境类别一般处于二类，其最低强度等级应为C25，而且满足不具备更换条件的结构体，其设计使用年限不应低于整个土石坝的使用年限。对于坝高小于30m的低坝，通过技术与经济的分析，墙体的强度等级可以放宽至C20混凝土，但应进行必要且充分的论证。由于墙体内设钢筋，其混凝土保护层厚度宜按《水工混凝土结构设计规范》（SL 191—2008）第9章一般构造规定相关内容执行，保护层厚度不应小于粗骨料最大粒径的1.25倍，同时应特别注意保证混凝土保护层的密实性。

增强体心墙的耐久性意味着这种坝型的耐久性，也就是使用年限时间，这将在第10.6节进行更详细的论述。

10.3.3 防渗要求

由于增强体心墙的第一要求是防渗，应根据大坝工程等级和坝高（水头），按《水工混凝土结构设计规范》（SL 191—2008）第3章有关规定合理选择增强体心墙的抗渗等级。增强体土石坝的防渗墙体抗渗等级一般为W6～W8。当坝高（或水头）小于30m时，抗渗等级可放宽至W4。增强体混凝土的抗渗等级可按28天龄期的标准试件进行测定。

10.3.4 强度等级要求

依据《水工混凝土结构设计规范》（SL 191—2008），墙体作为地下构筑物且处于二类环境类别，其强度要求不应低于混凝土强度等级标号C25。对于坝高30m以下的低坝，通过安全与经济两方面进一步论证，认为可以采用不低于C20的混凝土材料作为增强体心墙。

增强体的强度等级一经确定，各项与强度有关的计算分析便有了依据，首先根据增强体的强度等级，不难确定其抗压强度计算值，进而墙体的抗剪强度计算值、抗弯强度计算值等指标宜由《钢管混凝土结构技术规范》（GB 50936—2014）[12]、《混凝土结构设计规范》（GB 50010—2010）[13] 和《水工混凝土结构设计规范》（SL 191—2008）等合理选取，有条件时可通过试验确定。当然，不断积累工程建设经验，也是一种丰富数据与指标选择的有效途径，工程设计指标参数的类比在一般情况下也是可行。

10.3.5 变形要求

由于混凝土增强体心墙嵌入土石坝坝体，其上下游两侧受到水、土荷载的作用，即便在一些较为极端不利的工况下，墙体的变形也总是受到限制的，一些工程实例计算分析表明，墙体本身的变形一般是可以控制的。因此，应按《水工混凝土结构设计规范》（SL 191—2008）第 3 章有关荷载效应标准组合进行验算，将最大坝体剖面的墙体作为平面应变情况下的悬臂梁受力结构，考虑各种工况和水土耦合关系相应计算公式进行复核计算，验证墙体的最大挠度（一般在墙顶）是否超过有关规程与规范[1,11] 的规定值。

10.3.6　防冻要求

在西部高寒地区修建增强体土石坝，宜考虑抗冰冻要求，可参照《水工混凝土结构设计规范》（SL 191—2008）合理选择墙体混凝土抗冻等级，也可按照《水工建筑物抗冰冻设计规范》（GB/T 50662—2011）[14] 的相关规定执行。由于墙体作为地下构筑物且处于相对稳定的二类环境类别，其抗冻标号可选择在 F150 以下。

10.4　增强体基础处理

一般而言，增强体土石坝的坝基处理包括两个方面。一是坝基处理，土石坝的坝基及其处理方式已有许多成功经验和规范规定[15-16]，此处不再赘述。二是增强体基础的处理，这里又细分为两类：一类是针对病险土石坝除险加固的墙体与坝及其防渗联接方式的基础处理；另一类是针对新建土石坝的墙体基础处理。

10.4.1　病险土石坝除险加固墙体基础处理

近年来，针对一些土石坝出现如同"老病号"那样的周期性病险与周期性整治，设计方应当充分研究病险土石坝出现病险的原因：首先，大坝渗漏是主因，又可细分为坝体渗漏、坝基渗漏和坝体坝基均渗漏三种情形；其次，防洪标准不够，洪水漫顶形成溃坝，构成潜在威胁；第三，坝体渗透导致的开裂、滑坡也对大坝安全造成危害。这些病险情况都可以通过采用土石坝纵向加固技术进行彻底治理[17]，纵向增强体加固病险坝体便是当然选项。

首先必须收集齐全坝有关技术档案资料特别针对坝基的地质勘察资料、图纸和处理结果，进一步分析论证拟采用增强体心墙的坝基具体地质条件和建基高程。其次，结合病险原因提出有针对性的处理措施，包括建基面上、下防渗体系的连接与封闭方式。最后，应综合考虑坝体病险存在的各种表现形式，通过技术经济比较，提出可行可靠的处理方案。由此，纵向加固技术可以归结为三大类。

（1）第一类是针对坝体坝基（含左右两岸坝肩）同时渗漏的病险问题。这是最一般性的设计，其基本型式如图 10.4-1 所示。收集本工程最初的地勘资料，特别是坝基处理相关资料，根据已成工程的处理经验，病险土石坝的基础条件应当是明确的、可控的，采用混凝土防渗墙体和墙下预埋灌浆管的处理方式，墙体达到预定深度，墙下灌浆钢管以帷幕灌浆为主，辅以施工开槽时对基础劈裂的固结灌浆或充填灌浆，一般布置灌浆管以间距 1～2m 为宜，关键是确保墙体底部与坝基结合部位的完整性和封闭性。墙下帷幕灌浆深度应依据病险水库除险加固的工程等级确定，按有关技术规程规范做好相关试验准备工作。

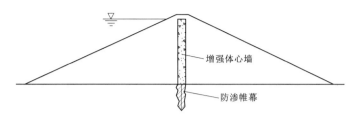

图 10.4-1 纵向增强体加固方案示意图

（2）第二类是坝体渗漏而坝基不渗漏的病险情况。防渗墙体底部可以贯穿于坝基原建基面以下 1～3m 即可，在墙下灌浆处理方面，可只进行墙体底部与新开坝基基础充填灌浆，而不需采用帷幕灌浆，但要注意新老防渗体的结合问题。此时，墙下灌浆钢管布置较为稀疏，而不能像做帷幕那样密集，一般充填钢管的间距 3～5m 或更大为宜，这需根据灌浆试验确定。

（3）第三类是坝体不渗漏坝基渗漏的情况。此时，为经济节省可以采用坝内截水墙式的防渗墙进行处理，如图 10.4-2 所示，即从坝体一定高度向下开槽造孔至坝基深度一定范围进行截水墙施工，然后用原坝体料回填槽孔至开槽顶部，通过这种施工方法将防渗墙嵌入坝基渗漏部位。如果设计还考虑坝体处在一些特殊工况下，为了防止遭遇漫顶溃坝的风险，整个坝体采用防渗墙施工到最高洪水位以上，这样的防渗墙就成为增强体心墙了，这时，这类情况又归结为第一类。

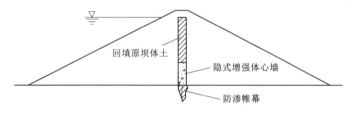

图 10.4-2 截水墙式增强体示意图

另外，为了防止病险土石坝在特殊情况下洪水漫顶溃坝的发生，针对一些老旧土石坝下游坝体用料复杂，包含风化、石渣等利用料，遭遇洪水冲刷的抗冲性能脆弱，坝坡易开裂变形，以致形成滑坡。经过复核，为防止下游坝体冲刷与失稳，可以在土石坝坝体下游适当位置采取间隔增设增强体的做法，以确保大坝安全。如图 10.4-3 所示为坝体下游侧加固示意图，下游侧的墙体只起加固作用，在墙体防渗连接上可以弱化处理。这种主副增强体结构加固方案适合于病险程度严重或所处位置重要、失事后果严重的土石坝加固。

10.4.2 新建土石坝增强体基础处理

对于新建的纵向增强体心墙土石坝，在进行坝基处理的同时，增强体基础宜预先形成开挖建基面，并按要求回填过渡料，以作为后期墙体施工的接应。坝体防渗心墙和墙体以下通过预埋灌浆管对坝基进行帷幕灌浆形成整体的垂直防渗体系，坝基防渗可不考虑上游设置防渗铺盖的水平防渗处理形式。坝基墙下帷幕灌浆深度应按照水工建筑物等级、水头大小、坝基地质条件、渗透剖面和对帷幕所提出的防渗要求等因素进行综合确定。帷幕灌

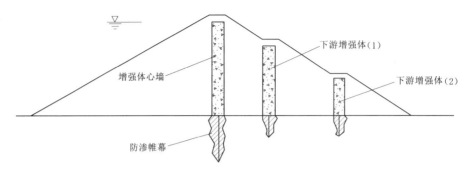

图 10.4-3　下游坝坡增强体加固示意图

浆的设计标准应按灌后基岩的透水率控制：对 2 级坝或中低坝（坝高小于 70m），透水率控制为不超过 5Lu；3 级及以下的坝（坝高一般低于 30m），控制透水率为 5～10Lu。

针对增强体基础所接触到的不同的建基面地质条件，有必要分别进行叙述。

1. 软弱基础处理

当增强体建基遇到《碾压式土石坝设计规范》（SL 274—2020）规定的软弱基础时，应清除不宜作为增强体建基面的软弱地层，建基面宜由业主、监理、设计、施工等参建各方现场确定，质量管理部门应及时到场进行验收存档。如开挖深度较大时（一般大于 2m，但不宜超过 5m），宜按基础临时边坡开挖到建基高程，建基高程面的开挖宽度应不小于增强体心墙厚度的 4～5 倍，开挖基坑采用过渡料回填碾压密实，作为增强体基础。

2. 砂砾石基础处理

砂砾石增强体基础，应查明分布情况以及物质组成、级配性状、密实程度和渗透特性等物理力学指标，在有抗震要求的地区还应了解其振动液化性能等动力特性指标。勘测试验应按《水利水电工程地质勘察规范》（GB 50487—2008）[18] 和《土工试验规程》（SL 237—1999）[19] 执行。

建于砂砾石基础上增强体心墙的建基面嵌入深度取决于砂砾石覆盖层的厚度、渗透性及水库防渗要求等，一般情况下对较薄砂砾石地层，增强体心墙宜穿过该覆盖层，使墙体底部建基于下部相对不透水或弱透水基础上，这种方式在工程上称为封闭式。对深厚砂砾石地层，增强体心墙也可建基于砂砾石相对密实的深度，应根据基础防渗需要选定，这种方式工程上称为悬挂式。当坝基砂砾石地基较薄（一般不超过 5m）而下伏基岩时，增强体底部可采用明挖回填的方式在下部基岩上建基，预理一定深度（2～4m）过渡料作为后期墙体施工的垫底接应；砂砾石地基深度较大（厚度超过 10m）时，宜根据现场勘察情况和施工条件合理确定上部防渗墙和下部帷幕灌浆连接的建基面高程，以满足防渗效果可靠前提下的经济合理。帷幕灌浆最大深度由坝基渗流稳定控制，并满足坝基渗透稳定要求。

无论是封闭式还是悬挂式墙体，其下部必须通过后期灌浆管进行墙下帷幕灌浆以形成防渗整体，帷幕灌浆底界应按有关技术规范要求的透水率确定。

3. 基岩基础处理

当增强体基础为基岩时，应依据有关规范查明基岩的工程地质与水文地质特性，如存在软弱夹层、透水带与通道、断层与风化破碎带等不利基础条件时，应对增强体基础进行适当处理。

基础范围存在断层、破碎带、软弱夹层等不良地质构造，应进行适当清除并回填过渡料，如不良地质构造规模较大，宜适当先行开展固结灌浆或充填灌浆，灌浆压力宜根据灌浆试验选用不超过 $0.1\sim0.3$MPa 的低压力。灌浆后可进行质量检查，检查孔的数量不宜少于灌浆总数的 5%。固结与充填灌浆对浆液材料的技术要求、灌浆方式、终止标准等应按照《水工建筑物水泥灌浆施工技术规范》（SL 62—2014）[20] 执行。

10.5 纵向增强体土石坝施工方法

增强体土石坝的施工建造方法与常规的土石坝施工方法相比，既有相同之处，也有自己的特点，这主要由于混凝土增强体心墙的施工建造与其他防渗体不同所致。有关坝体施工方法可参照《碾压式土石坝设计规范》（SL 274—2020）、《土石坝施工组织设计规范》（SL 648—2013）[21] 等设计与施工规范执行。

在整个大坝施工填筑前，应在预留增强体施工范围内的坝基表面进行必要的地勘量测、编录，绘制平、剖面图，量测范围以拟回填的过渡料外 1m（横向）、左右两岸墙体外 $2\sim5$m（纵向）为宜。

纵向增强体土石坝的施工方法可归纳为"先填坝，再做墙，后灌浆"三个大的施工工序。

10.5.1 坝体填筑

在增强体心墙基础处理完成后，按照坝体设计断面和施工方案进行大坝填筑，推荐开展全断面坝体填筑，应在后期增强体施工的范围内按设计宽度填筑过渡料，并与坝壳料同步施工。过渡料是作为应力过渡以及保护泥浆护壁不致漏浆而设置的，过渡料区的填筑也是整体性的，为将来中间开槽造孔成墙创造接应条件。当坝体填筑有防洪度汛任务时，可以按照施工临时断面进行。临时断面分期分区施工应根据坝基地质条件、筑坝料源、导流施工与度汛方案、枢纽建筑物开挖料利用和总体施工进度等具体情况确定。施工临时断面的坡面应做好防护与排水工作，以防止汛期日晒雨淋、降雨冲刷造成质量缺陷而导致返工。

临时断面的坝坡作为永久边坡的，应经边坡稳定计算分析。增强体土石坝如按照常规土石坝的坝坡取值，一般都是安全的。工程经验与计算分析表明，坝壳料采用砂砾石料边坡坡比不宜陡于 1:1.6，堆石料边坡坡比不宜陡于 1:1.4，石渣料边坡坡比不宜陡于 1:1.5。如前分析，增强体受力安全系数总是大于坝坡稳定安全系数值，因此，增强体土石坝较常规土石坝的安全余度更大，上、下游边坡的坡比如换算成坡角值，其取值不应超过 $(0.9\sim0.95)\varphi$（φ 为相应筑坝材料的内摩擦角）。在材料选择上，推荐采用当地堆石料或石渣料等筑坝材料。

大坝在填筑过程中，存在沉降变形，为有效消除坝体不均匀沉降和过大的侧向或水平变形，形成相对均衡的填筑加荷方式，以维持应力与变形分布的合理性和状态的渐变性，要求各分区筑坝料的相对填筑高差不宜超过 5m。全断面施工应根据不同料物分区，并按试验与设计要求确定施工碾压工艺参数，保证坝体填筑质量。

10.5.2 增强体心墙施工[1]

坝体填筑至满足墙体施工平台后，预留 3 个月左右的坝体沉降期，坝体沉降基本稳定后，可开始增强体心墙的施工。施工供水、供电、供浆、道路、排水等设施，应在开工前准备就绪。

增强体心墙施工前，施工单位应按批准的设计及招标文件编制施工组织设计，并收集齐全下列有关文件和资料：

（1）施工图阶段的增强体防渗墙设计图纸和说明书。

（2）墙体材料的种类、性能指标及其施工技术要求。

（3）老坝除险加固处理的坝址工程地质和水文地质资料、墙体轴线处的勘探孔柱状图和地质剖面图，勘探孔的间距可为 50～100m，地质条件变化较大时，勘探孔间距不宜大于 20～30m。

（4）造孔采用的泥浆材料及墙体材料的产地、质量、储量、开采运输条件等资料。

（5）施工区域内的各类建筑物、永久与临时设施等详细资料。

（6）对震动、噪声、排污等有关环境保护的要求及说明资料。

（7）水文气象资料。

（8）施工中应使用的标准以及有关的其他文件。

增强体心墙施工前应根据施工要求和施工条件进行导墙和施工平台设计、建造。增强体施工必须具有足够的施工平台，便于布置机械、材料和场地，施工场地应进行平整，保证施工机械正常作业。施工平台高程应由增强体顶部高程控制。

增强体心墙采用类似于混凝土地下连续墙的施工方法，在坝体中沿预定宽度的过渡料轴线（或中线）纵向布置，按照间隔式分序施工[22]。必要时，宜在坝体现场进行施工试验，或在地质条件类似的地点进行施工试验。增强体心墙的施工建造从资料收集、施工组织、方案设计到具体实施必须建立全过程的质量与安全控制体系，确保增强体质量安全及各项功能的发挥，保证增强体土石坝的长期良性运行，建设各方均应对比足够重视并建立各自适用高效的现场管理体系。增强体施工建造程序和主要工序如图 10.5-1 所示。

1. 槽孔建造

在人工填筑的土石坝过渡料区实施预定的槽孔建造，宜采取对坝体影响较小的施工方法，从目前来看，可采用纯抓斗施工的抓取法，因在颗粒最大粒径不超过 120mm 的过渡料中成槽施工是较为容易的，目前在国内属于较新的槽孔建造工艺，多适用于细颗粒地层，工效较高，施工设备可以是液压抓斗或机械抓斗。在已成的土石坝坝体中实施槽孔建造，相对于条件复杂的天然地基而言，施工总体可以控制和预见，但也可能存在一些不利因素，比如浆液漏失、塌孔、成槽精度稍低，这些在具体施工时必须注意并加强相应的控制和处理。

槽孔的厚度是在满足防渗要求的墙体计算厚度基础上，考虑施工机具造孔的实际厚度确定的，不宜太厚，否则不经济。一般增强体墙体的设计厚度可按坝高来确定，对于中高坝（坝高 50～70m 左右），墙体设计厚度可取不小于 60～80cm；对于中低坝（坝高 30～

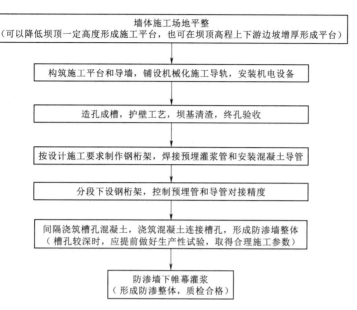

图 10.5-1 增强体心墙施工程序图

50m 左右），墙体厚度不大于 60～80cm；对于低坝（坝高小于 30m），墙体设计厚度取为 40cm。

槽孔深度应从施工平台直至增强体底部。槽孔宜分期建造，即采用间隔式施工方法，同时施工的相邻槽孔之间应留有足够的安全距离。为了提高增强体的整体性能，宜在河谷中间部位适当增加槽孔（墙体）的施工长度，这一长度可为两岸施工槽孔（增强体心墙）长度的 2 倍左右。

在坝体过渡层进行槽孔建造时，固壁泥浆面应保持在导墙顶面以下 300～500mm。沿程存在一定的泥浆漏失，应及时补浆，漏失量较大时，应立即调整浆液浓度。

应按有关设计施工标准有效控制槽孔建造质量和墙体施工质量[1,22]。

2. 增强体施工

在槽孔施工完成并经质量检验合格后，就可以在现场开始增强体的施工了。

（1）下设钢桁架。

钢桁架（俗称"钢筋笼"）一般是连续拼装焊接、连续下设的。钢桁架的结构尺寸不仅要根据墙体应力与变形计算的结果，还要充分考虑到防渗心墙的施工机具与工艺，满足施工要求。一般施工机具尺寸（如抓斗宽度）应不低于防渗和应力变形计算的墙体宽度，这样既可保证防渗与结构要求，又可保证施工工艺要求，从而确保墙体的整体质量，使钢桁架真正发挥作用。钢桁架的外形尺寸指的是其长、宽、高的尺寸，也包括其横断面的形状（矩形及两端局部为正反弧形或异形结构）、桁架的分节数量。

钢桁架外应有足够厚度的保护层，除了防止钢筋被侵蚀外，也是为了留有足够的扩散净宽，以有利于混凝土扩散，保证浇筑质量。合理的钢筋间距可保证混凝土顺利扩散。对在泥浆下浇筑的钢筋混凝土结构（桩、墙等），国内规范多数没有明确规定钢筋间距，所以参考国外规范或资料，并结合若干工程实例，提出了相关规定[1]。对于泥浆质量、混凝土质量相对较好，浇筑速度较高的工程，垂直钢筋的净间距可以适当缩小，但一般不小于骨料直径的 3 倍。为增加桁架稳定性，可采用 4～5 号小型角钢与钢筋焊接。

（2）预埋灌浆钢管。

预埋灌浆钢管是防渗墙施工的关键，也是后期增强体发挥结构作用的关键，灌浆管的布置不但要方便施工，而且更重要的是须满足作为钢管混凝土的受力要求，尽量通过优化布置达到增强体受力变形的安全可靠。常见布置型式如图 10.5-2 所示，分图（a）、（b）所示的布置型式适用于中高坝、增强体厚度较厚或坝基渗透性较大、需两排布置防渗帷幕的情形，分图（c）的布置型式用于中低坝或低坝、增强体为薄型墙体的结构型式。增强体这三种灌浆钢管布置型式主要还是基于坝基的渗透条件而定的。

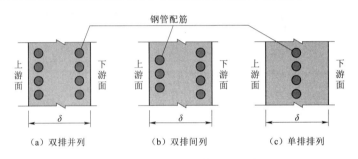

图 10.5-2 灌浆钢管布置型式

为防止预埋管在混凝土扩散推力下移位而影响成孔质量，管底和上端的固定尤为重要。工程应用中管底的固定可采取定位架预埋钢管法，灌浆预埋管成功率可达 96.5%，为墙下灌浆埋管提供了成功的经验。

（3）浇筑墙体混凝土。

混凝土墙体施工配制强度宜满足有关标准的规定要求[1]，配制混凝土墙体的骨料，可使用天然卵石、砾石、人工碎石和天然砂、人工砂，其品质要求应符合《水利水电工程单元工程质量评定标准——混凝土工程》（SL 632—2012）[23] 的相关规定。对于坝高不超过 30m 的低坝，如果限于当地料源，经试验研究论证，粗骨料中可适当掺入软岩，其含量不宜超过粗骨料含量的 15%～20%；相应的，混凝土墙体的抗压强度可以放宽至 C20。这两条意见已经超出了有关规范[11] 的限制，因此，应当经过比较充分的论证分析才行。从工程实例讲，四川红层地区所筑土石坝的筑坝材料大都是泥岩、砂岩及其混合岩性的软岩，一些指标也超出了碾压式土石坝有关标准的规定，但工程运行尚属正常，如四川省营山县金鸡沟水库胶结砂砾石坝中掺 30% 软岩替代砂砾石粗骨料，其设计指标仍然满足相关技术要求。

槽孔混凝土浇筑前，应拟定浇筑施工方案，明确施工节点和应对措施，下设浇筑导管并做好封闭，混凝土浇筑过程应遵守有关规范的规定[1,11,22]，通过浇筑导管按"气举法"自墙体底部注入槽孔混凝土，要求连续作业，同时做好护壁浆液与废渣排出汇集。墙体混凝土浆材的密度不宜小于 2100kg/m³，混凝土的胶凝材料用量不宜少于 350kg/m³，水胶比不宜大于 0.60，砂率不宜小于 40%。混凝土的浇筑应连续进行，运至槽口的混凝土应具有良好的施工性能；浇筑若因故中断，中断时间不宜超过 40min。混凝土的实际拌和及运输能力，应不小于平均计划浇筑强度的1.5倍，并大于最大计划浇筑强度。

（4）墙段连接。

增强体施工一般是采用地下连续墙的施工方式，采取间隔法施工墙体的，工序上可分为二期，分别按1、3、5、…和2、4、6、…进行墙体（槽孔段）施工。这些墙体（槽孔段）之间的连接十分重要，既要防渗又要抵抗连续的受力与变形，因而成为增强体结构施工的关键。增强体心墙的施工连接多采用接头管法，这是在国内外使用较为广泛的一种墙段连接方法。该方法是在建造完成的一期槽孔混凝土浇筑前，在其端孔处下入接头管，待混凝土初凝后，用专用机械将接头管拔出后，在两期槽孔之间形成一定形状的曲面接头。

正确确定开始拔接头管的时间是该工法成败的关键，过早不能成孔，过晚可能造成接头管断裂事故。按国内外的施工经验，接头管开始起拔应在混凝土初凝之前进行，一般控制混凝土的贯入阻力约为0.3～3.5MPa。对某一具体工程，除了依据混凝土初凝时间之外，还要考虑气温、混凝土配比、混凝土面上升速度、接头管埋深等因素，通过试验来确定开始拔接头管的时间。在拔接头管施工中，做好混凝土浇筑和拔接头管的记录，才能严密地控制拔接头管时间和整个拔接头管过程，避免发生事故。接头管拔出后，应及时用泥浆充填接头孔，否则会导致强度很低的混凝土坍塌，接头孔周围的覆盖层也可能在地下水的作用下坍入孔内。

墙体连接施工应遵守《水利水电工程混凝土防渗墙施工技术规范》（SL 174—2014）有关具体规定[22]。

为了保证墙体连接的可靠性，工程上提出一种钢桁架嵌套法，使墙体的受力与变形更为可靠和连续。嵌套法的特点在于可以连续施工下设，尽可能地使墙体连接成整体。该方法应在工程实际中进一步推广应用。

钢桁架嵌套法是针对传统的混凝土连续墙体施工有关接头管技术存在的缺陷而研制的，也不同于工民建或地铁等地下结构建设中使用的镶嵌结构。如图10.5-3所示为嵌套式混凝土连续墙体受力结构，其基本特征为通过槽孔按间隔法施工分别下设二序钢桁架，并将其嵌套连接，再通过浇筑混凝土形成整体结构（图10.5-4）。这种嵌套式连接又可分为内嵌和外嵌两种，如图10.5-5所示。

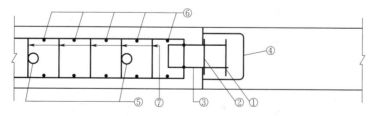

图 10.5-3　嵌套式混凝土连续墙体结构图（外嵌式）
①—槽孔嵌套钢板（厚3～5mm）；②—施工隔板（厚1～3mm）；③—槽孔嵌套支立钢筋（与钢桁架焊接，其直径与钢桁架相同）；④—施工浇筑挡板（可拔出，其钢筋与钢桁架钢筋相同，挡板厚3～5mm）；⑤—预埋灌浆管，直径100～150mm，用于后期灌浆并封堵；⑥—钢桁架架立钢筋（垂直分布），一般直径28～36mm，间距1.5～2.5m；⑦—钢桁架架立钢筋（水平分布），与预埋灌浆管焊接

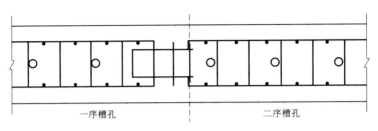

图 10.5－4　总体嵌套结构图

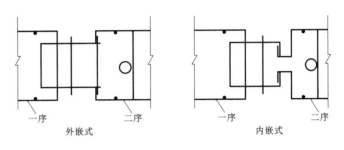

图 10.5－5　钢桁架接头连接型式

　　嵌套式墙体连接的具体施工步骤与接头管式是一致的，如图 10.5－6（a）～（f）所示，即：①造孔→②下设带有嵌套结构的一序钢桁架→③下设施工浇筑挡板→④浇筑混凝土形成一序整体槽孔→⑤选择适当的初凝时间，拔出施工挡板，然后下设二序钢桁架形成嵌套→⑥浇筑二序槽孔混凝土，这样一、二序槽孔的混凝土形成整体结构。以后的施工步骤依此循环。这里必须注意，第②步下设一序钢桁架和第③步下设施工浇筑挡板也可以同步实施，此处为了叙述方便和分层次，将其分开介绍。施工挡板是"挂"在钢桁架上的，其目的是防止一期混凝土浆液流失进入二期槽孔。上下施工挡板之间采用套接或螺杆连接，可以分层（接钢桁架分层下设）拆除回收。

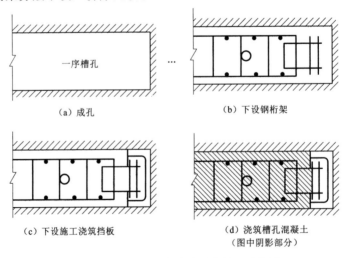

（a）成孔　　　　　　　　　　　（b）下设钢桁架

（c）下设施工浇筑挡板　　　　　（d）浇筑槽孔混凝土
　　　　　　　　　　　　　　　　　（图中阴影部分）

图 10.5－6（一）　嵌套式墙体施工流程图

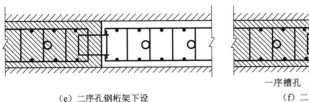

（e）二序孔钢桁架下设　　　　　（f）二序槽孔浇筑混凝土

　　　　一序槽孔　　二序槽孔

图 10.5-6（二）　嵌套式墙体施工流程图

　　嵌套式钢桁架连接的突出优点是：①通过钢桁架嵌套结构将一序孔与二序孔的槽孔混凝土的进行整体连接，形成类似钢筋混凝土的结构，这样就在很大程度上实现了力与变形的连续传递，确保了墙体的整体结构性能；②在构造上一序钢桁架与二序钢桁架的"嵌套"类似于管道之间的"承插"或"套接"，这是成对出现的；③能够大大减小机械拔出力，因为嵌套结构的施工挡板与混凝土浇筑时的接触面同接头管表面与混凝土之间的接触面相比，采用机械拔出的接触面摩擦阻力大为减少，这将极大地节约施工机械成本造价。如图 10.5-7 所示为外嵌式接触与接头管式接触的拔出力分析比较图，其中外嵌式接触按（a）分图的接触面为 abcd，接头管式的接触面为（b）分图弧形 abc。

　　外嵌式接触面的拔出力 P_1 计算式为

$$P_1 \geqslant F_1 = \int_0^{H_1} \delta K_e \rho_e g f_e z \, \mathrm{d}z = \frac{1}{2} \delta K_e \rho_e f_e g H_1^2 = 2472.1 \text{kN}$$

　　接头管式接触面的拔出力 P_2 计算式为

$$P_2 \geqslant F_2 = \int_0^{H_1} \frac{\pi \delta}{2} K_e \rho_e g f_e z \, \mathrm{d}z$$

$$= \frac{1}{4} \pi \delta K_e \rho_e f_e g H_1^2 = 3881.2 \text{kN}$$

上两式中：P_1、P_2 为外嵌式、接头管式接触面机械设备应具备的最小拔出力，kN；F_1、F_2 分别为外嵌式和接头管式接触面的摩擦力，kN；H_1 为增强体连续下设的深度，m，设墙体深度 $H_1 = 50\text{m}$；δ 为墙体（槽孔或槽段）的设计厚度，m，取 $\delta = 0.8\text{m}$；K_e 为混凝土对钢材接触面的侧压力系数，一般取为 0.3；ρ_e 为混凝土墙体密度，可取 $\rho_e = 2.4\text{t}/\text{m}^3$；$f_e$ 为混凝土与钢材接触面的摩擦系数，一般取 0.35；g 为重力加速度，m/s^2。

　　比较以上计算结果，嵌套式比接头管式的机械拔出力减少了 36.3%。

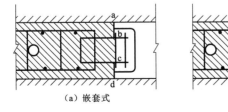

（a）嵌套式　　　　　　（b）接头管式

图 10.5-7　槽孔连接方式的比较

10.5.3　灌浆与封堵

增强体心墙整体施工完成后，应分段进行墙下灌浆与封堵作业，这也是墙体施工的最后一道工序。墙下灌浆一般分为墙下帷幕灌浆、墙下固结灌浆和墙下充填灌浆，其中以帷幕灌浆为主，其目的就是使墙体与坝基形成封闭的整体防渗体系，满足坝体蓄水要求。帷幕灌浆的深度与标准按有关规范执行[15-16,20-21]，帷幕灌浆可按自上而下灌浆法或者自下而上分段卡塞法进行施工作业，具体施工方法及施工参数根据灌浆试验结果确定。固结灌浆与充填灌浆一般局限于坝基墙下一定范围内，目的主要是通过灌浆使坝体与坝基连接成一个整体，保证应力与变形的连续协调，强化坝基接触面的强度与稳定性。固结灌浆工艺参数的选择应按有关规范执行，灌浆过程应控制灌浆压力由小到大逐步增加，避免突然增加灌浆压力，有关工艺参数宜根据灌浆试验结果进行确定[20-21]。充填灌浆一般是针对坝基钻凿施工可能形成开裂和扩展裂隙补强式的充填，与固结灌浆相比一般压力不大，浆材偏细为宜，灌浆过程中应注意观察回浆量，防止灌浆管在孔内被浆液凝住，并采取措施防止发生"固管"现象。

灌浆结束后，应使用水灰比为 0.5 的新鲜浆液置换孔内稀浆或积水，并清洗孔内侧壁，验收合格后才能进行封孔施工。预埋灌浆管内充填混凝土；混凝土推荐采用微膨胀细石混凝土或自密实混凝土，强度等级不低于钢管外混凝土的强度等级；混凝土细石骨料颗粒最大不超过钢管内径的 2/3；细石混凝土充填钢管应从底部开始充填并逐步上移，充填前宜从钢管顶部至钢管底部适当位置（高于底部平面 2～3m 左右）预设排气孔；排气孔孔径不应小于 20mm。随着管内混凝土逐步充填，排气孔也应同步上移，必要时，可进行排气管抽气，确保钢管充填层没有空气气泡，直至预埋钢管顶部。由此，完成一个预埋钢管的充填封堵。其余预埋灌浆钢管的充填封堵可以如法炮制，直至全部完成所有灌浆钢管的封堵。

10.6　增强体结构可靠性评价分析

如前所述，增强体心墙是"插入"土石坝中的刚性结构体。增强体作为一种双向挡土结构的受力安全性已在第 8 章进行了讨论。增强体还应遵循国家标准《水利水电工程结构可靠性设计统一标准》（GB 50199—2013）[24] 的相关规定。

10.6.1　墙体安全级别

增强体作为土石坝内置结构体，在坝体内部的作用与功能至关重要。增强体结构安全等级应不低于土石坝工程相同等级，但不低于 3 级，如表 10.6-1 所列。

表 10.6-1　增强体结构安全等级

增强体的结构安全等级	大坝工程等级
1	1 级
2	2 级
3	3 级、4 级、5 级

表 10.6-1 的规定参照《水利水电工程结构可靠性设计统一标准》（GB 50199—2013），旨在提高增强体结构安全等级，从而使内置于土石坝坝体中的增强体及其功能与作用名副其实。

10.6.2 设计使用年限

土石坝中刚性墙体的"插入",改变了土石坝的运行性能,也极大地提高了土石坝的安全运行周期,这也是纵向增强体土石坝的又一个突出特点。结合已建工程和有关研究成果,显然,安全级别与使用年限是有关系的。参照《工程结构可靠性设计统一标准》(GB 50153—2008)新增强制性条文,在设计文件中需要标明结构的设计使用年限,而无须标明结构的设计基准期、耐久年限、寿命等。根据国际上工程结构的设计惯例,随着我国经济社会的不断发展,水利水电科技进步也迫切需要明确各类水工结构的设计使用年限。国际标准《结构可靠性总原则》(ISO 2394:1998)和欧洲规范《结构设计基础》(EN 1990:2002)也给出了各类结构的设计使用年限的示例,如表10.6-2所列。

我国建筑行业也对建筑结构的设计使用年限做出相应示例,如表10.6-3所列。另外,我国公路和港口行业均有结构与构件的设计使用年限示例。

因此,《水利水电工程结构可靠性设计统一标准》(GB 50199—2013)对水利水电工程建筑结构设计使用年限明确规定为,1级建筑物使用年限为100a;其他永久性建筑物使用年限为50a;临时建筑物可采用5~15a。

表 10.6-2 设计使用年限类别的示例(EN 1990:2002)

建筑类别	设计使用年限/a	示 例
1	10	临时性结构
2	10~25	可替换的结构构件
3	15~30	农业和类似结构
4	50	房屋结构和其他普通结构
5	100	标志性建筑结构、桥梁和其他土木工程结构

表 10.6-3 我国房屋建筑结构的设计使用年限(GB 50153—2008)

建筑类别	设计使用年限/a	示 例
1	5	临时性建筑结构
2	25	易于替换的结构构件
3	50	普通房屋和构筑物
4	100	标志性建筑和特别重要的建筑结构

10.6.3 增强体设计使用年限

采用混凝土刚性材料制作的增强体内置于土石材料填筑的坝体之中,所处环境相对稳定,如温度、湿度和应力与变形等不会产生突变,由于墙体承受较高的水头压力,渗透坡降较大,其使用的耐久性主要受渗流溶蚀作用控制。增强体混凝土心墙使用年限 T 可按下面经验公式估算:

$$T = \frac{V_w c}{k_e} \frac{\delta}{J} \qquad (10.6-1)$$

式中：T 为设计使用年限，a；V_w 为混凝土强度降低 50％时渗过混凝土墙体的水的体积，m^3，一般情况 $V_w = 1.5 \sim 1.8$，取 $V_w = 1.6$；c 为混凝土单位水泥用量，kg/m^3，取 $c = 350kg/m^3$；δ 为墙体渗径，即墙厚，m；k_e 为墙体渗透系数，m/a；J 为混凝土墙体的渗流水力坡降。

上述针对某一工程的设计使用年限 T 值的计算应不低于按照《水利水电工程结构可靠度设计统一标准》（GB 50199—2013）所作的规定，说明工程设计增强体满足结构可靠性、耐久性要求。

以方田坝水库为例，各参数依据方田坝水库有关技术指标进行选择：取 $V_w = 1.6$；C25 增强体心墙混凝土单位水泥用量取为 $c = 350kg/m^3$；墙体厚度 $\delta = 0.8m$；原墙体渗透系数 $k_e = 4.5 \times 10^{-8}cm/s$，换算为 $k_e = 0.0142m/a$；取混凝土墙体的渗流水力坡降 $J = 90$。其设计使用年限为

$$T = \frac{V_w c}{k_e} \frac{\delta}{J} = \frac{1.6 \times 350 \times 0.8}{0.0142 \times 90} = 350(a)$$

从上面计算可见，设计使用年限的估算值已经超过《水利水电工程结构可靠度设计统一标准》（GB 50199—2013）的规定值，说明方田坝水库大坝采用增强体心墙满足结构可靠性与耐久性的要求。

10.7　小结

土石坝纵向加固技术无论对土石坝新建还是土石坝病险水库除险加固都具有重要的理论与实际指导作用。结合前面各章节的分析与研究，本章重点讨论了增强体心墙的设计与施工方法，以及一些需要重点关注的技术问题。

（1）增强体的设计应收集齐全各类技术资料，完善坝工建设有关地质勘察与试验研究工作，并按有关技术规程规范开展设计。

（2）增强体心墙的厚度设计首先基于防渗计算，然后结合施工机械设备的选型综合确定。墙体混凝土强度等级依据有关规范按坝高进行选择，一般不低于 C25。对于坝高 30m 以下的低坝，从安全与经济两方面充分论证后，可以采用不低于 C20 的增强体混凝土心墙。墙体抗渗等级一般取为 W6～W8；当坝高（或水头）小于 30m 时，抗渗等级可放宽至 W4。增强体心墙所用原材料（包括拌制用水、水泥、骨料、掺合料、外加剂、各类钢材等）应符合国家现行和行业有关标准、规定。

（3）增强体结构设计应根据墙体在坝体中的受力与变形情况，针对不同设计工况进行计算与复核，其目的主要是验证增强体结构的安全可靠性能，以及墙体与坝体相互作用的稳定性，确保增强体心墙土石坝的运行安全与功能发挥。

（4）无论病险水库除险加固还是新建水库大坝，应按有关技术要求，通过具体分析选择恰当的增强体基础。相对于常规土石坝心墙的建基选择，墙体建基在技术上可以适当放宽，后期做墙和墙下帷幕灌浆才是严格控制的环节。

（5）墙体的施工应严格按照有关技术规范和施工程序进行。土石坝坝体上的槽孔建造应以抓取法为主，因为坝体填筑颗粒粒径是可控的，应加强护壁工艺和墙底沉渣清理。钢桁架连同预埋钢管的下设精度要求高，应满足后期灌浆作业要求，同时应保持结构受力的整体性。各墙段连接是施工中的重要环节，应结合设计选择合适的墙段连接方式。在河床中间部位坝体的槽孔施工，视具体情况适当延长槽孔做墙的长度，从而提高墙体的整体受力性能。后期灌浆钢管的封堵宜采用细石混凝土，管内细石混凝土强度等级不宜低于钢管外混凝土强度等级。

（6）增强体的安全级别应与工程等级相同。由于材料属性不同，增强体的使用年限一般高于由岩土散粒材料组成的坝体，这种混凝土［或钢筋（管）混凝土］材料与岩土筑坝材料的有机结合，使得纵向增强体土石坝的使用年限较常规土石坝更长。

参 考 文 献

［1］ 四川省水利科学研究院，中国大坝学会产学研分会．四川省纵向增强体心墙土石坝技术规程：DBJ51/T 195—2022［S］．成都，2022.

［2］ 梁军，张建海，赵元弘，等．纵向增强体土石坝设计理论在方田坝水库中的应用［J］．河海大学学报（自然科学版），2019，47（4）：345－351.

［3］ 陈昊，王彤彤，龙艺．纵向增强体土石坝在马头山水库中的应用［J］．四川水力发电，2020，39（1）：114－119.

［4］ 中华人民共和国水利部．水工混凝土施工规范：SL 677—2014［S］．北京：中国水利水电出版社，2014.

［5］ 中国建筑材料科学研究总院．通用硅酸盐水泥：GB 175—2007［S］．北京：中国建筑工业出版社，2008.

［6］ 中国建筑材料科学研究总院水泥科学与新型建筑材料研究所．中热硅酸盐水泥、低热硅酸盐水泥、低热矿渣硅酸盐水泥：GB 200—2003［S］．北京：中国建筑工业出版社，2004.

［7］ 国家标准化管理委员会．通用硅酸盐水泥（国家标准第1号修改单）：GB 175—2007/XG1［S］．北京：中国标准出版社，2008.

［8］ 南京水利科学研究院．水工混凝土外加剂技术规程：DL/T 5100—1999［S］．北京：中国电力出版社，2000.

［9］ 中华人民共和国水利部．水利水电工程钻探规程：SL/T 291—2020［S］．北京：中国水利水电出版社，2020.

［10］ 钮新强，汪基伟，章定国．新编水工混凝土结构设计手册［M］．北京：中国水利水电出版社，2010.

［11］ 中华人民共和国水利部．水工混凝土结构设计规范：SL 191—2008［S］．北京：中国水利水电出版社，2009.

［12］ 中华人民共和国住房和城乡建设部．钢管混凝土结构技术规范：GB 50936—2014［S］．北京：中国建筑工业出版社，2014.

［13］ 中国建筑科学研究院建筑结构研究所．混凝土结构设计规范：GB 50010—2010（2015年版）［S］．北京：中国建筑工业出版社，2015.

［14］ 中华人民共和国水利部．水工建筑物抗冰冻设计规范：GB/T 50662—2011［S］．北京：中国计划出版社，2020.

［15］ 中华人民共和国水利部．碾压式土石坝设计规范：SL 274—2020［S］．北京：中国水利水电出版社，2021.

[16] 中国水利水电科学研究院. 碾压式土石坝施工规范：DL/T 5129—2001 [S]. 北京：中国电力出版社，2001.

[17] 梁军，张建海. 纵向增强体加固病险土石坝技术及其在四川的应用 [J]. 中国水利，2020（16）：26-28.

[18] 水利部水利水电规划设计总院. 水利水电工程地质勘察规范：GB 50487—2008 [S]. 北京：中国计划出版社，2009.

[19] 中华人民共和国水利部. 土工试验规程：SL 237—1999 [S]. 北京：中国水利水电出版社，1999.

[20] 中华人民共和国水利部. 水工建筑物水泥灌浆施工技术规范：SL 62—2014 [S]. 北京：中国水利水电出版社，2015.

[21] 中华人民共和国水利部. 土石坝施工组织设计规范：SL 648—2013 [S]. 北京：中国水利水电出版社，2013.

[22] 中华人民共和国水利部. 水利水电工程混凝土防渗墙施工技术规范：SL 174—2014 [S]. 北京：中国水利水电出版社，2015.

[23] 中华人民共和国水利部. 水利水电工程单元工程质量评定标准——混凝土工程：SL 632—2012 [S]. 北京：中国水利水电出版社，2012.

[24] 中国电力企业联合会. 水利水电工程结构可靠性设计统一标准：GB 50199—2013 [S]. 北京：中国计划出版社，2014.

第 11 章　李家梁水库纵向增强体土石坝设计应用实例

摘要： 纵向增强体土石坝设计理论在四川省的应用已初见成效，目前已有十余座水库大坝选择增强体坝工技术进行设计与建造。本章结合李家梁水库建设，详细阐述了纵向增强体土石坝设计与计算过程，可作为类似工程设计的参考。增强体土石坝的设计强调了土-水-混凝土刚性材料之间的相互作用关系，并在工程应用上有所拓宽，同时更加注重通过勘察、试验与分析取得第一手合理可靠的设计计算参数的重要性，这对当前重设计、轻勘察的倾向是一种纠偏。同时，本章通过计算分析，提出李家梁水库坝体设计应当优化的一些建议措施。

11.1　工程概况

李家梁水库位于四川东北部的达州市万源市（县级）境内渐滩河右岸一级支流喜神河上游李家梁河段，坝址位于新店乡涌泉村附近，控制集水面积 15.88km²，河长 7.86km，河道平均比降 61.06‰，是一座以农业灌溉、农村供水、改善水生态环境等综合利用为开发任务的中型Ⅲ等水利工程，水库总库容约 1157 万 m³。2019 年 12 月四川省水利厅对《万源市李家梁水库可行性研究报告》进行了审查，2021 年 11 月批复该水库的初步设计。由于水库大坝坝高超过 70m，大坝工程级别提高为 2 级，但洪水标准不提高；溢洪道、取水放空导流洞等主要建筑物级别为 3 级，次要建筑物级别为 4 级。灌区工程中，干渠、分干渠及渠系建筑物级别为 5 级，次要建筑物为 5 级。水库枢纽建筑物设计洪水标准重现期为 50a，校核洪水标准重现期为 1000a，溢洪道消能防冲设计洪水标准重现期为 30a。灌区干渠、分干渠及渠系建筑物设计洪水标准重现期为 10a，渠道跨河（沟）建筑物校核洪水标准重现期为 20a[1]。

11.2　工程设计

李家梁水库枢纽由拦河大坝、溢洪道、取水放空导流洞等建筑物组成。初步设计报告编制单位根据坝址处的地形、地质条件，对各种方案进行经济技术比较，拦河大坝决定采用纵向增强体心墙土石坝这一新坝型，最大坝高 73m，坝顶高程为 1057.00m，坝轴线长 275.0m，坝顶宽 8.0m，坝顶上游侧设 L 型混凝土防浪墙，墙顶高程为 1058.00m。大坝设计洪水标准采用 50 年一遇 ($P = 2\%$)，相应设计洪峰流量分别为 193m³/s；校核洪水标准采用 1000 年一遇 ($P = 0.1\%$)，相应洪峰流量 319m³/s。李家梁水库的正常蓄水位 1053m，对应库容 1064 万 m³，下游水位 986.50m；死水位 1014.00m，相应库容 72 万 m³；水库校核洪水位 1054.98m，对应总库容 1157 万 m³，对应下游水位 988.30m；设计洪水位 1054.41m，对应下游水位 987.59m。

11.2.1 坝体料物分区设计

1. 原设计方案

图 11.2-1 所示为设计单位提供的李家梁纵向增强体心墙土石坝原初步设计横剖图。

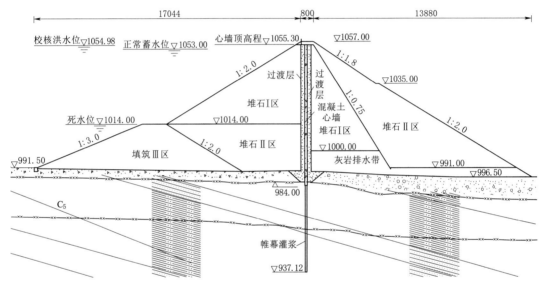

图 11.2-1 李家梁纵向增强体心墙土石坝原初步设计横剖图（单位：高程，m；尺寸，cm）

（1）上游堆石区。上游坝壳堆石分为两个区，死水位高程 1014.00m 以上为砂岩堆石料上游坝壳区，即堆石Ⅰ区，上游坝壳的上游坡坡比为 1:2.0；高程 1014.00m 以下为上游围堰和泥岩石渣料上游坝壳区，即堆石Ⅱ区；开挖回填料作为上游围堰（填筑Ⅲ区），上游坡坡比为 1:3.0，上游坝坡平均坡比为 1:2.5。

（2）下游堆石区。下游堆石区根据填筑料不同以下游侧 1:0.75 坡度为界，高程 1000.00m 以上为砂岩堆石Ⅰ区，在高程 1000.00m 以下设置通过购买获得的灰岩排水体。下游次堆石区为泥岩石渣料填筑的下游堆石Ⅱ区，该区在高程 991.00m 以下设灰岩排水带，排水带与上部泥岩石渣料之间设置一层 0.50m 厚的水平反滤层。下游坝坡坡比为 1:1.8～1:2.0，平均为 1:1.9，坡面采用混凝土框格梁及草皮护坡。

（3）增强体结构功能区。本区是增强体土石坝的关键分区，系由纵向增强体心墙及上下游过渡层组成。除了作为土石坝体关键"芯片"防渗作用以外，该区在受力与变形上体现出增强体土石坝不同于常规土石坝的特点，且在某些特殊工况下能够保障洪水漫顶不溃或缓溃。增强体位于坝轴线上游侧，由槽孔混凝土及顶部少量的现浇混凝土组成，本工程坝高大于 70m，属高坝范畴，大坝级别提高一级，依据《混凝土质量控制标准》（GB

50164—2011）墙体设计初拟采用 C30 混凝土、抗渗等级为 W8。心墙上游侧设水平宽度为 3.0m 的泥岩过渡层，心墙下游侧同样设置水平宽度为 3.0m 的泥岩过渡层。上下游过渡料将增强体"夹"在中间，起着上下游堆石料与中间混凝土增强体的应力过渡作用。墙体底部建基面高程 984.00m，建基面同时还应满足混凝土心墙施工开孔成槽的要求。

（4）其他分区。其他分区（未在图 11.2-1 中示出）包括下游堆石排水棱体、上下游坝坡衬护表层，坝顶部位边沟、防浪墙、护栏等均属其他分区，是坝体比较重要的附属部分。可按本章节相关计算成果结合常规土石坝设计规范执行。

2. 调整设计方案

李家梁水库大坝初步设计方案提出来后，经过计算分析和专家咨询，原大坝横剖面图存在诸多有待于优化与调整之处。为此，设计单位经过慎重研究，提出了大坝优化调整剖面简图（见图 11.2-2）。原设计方案与调整设计方案的最大不同之处在于坝体分区作了比较重大的优化。根据料场勘察情况，砂岩与泥岩难以区分开挖，施工上势必形成较大程度的混合，砂岩与泥岩在地质构造上一般统计为砂岩占 35％、泥岩占 65％的分层结构。坝工与施工倾向于砂、泥岩混合开采、混合填筑，因而坝体上、下游均按砂泥岩混合料进行填筑。考虑这种混合料有可能排水不畅，故在增强体下游偏底部设置了排水带。整个坝体分区简单，便于坝料开采与填筑。

从调整后的坝体剖面与材料组成看，李家梁水库大坝实际上是一座混凝土增强体心墙石渣坝，坝体剖面具体形态参见图 11.2-2，其上游平均坝坡坡比取为 1∶2.5，坡角值为 22°；其下游平均坝坡坡比取为 1∶2.25，坡角 24°。

11.2.2 坝体填筑料基本设计参数指标

结合本工程有关设计与勘察及试验成果[1-2]，增强体土石坝设计与计算的有关基本参数如下。

1. 上游砂泥岩混合料

上游堆石由两种材料的混合料组成，分别为砂岩、泥岩堆石及其石渣料（以下称为砂泥岩混合料），均采自库区内朱家沟料场开挖的弱风化～新鲜砂岩和泥岩，其原生层厚比例为 35∶65，其中砂岩占 35％，泥岩占 65％。上游坝体砂泥岩混合料设计最大粒径为 600～800mm，小于 5mm 细料含量为 5％～20％，满足规范对堆石料的级配要求。弱风化～新鲜砂岩堆石与泥岩堆石混合料设计干密度 2.17t/m³，孔隙率 22.5％，平均粒径 $d_{50}=102$mm，饱和密度 2.385t/m³。

2. 下游砂泥岩混合料

按照设计图纸，下游堆石区为砂岩与泥岩混合料填筑区，高程 991.00～1015.00m 为灰岩排水带区，其中砂岩和泥岩混合料设计干密度 2.15t/m³，孔隙率 20.5％，其余物性指标与上游混合料基本相同。灰岩排水带的设计指标为最大粒径为 300mm，小于 5mm 粒径颗粒含量为 11.0％，小于 0.075mm 粒径细粒含量为 0.42％，设计干密度 2.01t/m³，孔隙率 26.0％。

坝体砂泥岩混合料的级配曲线如图 11.2-3 所示。根据室内试验，发现拟采用的上、下游砂岩和泥岩混合筑坝材料振动后的破碎率较高，可达 20％～25％，混合料小于 5mm

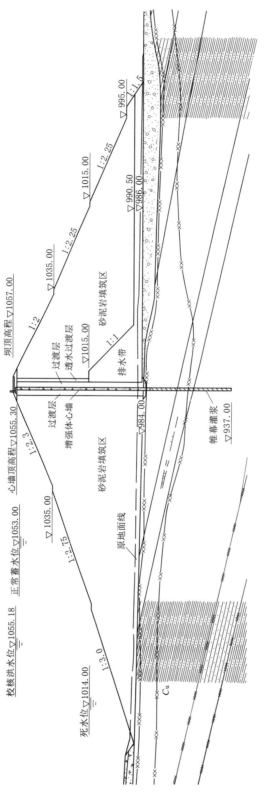

图 11.2-2　李家梁水库增强体心墙土石坝优化调整横剖面简图（单位：m）

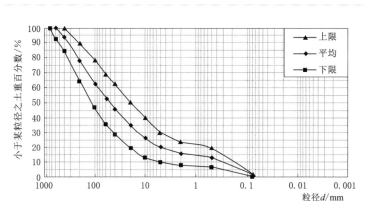

图 11.2-3　砂泥岩混合料设计级配曲线

颗粒含量增加太多，这对设计级配影响较大，导致混合堆石料渗透性和强度指标进一步降低，因此，一方面，设计方应进一步调整级配，使最大颗粒粒径上调为 800～1000mm；另一方面，在坝体下游设置排水设施。在下游排水体是针对下游堆石坝壳料渗透性低而采取的措施。另外，坝体上下游边坡坡比宜在技施阶段进一步论证其合理性。

3. 上、下游过渡料

过渡料位于混凝土心墙与坝壳堆石料之间，水平宽度上、下游均为 3.0m，最大粒径为 120mm，小于 5mm 粒径颗粒含量为 30.0%；设计干密度 2.15t/m³，孔隙率 20.0%。根据《碾压式土石坝设计规范》（SL 274—2020），按筑坝材料特性、室内试验及结果，并参照一些已建工程的技术经验，设计提出各分区的填筑标准，详见表 11.2-1。

表 11.2-1　　　　　　　　　　坝体填筑材料设计指标表

坝体分区	填筑材料	最大粒径/mm	设计干容重/(t/m³)	设计孔隙率/%
过渡层	泥岩	120	2.15	20.0
上游堆石区	35%砂岩与65%泥岩混合料	800	2.17	22.5
下游堆石区		800	2.15	20.5

11.2.3　增强体土石坝设计与计算指标

用于增强体土石坝的设计与计算的参数指标较多，第 7 章对增强体土石坝一些重要的参数指标进行相应讨论，表明有关勘察与试验工作是必不可少的，而且坝工设计人员还应十分熟悉这些参数指标的来源和用途，这就要求水工、地质勘察、筑坝材料试验与研究等方面的技术人员多沟通、多交流、多讨论，对设计对象、目的及参数与指标的选择有一个清醒的认知。其实，就坝工而言，各种用于计算分析的力学参数或指标与其对应的物理力学指标有着十分密切的联系，参数之间是相互关联的。李家梁水库工程所作的初步勘察与试验工作有待于进一步深化[1-2]，并为设计与计算工作提供良好依据。

11.3 增强体防渗设计与计算

增强体的防渗计算与设计宜按水库最大水头进行考虑。从水库特征水位与建基高程的关系，选定增强体顶部高程高出最高洪水位0.3m。按校核洪水位1054.98m再加0.3m得到墙顶部高程为1055.30m，按基坑建基高程为984.00m起算，最后得到增强体高度$H_1=1055.30-984.00=71.3$m，下游相应水头为$H_2=988.30-984.00=4.3$m。

11.3.1 防渗体的计算

首先要通过计算得出墙体厚度，再结合施工条件选择合适的厚度设计值。

1. 计算增强体防渗心墙厚度δ

根据调整后的坝体料物分区设计和有关初步试验报告[1-2]，坝体上下游坝壳料均采用砂泥岩混合料填筑，这些材料所做的渗透试验尽管偏少，但也可以通过分析试验结果，选取合理的计算参数。下游坝壳料一共完成了6组渗透试验，临界水力坡降为0.17~2.15，破坏水力坡降为0.37~8.59。由于坝高大于70m，按有关规范将大坝等级上调一级，为2级水工建筑物，因此，下游整个坝体的允许水力坡降为按上限平均并留有相应安全裕度，取$i_{c2}=3.21$。试验显示下游坝体6组渗透试验成果为$2.89\times10^{-5}\sim5.6\times10^{-1}$cm/s，结果比较离散，取两种材料平均级配（中线）的试验值进行平均，$k_2=1.55\times10^{-2}$cm/s。混凝土增强体心墙设计采用C30强度等级和抗渗等级W8，参照有关文献[3-4]，墙体的渗透系数一般为$A\times10^{-9}\sim A\times10^{-8}$cm/s，可取墙体的渗透系数中值，$k_e=5.0\times10^{-9}$cm/s，允许水力坡降为$i_{ce}=100$，由式（3.4-6）可得

$$\delta=\frac{H_1^2-H_2^2\left(\dfrac{i_{c2}}{i_{ce}}\right)^2\left(\dfrac{k_e}{k_2}\right)^{2(\eta-1)}}{2i_{c2}\left(\dfrac{k_e}{k_2}\right)^{(\eta-1)}H_2}=\frac{71.3^2-4.3^2\times\left(\dfrac{3.21}{100}\right)^2\times\left(\dfrac{5\times10^{-9}}{1.55\times10^{-2}}\right)^{2\times(0.65-1)}}{2\times3.21\times\left(\dfrac{5\times10^{-9}}{1.55\times10^{-2}}\right)^{(0.65-1)}\times4.3}=0.855(\mathrm{m})$$

式中，取$\eta=0.65$，其他参数均已知。

计算得$\delta=0.855$m，即增强体计算厚度为86cm。

2. 计算下游出逸水头h_0

由第3章可知，h_0的计算式为$h_0=H_2\left[\dfrac{i_{c2}}{i_{ce}}\left(\dfrac{k_e}{k_2}\right)^{\eta-1}-1\right]$，代入相应数据，得$h_0=21.52$m。所以，增强体心墙下游侧壁渗水出露点的高程为：建基高程＋下游水深＋$h_0=$984.00＋4.3＋21.52＝1009.82m，即墙体下游侧渗水出露高程为1009.82m。设计单位取下游灰岩排水带顶部高程为1015.00m，留有一定的安全裕度。

3. 计算界面单宽渗流流量q

单宽渗流量q计算式为$q=\left(\dfrac{k_e}{k_2}\right)^{\eta}q_2=\left(\dfrac{k_e}{k_2}\right)^{\eta}i_{c2}k_2H_2$，代入相应数据，得$q=1.291\times10^{-7}$m³/(s·m)。

4. 计算下游坝体满足渗透稳定要求的最小长度 L_2

由 $L_2 = \dfrac{H_2}{2i_{c2}}\left[\dfrac{i_{c2}^2}{i_{ce}^2}\left(\dfrac{k_e}{k_2}\right)^{2(\eta-1)}-1\right]+m_2H_2$，如前所述，$m_2=2.25$，计算得 $L_2=$

33.15m，即在墙体底部下游 33.15m 范围内，下游坝体材料应满足渗透稳定要求。设计方选择在下游采用灰岩水平反滤排水带，宽度一般为 43.0～53.0m，大于 33.15m，在技术上这是合适的，但在经济上值得再研究，可以适当优化，因为灰岩料须从较远的地方购得，投资较大。

5. 增强体厚度设计值

本工程墙体计算厚度为 86cm，考虑到施工开槽机具的规格，取墙体厚度为 1.00m 合适。

11.3.2 坝体下游浸润线计算

根据上述计算，可以做出李家梁水库增强体土石坝的下游浸润线，由第 3 章式（3.4-10）得到浸润线计算方程式：

$$(h_0+H_2)^2-y^2=\frac{2q_2}{k_2}x$$

即
$$25.82^2-y^2=27.61x \tag{11.3-1}$$

由式（11.3-1）计算浸润线按坐标的分布，计算结果列入表 11.3-1。按计算所得数据绘制浸润线，如图 11.3-1 所示。

表 11.3-1　　　　　　　　　　李家梁水库浸润线计算成果表

自墙体下游侧起算的距离 x/m	0	4.0	8.0	12.0	16.00	20.0	24.0	24.15
浸润线高度值 y/m	25.82	23.58	21.11	18.31	15.00	10.70	2.01	0.0
浸润线高程▽/m	1009.82	1007.58	1005.11	1002.31	999.00	994.70	986.01	984.00

图 11.3-1　计算浸润线分布示意图（单位：m）

由上述图表可知，计算浸润线较常规土石坝存在较大不同，本工程浸润线末端并没有一直延伸到下游坝坡附近，而是在坝体下游内部一定范围（23.48m）就与下游水位相交。其原因有二：一是增强体心墙的渗漏量很小，没有能让浸润线足够延伸的水量；二是下游筑坝材料属于中强透水性，水头极易消散。坝体下游浸润线低，坝壳料基本保持干燥状态，对坝体边坡稳定性十分有利。基于增强体土石坝的这一特点，坝体内部的排水设施便能够进行有针对性的设计，同时在保证经济合理的前提下留有一定余地。

11.4 增强体土石坝变形分析

如第4章所述，重点分析几种常见工况下的增强体土石坝在坝体中部或墙体附近的变形，一是这一部位坝体的变形；二是墙体的变位。坝体其他部位的变形与常规土石坝是基本一致的，本章不做分析研究。墙体的变形主要是指墙体的挠度与转角等变位值，此处不考虑墙体本身的竖向沉降。

11.4.1 坝体中部的变形分析

土石坝变形计算分析表明，一般在坝轴线附近坝体的变形最大，坝体其余部分变形相对较小。此时坝高按最大坝高剖面计，那么 $H=73.0\text{m}$，按第4章计算式（4.4-3a）作为基本计算公式：即 $S=\dfrac{\rho g}{E_{s0}}\left[\dfrac{H}{1-n}-\dfrac{z}{(1-n)(2-n)}\right]z^{1-n}$。

1. 竣工期沉降变形

先计算上游侧的变形。已知试验指标，砂泥岩混合料 $E_{s0}=100\text{MPa}$，$n=0.27$，$\rho=2.17\text{g/cm}^3$。由上式计算得沉降变形沿坝高的变化（以坝轴线底部为坐标原点）：

$$S=2.128\times10^{-2}z^{0.73}-1.685\times10^{-4}z^{1.73} \tag{11.4-1}$$

同样，墙体下游坝体变形计算如下。

已知下游坝体砂泥岩混合料，其力学指标与上游坝壳料基本相同：$E_{s0}=100\text{MPa}$，$n=0.27$，$\rho=2.15\text{g/cm}^3$。

由第4章计算式（4.4-3a）计算沉降变形沿坝高的变化（以坝轴线底部为坐标原点）：

$$S=2.343\times10^{-2}z^{0.73}-1.856\times10^{-4}z^{1.73} \tag{11.4-2}$$

计算结果列入表11.4-1并绘制图11.4-1。

表 11.4-1　　　　　　　　竣工期墙体两侧坝体沉降沿坝高分布值

坝高/m		0	10	20	30	40	50	60	73
沉降/m	上游侧	0	0.105	0.160	0.194	0.215	0.224	0.222	0.206
	下游侧	0	0.103	0.157	0.190	0.210	0.218	0.216	0.200
上下游沉降差/m		0	0.002	0.003	0.004	0.005	0.005	0.006	0.006

由图11.4-1可知：

（1）在坝高约52m处，上下游堆石沉降有最大值，分别为上游侧0.224m和下游侧0.218m。

（2）由于坝体上下游坝壳均采用砂泥岩混合料，它们各自的沉降以及上下游的沉降差并没有明显差别，这是因为在坝体用料上采用了同一料场的开采料，且施工工艺也基本相同。

2. 蓄水期沉降变形

水库蓄水加荷，最不利情况是初次蓄水且不考虑水土耦合效应时。水库蓄水后，上游堆石料处于饱和状态，下游仍然处于天然状态。上游堆石料的饱和密度为 2.385t/m^3，浮密度 $\rho_1'=1.385\text{t/m}^3$，饱和状态下压缩模量均值为 $E_{s0}=80\text{MPa}$。

由第4章计算式（4.4-3a），代入相关数据，得到蓄水期上游堆石沉降沿坝高的关系：

$$S = 2.924 \times 10^{-2} z^{0.73} - 2.316 \times 10^{-4} z^{1.73} \tag{11.4-3}$$

这部分沉降是由蓄水引起的。蓄水期堆石体总的沉降沿坝高分布的数据列入表11.4-2，其变化趋势如图11.4-2所示。

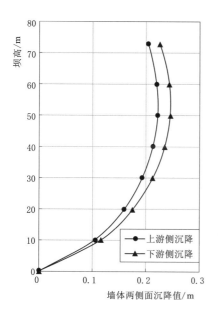

图11.4-1 竣工期墙体两侧
堆石沉降分布图

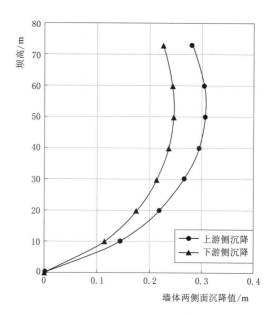

图11.4-2 蓄水期堆石沉降计算值

表 11.4-2　　蓄水期堆石沉降沿坝高分布数值表

	坝高/m	0	10	20	30	40	50	60	73
沉降/m	上游侧堆石	0	0.145	0.219	0.267	0.295	0.307	0.305	0.283
	下游侧堆石	0	0.103	0.157	0.190	0.210	0.218	0.216	0.200
上下游沉降差/m		0	0.042	0.062	0.077	0.085	0.089	0.089	0.083

注　表中下游侧堆石因不受蓄水影响，其沉降值不变。

在目前的坝体分区设计下，增强体心墙上下游两侧堆石料的沉降差一般不超过10cm。上游侧两种工况的沉降差沿墙体高度的变化曲线如图11.4-3所示。目前一些有限元计算对墙体与堆石界面的沉降差缺乏有效的分析结果，主要是界面单元的设定存在一定的问题，这方面应当进一步深化研究。本书后几章将证明，过大的沉降差将使墙体受力不均，在墙体上下游两侧面更容易产生弯拉应力。因此，为了保持增强体心墙上下游两侧堆石变形与受力的均衡，一般用料不宜选择料物特性差别较大的坝料，墙体上下游堆石用料及其物理力学指标应尽量保持基本一致。本工程根据当地料源情况进行分区调整是合适的。

11.4.2　墙体的变位分析

1. 竣工期墙体变位

一般而言，如果增强体心墙上下游两侧所选筑坝材料的物理力学性质一样，那么坝体对墙体的变形作用也是一样的，从而水平向的变形也会减小许多，但实际上，坝体上下游料物分区是依据料源特性和施工时序进行设计的，材料不同其用途也不尽相同，导致坝体变形分布出现差异。竣工期的变位主要是指增强体心墙的挠度与转角，按连续性原理，这种变位与坝体变形是同步的。按照第 4 章式（4.5 - 11）～式（4.5 - 14），可以计算墙体的变位值。

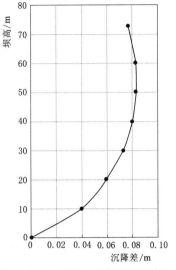

图 11.4 - 3　墙体上游侧堆石沉降差

墙体转角：
$$\theta_s = \frac{(k_{1a}\rho_1 - k_{2a}\rho_2)g}{24E_cI_c}[H_1^4 - (H_1 - z)^4]$$

墙顶转角：
$$\theta_{st} = \frac{(k_{1a}\rho_1 - k_{2a}\rho_2)g}{24E_cI_c}H_1^4$$

墙体挠度：
$$y_s = \frac{(k_{1a}\rho_1 - k_{2a}\rho_2)g}{24E_cI_c}\left\{H_1^4 z - \frac{1}{5}[H_1^5 - (H_1 - z)^5]\right\}$$

墙顶挠度：
$$y_{st} = \frac{(k_{1a}\rho_1 - k_{2a}\rho_2)g}{30E_cI_c}H_1^5$$

以上计算式有较多计算参数，其选择十分重要，先进行相关分析。

首先是墙体高度 H_1 的选择。前面防渗计算是按照最大水头 71.9m 来计算的。但在进行增强体心墙的力学分析计算时，应遵循土石坝设计规范有关正常运用工况和基本荷载组合分析，因此，此处的 H_1 应当按正常蓄水位进行选择。仍然假定墙体高度与正常蓄水位同高，即取 $H_1 = 1053.0 - 984.0 = 69m$，对应的 $H_2 = 986.5 - 984.0 = 2.5m$。其次，已知墙体设计厚度为 $\delta = 1.0m$，采用 C30 混凝土，其弹模 $E_c = 3.0 \times 10^4 MPa$，惯性矩由式第 4 章式（4.5 - 26）确定，$I_c = (1 + 1.5z)/12$；上游砂泥岩坝体料平均 $\rho_1 = 2.17t/m^3$，下游坝体料 $\rho_2 = 2.15t/m^3$；这些坝料分别进行了天然状态的直剪试验和饱和状态的三轴试验，天然状态下，砂泥岩料直剪内摩擦角 φ 值为 41.6°～43.2°，比饱和状态内摩擦角 φ 值高 2.5°～4°，饱和试样的三轴固结不排水强度 φ 值为 35.2°～37.0°，故上游砂泥岩料天然状态的内摩擦角 $\varphi_1 = 38.0°$，饱和砂泥岩料的内摩擦角为 $\varphi_1 = 36.0°$。同样，下游砂泥岩料在天然状态下的内摩擦角 $\varphi_2 = 37°$。

在竣工期，增强体心墙处于静止受力状态，假定墙体均受到来自上下游坝体的作用，或者，坝体在竣工期对墙体的作用均为主动土压力，相应的主动土压力系数及墙体转角、挠度计算如下。

上游侧：

$$k_{1a} = \frac{\cos^2\varphi_1}{\left[1 + \sqrt{\frac{\sin\varphi_1\sin(\varphi_1 + \beta_1)}{\cos\beta_1}}\right]^2} = \frac{\cos^2 38°}{\left[1 + \sqrt{\frac{\sin 38°\sin(38° + 22°)}{\cos 22°}}\right]^2} = 0.2008$$

下游侧：

$$k_{2a}=\dfrac{\cos^2\varphi_2}{\left[1+\sqrt{\dfrac{\sin\varphi_2\sin(\varphi_2+\beta_2)}{\cos\beta_2}}\right]^2}=\dfrac{\cos^237°}{\left[1+\sqrt{\dfrac{\sin37°\sin(37°+24°)}{\cos24°}}\right]^2}=0.2061$$

墙体转角：

$$\begin{aligned}
\theta_s&=\frac{(k_{1a}\rho_1-k_{2a}\rho_2)g}{24E_cI_c}\left[H_1^4-(H_1-z)^4\right]\\
&=\frac{(0.2008\times2.17-0.2061\times2.15)\times9.81}{24\times3.0\times10^{4+3}\times(1+1.5z)\div12}\times\left[69^4-(69-z)^4\right]\\
&=-1.206\times10^{-9}\times\frac{69^4-(69-z)^4}{1+1.5z}
\end{aligned}$$

$$(11.4-4)$$

墙体挠度：

$$\begin{aligned}
y_s&=\frac{(k_{1a}\rho_1-k_{2a}\rho_2)g}{24E_cI_c}\left\{H_1^4z-\frac{1}{5}\left[H_1^5-(H_1-z)^5\right]\right\}\\
&=\frac{(0.2008\times2.17-0.2061\times2.15)\times9.81}{24\times3.0\times10^{4+3}\left[(1+1.5z)/12\right]}\times\left\{69^4z-\frac{1}{5}\left[69^5-(69-z)^5\right]\right\}\\
&=\frac{-1.206\times10^{-9}}{1+1.5z}\times\left\{69^4z-\frac{1}{5}\left[69^5-(69-z)^5\right]\right\}
\end{aligned}$$

$$(11.4-5)$$

上两式中的负号"—"表示向上游。转角、挠度沿墙高变化计算值列入表 11.4-3，并作图 11.4-4。由图可知，墙体位移为负值，均倾向上游变形，显然，这种变形十分微小。

表 11.4-3　　　　　　　　　　　竣工期增强体变位计算表

墙高/m	0	10	20	30	40	50	60	69
转角/($\times10^{-4}$ rad)	0	−7.95	−6.58	−5.34	−4.34	−3.58	−3.00	−2.62
挠度/($\times10^{-3}$ m)	0	−4.29	−7.67	−10.1	−11.82	−13.03	−13.88	−14.44

2. 蓄水期墙体变位

由第 4 章式（4.5-18）和式（4.5-19）可计算蓄水期增强体变位。

转角　$\theta_x=\dfrac{(\rho_c-k_{2a}\rho_2)g}{24E_cI_c}\left[H_1^4-(H_1-z)^4\right]$

挠度　$y_x=\dfrac{(\rho_c-k_{2a}\rho_2)g}{24E_cI_c}\left[H_1^4z-\dfrac{H_1^5-(H_1-z)^5}{5}\right]$

墙顶的变位由式（4.5-20）和式（4.5-21）计算。

转角　　　　　　$\theta_{xt}=\dfrac{(\rho_c-k_{2a}\rho_2)g}{24E_cI_c}H_1^4$

挠度　　　　　　$y_{xt}=\dfrac{(\rho_c-k_{2a}\rho_2)g}{30E_cI_c}H_1^5$

根据第 4 章表 4.3-1，砂泥岩堆石石渣混合料与库水的耦合度 Δ 取为 0.25。其他参数：水密度

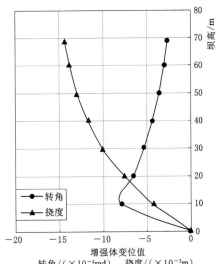

图 11.4-4　竣工期墙体变位图

$\rho_w = 1.0 \text{t/m}^3$；土压力系数 $k'_{1a} = \dfrac{\cos^2 \varphi_1}{\left[1 + \sqrt{\dfrac{\sin \varphi_1 \sin(\varphi_1 + \beta_1)}{\cos \beta_1}}\right]^2} = \dfrac{\cos^2 36°}{\left[1 + \sqrt{\dfrac{\sin 36° \sin(36° + 22°)}{\cos 22°}}\right]^2} =$

0.2179；砂泥岩堆石浮密度 $\rho'_1 = 1.385 \text{t/m}^3$，饱和密度 $\rho_{1m} = 2.385 \text{t/m}^3$；$k_{1m} = k'_{1a} =$ 0.2179，水土耦合体压力系数 $k_c = 0.511$。

上游水土耦合砂泥岩堆石料自身的密度由式（4.3-5）计算：

$$\begin{aligned} \rho'_c &= \rho_f - \Delta(\rho_f - \rho_h) = \rho_w + k'_{1a}\rho'_1 - \Delta(\rho_w + k'_{1a}\rho'_1 - \rho_{1m}k_{1m}) \\ &= 1.0 + 0.2179 \times 1.385 - 0.25 \times (1 + 0.2179 \times 1.385 - 2.385 \times 0.2179) \\ &= 1.106(\text{t/m}^3) \end{aligned}$$

因而耦合体作用密度 $\rho_c = k_c \rho'_c = 0.565 \text{t/m}^3$。

由式（4.5-18）、式（4.5-19）得到墙体的转角方程与挠度方程：

$$\theta_x = 1.993 \times 10^{-8} \times \frac{69^4 - (69-z)^4}{1 + 1.5z} \tag{11.4-6}$$

$$y_x = \frac{1.993 \times 10^{-8}}{1 + 1.5z} \times \left\{ 69^4 z - \frac{1}{5}\left[69^5 - (69-z)^5\right] \right\} \tag{11.4-7}$$

由这两个方程可以计算出蓄水期砂泥岩混合料对增强体形成的变位值（表 11.4-4、图 11.4-5）。如图 11.4-5，墙体在蓄水期的变位是向下游移动的，墙体挠度最大值不超过 25cm。

表 11.4-4　　　　　　　　　　　蓄水期增强体的变位计算表

墙高/m	0	10	20	30	40	50	60	69
转角/($\times 10^{-3}$rad)	0	13.14	10.87	8.82	7.17	5.91	4.96	4.32
挠度/m	0	0.071	0.127	0.167	0.195	0.215	0.229	0.239

3. 水位骤降期墙体变位

从第 4 章式（4.5-22）及式（4.5-23）可以计算水位骤降期增强体的变位，其计算公式如下所列。

转角：
$$\theta_d = \frac{(k_{1m}\rho'_1 - k_{2a}\rho_2)g}{24 E_c I_c}\left[H_1^4 - (H_1 - z)^4\right]$$

挠度：
$$y_d = \frac{(k_{1m}\rho'_1 - k_{2a}\rho_2)g}{24 E_c I_c}\left\{H_1^4 z - \frac{1}{5}\left[H_1^5 - (H_1 - z)^5\right]\right\}$$

上两式相关参数已经确定，可直接进行计算。将相关参数代入上两式，得到计算方程如下：

转角：
$$\theta_d = -2.311 \times 10^{-8} \times \frac{69^4 - (69-z)^4}{1 + 1.5z} \tag{11.4-8}$$

挠度：
$$y_d = -\frac{2.311 \times 10^{-8}}{1 + 1.5z}\left\{69^4 z - \frac{1}{5}\left[69^5 - (69-z)^5\right]\right\} \tag{11.4-9}$$

式中，等号右边的第一个"-"号表示墙体向上游倾斜。

计算结果与沿墙体高度的变化趋势列入表 11.4-5 并作图 11.4-6。蓄水骤降使墙体向上游水平变位，最大达 27.7cm，但不超过 30cm。整个墙体转角只有轻微变化，墙体在水位骤降工况的运行也是正常的。值得注意的是，水位骤降工况上游堆石体处于饱和状态，由于假设水头消失，因而水土耦合作用也消失，上游堆石只是处于饱和状态。

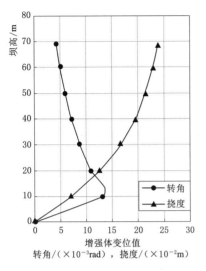
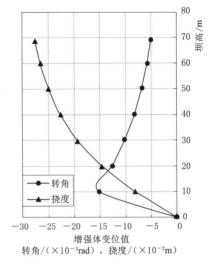

图 11.4-5　蓄水期增强体变位图　　　　图 11.4-6　水位骤降期墙体变位分布图

表 11.4-5　　　　　　　　　　　水位骤降期增强体的变位计算表

墙高/m	0	10	20	30	40	50	60	69
转角/rad	0	−0.0152	−0.0126	−0.0102	−0.0083	−0.0069	−0.0058	−0.0050
挠度/m	0	−0.082	−0.147	−0.194	−0.227	−0.250	−0.266	−0.277

11.5　墙体应力分析与计算

按照土石坝有关规范，应当分析增强体心墙在基本工况下的受力状况，以进一步验证设计的可靠性和安全性。依据第 5、第 6 章的理论分析，我们将对竣工期、蓄水期和水位骤降期三个典型工况逐一进行分析计算。

11.5.1　竣工期

竣工期增强体心墙的下拉应力由第 5 章式（5.2-7）、式（5.2-8）计算，下面将墙体上下游两个侧面在自墙顶以下任一深度 z 处受到的下拉应力计算公式列出。
上游侧面：

$$\sigma_{s1} = A_{01}z + \frac{A_{11}(H_1+l)}{(1-n)(2-n)}\left[H_1^{2-n}-(H_1-z)^{2-n}\right] - \frac{A_{11}\left[H_1^{3-n}-(H_1-z)^{3-n}\right]}{(1-n)(2-n)(3-n)}$$

其中　　　　　　　　　　　$A_{01} = f_{01}k_{01}\rho_1 g$　　　　　$A_{11} = \dfrac{f_{c1}k_{01}\rho_1^2 g^2}{E_{s01}}$

下游侧面：

$$\sigma_{s2} = A_{02}z + \frac{A_{12}H}{(1-n)(2-n)}\left[H_1^{2-n}-(H_1-z)^{2-n}\right] - \frac{A_{12}\left[H_1^{3-n}-(H_1-z)^{3-n}\right]}{(1-n)(2-n)(3-n)}$$

171

其中
$$A_{02}=f_{02}k_{02}\rho_2 g \qquad A_{12}=\frac{f_{c2}k_{02}\rho_2^2 g^2}{E_{s02}}$$

1. 上游堆石力学指标

f_{01} 为堆石与墙体接触面的静止摩擦系数，对于砂泥岩混合堆石料与 C30 混凝土墙体，取 $f_{01}=0.144$（注意两者为竖向接触且接触面存在一定程度的泥皮），k_{01} 为堆石静止侧压力系数，取 $k_{01}=0.280$（天然状态），$k'_{01}=0.270$（饱和状态）；ρ_1 为上游堆石的干密度，天然状态 $\rho_1=2.17\mathrm{t/m^3}$，饱和状态 $\rho_1=2.385\mathrm{t/m^3}$；$f_{c1}$ 为接触面滑动摩擦系数，$f_{c1}=0.124/\mathrm{m}$（天然状态），$f'_{c1}=0.122/\mathrm{m}$（饱和状态）；E_{s01} 为堆石料初始压缩模量，天然状态 $E_{s01}=100\mathrm{MPa}$，饱和状态 $E_{s01}=80\mathrm{MPa}$；n 为邓肯-张模型参数，砂泥岩料饱和与天然状态均取 $n=0.27$。

2. 下游堆石力学指标

依设计，下游次堆石也采用当地砂泥岩混合堆石料填筑，f_{02} 为下游堆石与墙体接触面的静止摩擦系数，取 $f_{02}=0.143$（取值原因同前）；k_{02} 为下游堆石静止侧压力系数，$k_{02}=0.270$；ρ_2 为下游堆石的干密度，$\rho_2=2.15\mathrm{t/m^3}$；$f_{c2}$ 为接触面滑动摩擦系数，$f_{c2}=0.123/\mathrm{m}$；E_{s02} 为堆石料初始压缩模量，天然状态砂泥岩料 $E_{s02}=100\mathrm{MPa}$。

3. 通填区高度确定

墙顶高程在计算时可取正常水位高程，这样，通填区高度则为坝顶高程与墙顶高程之差，即 $l=1057.0-1053.0=4.0\mathrm{m}$。

4. 参数计算

$$A_{01}=f_{01}k_{01}\rho_1 g=0.144\times0.280\times2.17\times9.81=0.8583(\mathrm{kPa/m})$$

$$A_{11}=\frac{f_{c1}k_{01}\rho_1^2 g^2}{E_{s01}}=\frac{0.124\times0.280\times2.17^2\times9.81^2}{100\times10^3}=1.5734\times10^{-4}(\mathrm{kPa/m^3})$$

$$A_{02}=f_{02}k_{02}\rho_2 g=0.143\times0.270\times2.15\times9.81=0.8143(\mathrm{kPa/m})$$

$$A_{12}=\frac{f_{c2}k_{02}\rho_2^2 g^2}{E_{s02}}=\frac{0.123\times0.27\times2.15^2\times9.81^2}{100\times10^3}=1.4773\times10^{-4}(\mathrm{kPa/m})$$

5. 下拉应力计算方程

增强体心墙上下游两侧面的下拉应力由第 5 章式（5.2-7）、式（5.2-8）和上面计算的已知参数进行计算。列出墙体上下游两个侧面两种堆石料的下拉应力计算式。

（1）上游侧面：

$$\sigma_{s1}=0.8583z+9.0948\times10^{-3}[69^{1.73}-(69-z)^{1.73}]-$$
$$4.5653\times10^{-5}[69^{2.73}-(69-z)^{2.73}] \quad z\in[0,69] \qquad (11.5-1)$$

（2）下游侧面：

$$\sigma_{s2}=0.8200z+9.931\times10^{-3}[69^{1.73}-(69-z)^{1.73}]-$$
$$4.2848\times10^{-5}[69^{2.73}-(69-z)^{2.73}] \quad z\in[0,69] \qquad (11.5-2)$$

下拉应力计算结果如表 11.5-1 所列，其沿墙体高度的分布情况如图 11.5-1 所示。下拉应力沿墙体心墙自上而下的分布形象如图 11.5-2 所示。

表 11.5-1 墙体上下游侧面下拉应力分布计算表

墙体埋深/m	0	10	20	30	40	50	60	69	备注
σ_{s1}/kPa	0	10.20	20.43	30.64	40.72	50.60	60.13	68.25	上游侧面
σ_{s2}/kPa	0	9.94	19.93	29.89	39.73	49.33	58.57	66.38	下游侧面

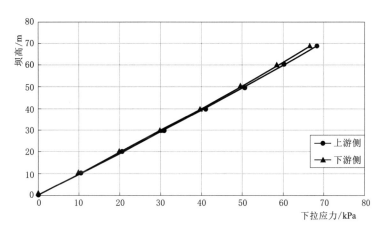

图 11.5-1 竣工期墙体上下游两侧面下拉应力分布图

　　计算显示，上下游墙体侧面的下拉应力与墙体埋深的增加呈良好的线性增长关系。

6. 竣工期增强体心墙的下拉荷载计算

　　增强体心墙上下游两侧面下拉荷载分别由第5章式（5.2-10b）、式（5.2-13a）计算。将计算式罗列如下：

上游侧：

$$N_{s1} = B_{01}z^2 + B_{11}z + B_{21}(H_1-z)^{3-n} - B_{31}(H_1-z)^{4-n} - B_{41}$$

其中

$$B_{01} = \frac{A_{01}}{2}$$

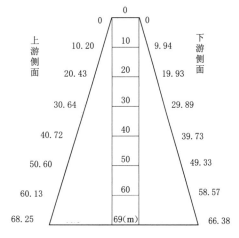

图 11.5-2 竣工期墙体下拉应力分布示意图（单位：kPa）

$$B_{11} = \frac{A_{11}H_1^{2-n}}{(1-n)}\left(\frac{l}{2-n} + \frac{H_1}{3-n}\right)$$

$$B_{21} = \frac{A_{11}(H_1+l)}{(1-n)(2-n)(3-n)}$$

$$B_{31} = \frac{A_{11}}{(1-n)(2-n)(3-n)(4-n)} \qquad B_{41} = \frac{A_{11}H_1^{3-n}}{(1-n)(2-n)}\left(\frac{l}{3-n} + \frac{H_1}{4-n}\right)$$

　　从上式可知，竣工期墙体所受的下拉荷载（或称下拉力）同下拉应力一样，主要是上下游堆石体由于沉降导致界面摩擦而施加的，为沿墙体埋深 z 变化的多项式函数。

$$B_{01} = \frac{A_{01}}{2} = \frac{0.8583}{2} = 0.4292$$

$$B_{11} = \frac{A_{11} H_1^{2-n}}{(1-n)} \left(\frac{l}{2-n} + \frac{H_1}{3-n} \right) = 9.0246$$

$$B_{21} = \frac{A_{11}(H_1+l)}{(1-n)(2-n)(3-n)} = 3.3314 \times 10^{-3}$$

$$B_{31} = \frac{A_{11}}{(1-n)(2-n)(3-n)(4-n)} = 1.2235 \times 10^{-5}$$

$$B_{41} = \frac{A_{11} H_1^{3-n}}{(1-n)(2-n)} \left(\frac{l}{3-n} + \frac{H_1}{4-n} \right) = 260.4790$$

（1）上游侧下拉荷载计算：

$$N_{s1} = 0.4292 z^2 + 9.0246 z + 3.3314 \times 10^{-3} (69-z)^{2.73} -$$
$$1.2235 \times 10^{-5} (69-z)^{3.73} - 260.479 \quad z \in [0,69] \quad\quad (11.5-3)$$

（2）下游侧下拉荷载计算：

$$N_{s2} = B_{02} z^2 + B_{12} z + B_{22}(H_1-z)^{3-n} - B_{32}(H_1-z)^{4-n} - B_{42}$$

其中　$B_{02} = \dfrac{A_{02}}{2}$　　$B_{12} = \dfrac{A_{12} H_1^{2-n}}{(1-n)} \left(\dfrac{l}{2-n} + \dfrac{H_1}{3-n} \right)$　　$B_{22} = \dfrac{A_{12}(H_1+l)}{(1-n)(2-n)(3-n)}$

$$B_{32} = \frac{A_{12}}{(1-n)(2-n)(3-n)(4-n)} \qquad B_{42} = \frac{A_{12} H_1^{3-n}}{(1-n)(2-n)} \left(\frac{l}{3-n} + \frac{H_1}{4-n} \right)$$

墙体下游侧面按设计采用砂泥岩混合料填筑，由已知数据，计算得

$$B_{02} = \frac{A_{02}}{2} = 0.4072 \qquad B_{12} = \frac{A_{12} H_1^{2-n}}{(1-n)} \left(\frac{l}{2-n} + \frac{H_1}{3-n} \right) = 8.4734$$

$$B_{22} = \frac{A_{12}(H_1+l)}{(1-n)(2-n)(3-n)} = 3.1279 \times 10^{-3}$$

$$B_{32} = \frac{A_{12}}{(1-n)(2-n)(3-n)(4-n)} = 1.1487 \times 10^{-5}$$

$$B_{42} = \frac{A_{12} H_1^{3-n}}{(1-n)(2-n)} \left(\frac{l}{3-n} + \frac{H_1}{4-n} \right) = 224.5695$$

代入上述参数值，得下游侧面的下拉力计算式：

$$N_{s2} = 0.4072 z^2 + 8.4734 z + 3.1279 \times 10^{-3} (69-z)^{2.73} -$$
$$1.1487 \times 10^{-5} (69-z)^{3.73} - 224.5695 \quad z \in [0,69] \quad\quad (11.5-4)$$

由式（11.5-3）、式（11.5-4）计算，将结果列入表11.5-2，沿墙体高度的下拉力分布如图11.5-3所示。

表 11.5-2　　　　　　　　　　墙体上下游侧面下拉力分布计算表

墙体埋深/m	0	10	20	30	40	50	60	69	备注
N_{s1}/kN	0	50.92	204.08	459.50	816.47	1273.35	1827.41	2405.64	上游侧
N_{s2}/kN	0	68.23	213.30	455.23	793.35	1226.11	1750.97	2298.77	下游侧
$(N_{s1}-N_{s2})$/kN	0	−17.31	−9.22	4.27	23.12	47.24	76.44	106.87	力差值

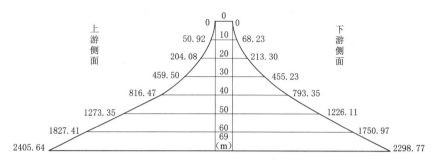

图 11.5-3 竣工期墙体下拉力分布图（单位：kN）

从上表可得出墙体底部的下拉力合力 $N_s = N_{s1} + N_{s2} = 2405.64 + 2298.77 = 4704.41$ kN。上下游的力差在底部也最大，为 106.87kN，力差使墙体受力倾向于不均衡。值得注意的是，在墙顶以下约 30m 范围内，上下游力差出现负值，说明墙体上下游两侧所受的下拉荷载及其产生的弯拉作用较为复杂，有待于进一步深入研究。

11.5.2 蓄水期增强体心墙的下拉应力与荷载

本小节重点研究增强体心墙土石坝在蓄水后上游坝体的浸水湿化变形问题，以及在靠近墙体附近的湿化变形对墙体的不利影响究竟有多大。由第 6 章相关分析，并将上游堆石体因湿化变形产生对墙体的下拉应力与荷载计算公式（6.2-3）、式（6.2-4）一并罗列如下，然后进行计算。

湿化变形引起的下拉应力：

$$\sigma'_{s1} = \frac{c'(\alpha'_1 - \alpha_1)}{2} z^2 - c'(\alpha'_2 - \alpha_2)z + \frac{c'\alpha'_2(1+\alpha'_3 z)}{\alpha'_3}\ln(1+\alpha'_3 z) - \frac{c'\alpha_2(1+\alpha_3 z)}{\alpha_3}\ln(1+\alpha_3 z)$$

湿化变形引起的下拉力（或下拉荷载）：

$$N'_{s1} = \frac{c'(\alpha'_1 - \alpha_1)}{6} z^3 - \frac{c'(\alpha'_2 - \alpha_2)}{2} z^2 + \frac{c'\alpha'_2(1+\alpha'_3 z)^2}{4\alpha'^2_3}[2\ln(1+\alpha'_3 z)-1] -$$

$$\frac{c'\alpha_2(1+\alpha_3 z)^2}{4\alpha^2_3}[2\ln(1+\alpha_3 z)-1] + \frac{c'}{4}\left(\frac{\alpha'_2}{\alpha'^2_3} - \frac{\alpha_2}{\alpha^2_3}\right)$$

1. 湿化变形下拉应力

上两式的计算参数较多，第 6 章已经详述其来源，此处不再赘述。

参数 α_1、α_2、α_3 和 α'_1、α'_2、α'_3 分别为一维固结（单向压缩）条件下坝体非饱和与饱和状态下堆石料的三参数湿化变形方程的参数值：①天然状态 $\alpha_1 = \frac{\zeta e_0 - 1}{\zeta + \zeta e_0 - 1}$，$\alpha_2 = \frac{\alpha}{\rho_1 g(\zeta + \zeta e_0 - 1)^2}$，$\alpha_3 = \frac{\rho_1 g(\zeta + \zeta e_0 - 1)}{(1+e_0)\alpha}$；②饱和状态 $\alpha'_1 = \frac{\zeta' e_0 - 1}{\zeta' + \zeta' e_0 - 1}$，$\alpha'_2 = \frac{\alpha'}{\rho'_1 g(\zeta' + \zeta' e_0 - 1)^2}$，$\alpha'_3 = \frac{\rho'_1 g(\zeta' + \zeta' e_0 - 1)}{(1+e_0)\alpha'}$；其中 α_1、α'_1 无量纲，α_2、α'_2 单位为 kN/m³，

α_3、α_3' 单位为 m³/kN。另外，饱和界面参数 $c' = f_{c1}' k_{01}' \rho_1' g$，该参数与材料性质有关，其单位为 kN/m⁴。

调整后筑坝材料的一维压缩试验如图 11.5-4 所示，相应在不同垂直压力等级下的孔隙比变化列入表 11.5-3。再分别选择砂泥岩料饱和与非饱和两种状态和上中下三条压缩试验曲线进行拟合，并按照式（6.1-3）采用最小二乘法线性回归分析，即 $\dfrac{p}{e_0 - e} = \alpha + \zeta p$，如图 11.5-5 所示。

表 11.5-3　　　　　　　　砂泥岩堆石石渣混合材料压缩试验成果表

垂直压力等级/MPa		0	0.05	0.1	0.2	0.4	0.8	1.6
砂泥岩料	天然平均孔隙比	0.256	0.254	0.252	0.249	0.246	0.243	0.240
	饱和平均孔隙比	0.256	0.253	0.250	0.247	0.242	0.238	0.234

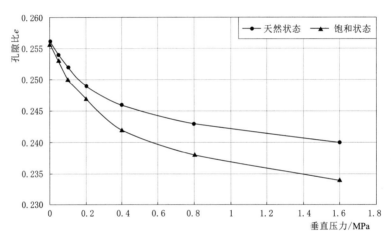

图 11.5-4　砂泥岩筑坝材料压缩试验曲线

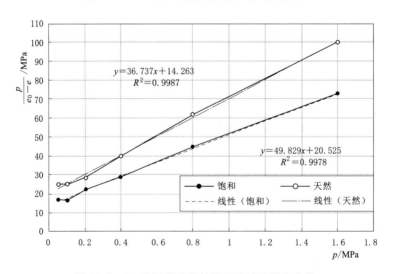

图 11.5-5　砂泥岩筑坝材料压缩试验拟合曲线

（1）由图 11.5 - 5 整理出相关参数。

天然砂泥岩料：$\alpha = 14.263$，$\zeta = 36.737$，相关性指标 $R^2 = 0.995$；$e_0 = 0.256$。

饱和砂泥岩料：$\alpha' = 20.525$，$\zeta' = 49.829$，相关性指标 $R^2 = 0.998$；$e_0 = 0.256$。

（2）计算三个参数。

砂泥岩混合料：

$$\alpha_1 = \frac{\zeta e_0 - 1}{\zeta + \zeta e_0 - 1} = \frac{36.737 \times 0.256 - 1}{36.737 + 36.737 \times 0.256 - 1} = 0.1862$$

$$\alpha_2 = \frac{\alpha}{\rho_1 g (\zeta + \zeta e_0 - 1)^2} = \frac{14.263}{2.17 \times 9.81 \times (36.737 + 36.737 \times 0.256 - 1)^2} = 3.2880 \times 10^{-4} (\text{kN/m}^3)$$

$$\alpha_3 = \frac{\rho_1 g (\zeta + \zeta e_0 - 1)}{(1 + e_0) \alpha} = \frac{2.17 \times 9.81 \times (36.737 + 36.737 \times 0.256 - 1)}{(1 + 0.256) \times 14.263} = 53.6421 (\text{m}^3/\text{kN})$$

$$\alpha_1' = \frac{\zeta' e_0 - 1}{\zeta' + \zeta' e_0 - 1} = \frac{49.829 \times 0.256 - 1}{49.829 \times (1 + 0.256) - 1} = 0.1909$$

$$\alpha_2' = \frac{\alpha'}{\rho_1' g (\zeta' + \zeta' e_0 - 1)^2} = \frac{20.525}{1.385 \times 9.81 \times [49.829 (1 + 0.256) - 1]^2} = 3.9843 \times 10^{-4} (\text{kN/m}^3)$$

$$\alpha_3' = \frac{\rho_1' g (\zeta' + \zeta' e_0 - 1)}{(1 + e_0) \alpha'} = \frac{1.385 \times 9.81 \times [49.829 (1 + 0.256) - 1]}{(1 + 0.256) \times 20.525} = 32.4581 (\text{m}^3/\text{kN})$$

（3）计算已知参数 c'（$c' = f_{c1}' k_{01}' \rho_1' g$）。

饱和砂泥岩料：取 $f_{c1}' = 0.122$，$k_{01}' = 0.270$，$\rho_1' = 1.385$，计算 $c' = 0.122 \times 0.27 \times 1.385 \times 9.81 = 0.4476$。

由式（6.2 - 3）、式（6.2 - 4）并代入上述参数，得到砂泥岩混合料湿化变形引起的下拉应力计算方程如下。

上游侧面（$z = 0 \sim 69\text{m}$）：

$$\sigma_{s1}' = \frac{c' (\alpha_1' - \alpha_1)}{2} z^2 - c'(\alpha_2' - \alpha_2) z + \frac{c' \alpha_2'(1 + \alpha_3' z)}{\alpha_3'} \ln(1 + \alpha_3' z) - \frac{c' \alpha_2 (1 + \alpha_3 z)}{\alpha_3} \ln(1 + \alpha_3 z)$$

$$= 1.052 \times 10^{-3} z^2 - 3.117 \times 10^{-5} z + 5.494 \times 10^{-6} (1 + 32.458z) \ln(1 + 32.458z) -$$
$$2.743 \times 10^{-6} (1 + 53.642z) \ln(1 + 53.642z) \tag{11.5 - 5}$$

上式的计算结果列入表 11.5 - 4，沿墙体埋深的湿化变形引起的下拉应力分布状态如图 11.5 - 6 所示，图中下游侧面的下拉应力分布与图 11.5 - 2 一致，故略去未表示出。（应注意，湿化变形引起的下拉应力沿墙深分布一般呈二次函数变化，这不同于坝体沉降引发的下拉应力呈线性分布。）

表 11.5 - 4   上游侧面湿化变形下拉应力分布值

墙体埋深/m	0	10	20	30	40	50	60	69	备注
σ_{s1}'/kPa	0	0.106	0.423	0.950	1.688	2.636	3.795	5.018	砂泥岩料与墙体

从图 11.5 - 6 可知，由于水库蓄水，导致上游砂泥岩堆石区出现湿化变形，由此引起的下拉应力相对于竣工期就有所增加，而墙体下游侧的下拉应力依然保持不变。

2. 湿化变形下拉力

由式（6.2 - 4）及上面计算得出的已知参数，上游砂泥岩料与墙体接触面下拉力（荷

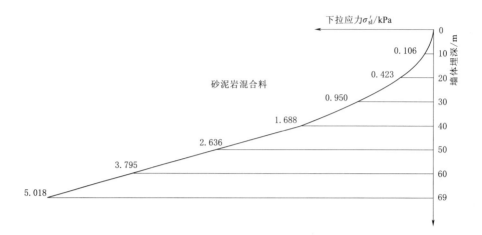

图 11.5 - 6 墙体上游侧面湿化下拉应力分布图（单位：kPa）

载）沿墙体高度分布的计算方程如下：

$$N'_{s1} = \frac{c'(\alpha'_1 - \alpha_1)}{6}z^3 - \frac{c'(\alpha'_2 - \alpha_2)}{2}z^2 + \frac{c'\alpha'_2(1+\alpha'_3 z)^2}{4\alpha'^2_3}[2\ln(1+\alpha'_3 z) - 1] -$$

$$\frac{c'\alpha_2(1+\alpha_3 z)^2}{4\alpha^2_3}[2\ln(1+\alpha_3 z) - 1] + \frac{c'}{4}\left(\frac{\alpha'_2}{\alpha'^2_3} - \frac{\alpha_2}{\alpha^2_3}\right)$$

$$= 3.5062\times10^{-4}z^3 - 1.5583\times10^{-5}z^2 + 4.2319\times10^{-8}(1+32.458z)^2 \times$$

$$[2\ln(1+32.458z) - 1] - 1.2786\times10^{-8}(1+53.642z)^2 \times$$

$$[2\ln(1+53.642z) - 1] + 2.9532\times10^{-8} \quad z\in[0,69] \quad (11.5-6)$$

可以拆分为下列五项分别进行计算，然后累加即可：

$$N'_a = \frac{c'(\alpha'_1 - \alpha_1)}{6}z^3 = 3.5062\times10^{-4}z^3$$

$$N'_b = -\frac{c'(\alpha'_2 - \alpha_2)}{2}z^2 = -1.5583\times10^{-5}z^2$$

$$N'_c = \frac{c'\alpha'_2(1+\alpha'_3 z)^2}{4\alpha'^2_3}[2\ln(1+\alpha'_3 z) - 1] = 4.2319\times10^{-8}(1+32.458z)^2[2\ln(1+32.458z) - 1]$$

$$N'_d = -\frac{c'\alpha_2(1+\alpha_3 z)^2}{4\alpha^2_3}[2\ln(1+\alpha_3 z) - 1] = -1.2786\times10^{-8}(1+53.642z)^2[2\ln(1+53.642z) - 1]$$

$$N'_e = \frac{c'}{4}\left(\frac{\alpha'_2}{\alpha'^2_3} - \frac{\alpha_2}{\alpha^2_3}\right) = 2.9532\times10^{-8}$$

上述计算成果如表 11.5 - 5 所列。湿化变形引起的下拉力分布如图 11.5 - 7 所示。

表 11.5 - 5　　　　　　　墙体上游侧面湿化变形下拉力分布值

墙体埋深/m	0	10	20	30	40	50	60	69	备注
N'_{s1}/kN	0	0.35	2.82	9.51	22.52	43.97	75.94	115.47	砂泥岩料与墙体

即，墙体底部下拉力 $N'_s = N'_{s1} = 115.47(\text{kN})$。

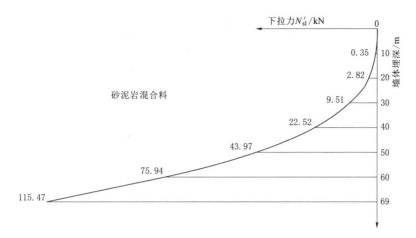

图 11.5－7　上游坝体湿化变形对墙体下拉力分布图（单位：kN）

由图 11.5－7 可知，水库蓄水引起的湿化下拉力（荷载）在墙体上游侧有所增加，约占竣工期上游筑坝料引起的下拉力的 1/20 左右，这些下拉力在墙体安全性复核时可予以考虑。

11.6　增强体心墙结构安全性分析

根据上面竣工期、蓄水期等工况的计算分析，墙体上下游两侧的受力存在一定程度的差异，墙体沿墙深范围内的受力基本呈不对称的形态。对增强体心墙而言，这种受力不对称极有可能导致弯拉应力的出现，所以，对增强体心墙的结构安全性分析与复核是必要的。

如第 7 章所述，墙体的结构安全性分析主要有三个方面，一是增强体心墙在不同工况水土作用下的变形是否满足要求，11.4 节已经作了相关分析计算，表明墙体变形能够满足相关规范规定，此处不再赘述；二是墙体底部的压应力是否满足混凝土材料的抗压强度要求；三是基于墙体受力不对称形成的弯拉强度复核，是否亦满足相关规范要求。

11.6.1　墙体抗压强度复核计算

从以上增强体结构受力分析可知，墙体底部受力最大，因此复核此处的受力情况能够控制整个墙体的安全性能。

1. 竣工期

由式（7.1－1）计算，即

$$KR_s = K\frac{N_s + \rho_e g \delta H_1 + \rho_0 g \delta l}{1 \cdot \delta} \leqslant R_c$$

式中：N_s 为竣工期增强体底部的总下拉荷载，从上面计算已知 $N_s = 4704.41\text{kN}$；$\rho_e g \delta H_1$ 为增强体自重，kN，其中 ρ_e 为增强体密度（t/m³），δ 为增强体正截面厚度（m）；$\rho_0 g \delta l$ 为通填区堆石压重，kN，其中 ρ_0 为通填区堆石平均密度（t/m³），取

179

$\rho_0 = 2.17 t/m^3$；l 为通填区垂直高度，m；H_1 为增强体高度，取 $H_1 = 69.0 m$。

上述数据全部已知，由于本工程坝高大于 70m，工程等级提高一级，故取 $K = 1.3$，增强体心墙选取 C30 混凝土，其抗压强度 $R_c = 14.3 MPa$。因此有

$$KR_s = K \frac{N_s + \rho_e g \delta H_1 + \rho_0 g \delta l}{1 \cdot \delta}$$

$$= 1.3 \times \frac{4704.41 + 2.4 \times 9.81 \times 1.0 \times 69 + 2.17 \times 9.81 \times 1.0 \times 4.0}{1 \times 1.0}$$

$$= 1.3 \times 6414.10 (kPa) = 8.34 MPa < R_c = 14.3 MPa$$

可见，墙体底部满足抗压强度要求。

2. 蓄水期

同样，由式（7.1-2），有

$$KR_j = K \frac{N'_s + N_s + (\rho_e H_1 + \rho_0 l) g \delta}{1 \cdot \delta}$$

$$= 1.3 \times \frac{115.47 + 4704.41 + (2.4 \times 69 + 2.17 \times 4) \times 9.81 \times 1.0}{1 \times 1.0}$$

$$= 1.3 \times 6529.57 (kPa) = 8.49 MPa < R_c = 14.3 MPa$$

可见，墙体底部在蓄水期同样满足抗压强度要求。

11.6.2　增强体正截面抗弯拉的复核

根据上面的分析，一般墙体底部的弯矩最大，如果墙体底部的抗弯拉复核满足，则墙体其余任意高度的抗弯拉也必定满足。

首先，由第 7 章式（7.2-2）计算弯矩值（下角标 d 代表"底部"）：

$$M_d = \Delta N'_d \delta = (\Delta N_{sd} + N'_{s1d}) \delta$$

式中：ΔN_{sd} 为竣工期的力差，由前面计算可知，$\Delta N_{sd} = N_{s1} - N_{s2} = 106.87 kN$（表 11.5-2）；$N'_{s1d}$ 为蓄水引起的下拉荷载（即蓄水期新增的湿化下拉力），$N'_{s1d} = 115.47 kN$（表 11.5-5）；$\Delta N'_d$ 为蓄水期最不利组合的力差值，$\Delta N'_d = \Delta N_{sd} + N'_{s1d} = 106.87 + 115.47 = 222.34 kN$；已知墙体厚度 $\delta = 1.0 m$。

所以，$M_d = 222.34 kN \cdot m$，按《水工混凝土结构设计规范》（SL 191—2008）[5] 第 3.2.2 条的规定计算弯矩设计值 M_s，此处按基本组合，以下拉荷载形成的力差对结构起不利作用计，$M_s = 1.20 M_d = 1.2 \times 222.34 = 266.81 (kN \cdot m)$。

其次，根据已知弯矩设计值 M_s 计算墙体在底部的配筋量，并以此作为钢筋设计的依据。

1）截面抵抗矩系数：

$$\alpha_s = \frac{M_s}{\alpha_1 f_c b h_0^2}$$

式中：α_s 为截面抵抗矩系数；M_s 为弯矩设计值，同上面计算，kN·m；α_1 为考虑钢筋表面形状的系数，取 $\alpha_1 = 1.0$；f_c 为钢筋混凝土轴心抗压强度设计值，C30 混凝土 $f_c = 14.3 MPa$；b 为增强体心墙单位长度，取 $b = 1.0 m$；h_0 为截面有效高度，由于墙体厚度 δ

为1000mm，钢桁架厚度取860mm，则保护层厚度 $c=(1000-860)/2=70mm$，钢筋按单层考虑，初选直径 $d=30mm$ 的 HPB235 热轧钢筋，其抗拉强度设计值 $f_y=210.0MPa$；则 $a_s=c+d/2=70+30/2=85mm$，$h_0=\delta-a_s=1000-85=915mm$。

因此，$\alpha_s=\dfrac{M_s}{\alpha_1 f_c b h_0^2}=\dfrac{266.81}{1.0\times14.3\times10^3\times1.0\times0.915^2}=0.02228$。

2）求内力矩的力臂系数 $\gamma_s=\dfrac{z}{h_0}=\dfrac{1+\sqrt{1-2\alpha_s}}{2}=\dfrac{1+\sqrt{1-2\times0.02228}}{2}=0.9887$。

3）受力区钢筋截面面积 $A_s=\dfrac{M_s}{f_y\gamma_s h_0}=\dfrac{266.81}{210\times10^3\times0.9887\times0.915}=1.404\times10^{-3}m^2$。

墙体截面所需的最低钢筋面积为1404mm²，已满足抗弯拉要求。

应该注意的是：①这里的计算不包含施工中钢桁架下设所必要的维持整体稳定不变形的各种构造钢筋；②增强体横截面钢筋的配筋计算应按 A_s 进行，实际配筋应大于计算所需的受拉区钢筋截面面积值；③有关增强体心墙的钢筋布筋具体设计应由设计人员依据《水工混凝土结构设计规范》（SL 191—2008）与结构设计手册[6] 有关规定执行。

11.7 增强体心墙的受力安全分析

混凝土纵向增强体心墙置入土石坝体内，并与原坝体一起形成坝体结构，这种"软硬相兼、刚柔相济"的土石或堆石坝体结构是前所未有的。依托土石坝或堆石坝建造的巨大的纵向增强体贯穿河谷左右两岸，将坝体分为上游区和下游区，形成双向挡土墙体结构。因此，在不同工况墙体的受力安全性能是设计的又一个关键。本节针对竣工期、蓄水运行期和水位骤降期三个基本工况进行相关分析。

11.7.1 竣工期墙体受力安全性分析

针对这一工况，严格来讲，坝体处于静止土压力状态，可以不进行分析的，但由于坝体上下游计算参数的不同，墙体两边的受力不严格平衡。仍然假定上游区为主动区、下游区为被动区，由第8章式（8.3-2）得到竣工期墙体受力安全系数 S_0：

$$S_0=\frac{P_{2p}}{P_{1a}}=\lambda_2\frac{\rho_2\cos^2\varphi_2}{\rho_1\cos^2\varphi_1}\left[\frac{1+\sqrt{\dfrac{\sin\varphi_1\sin(\varphi_1+\beta_1)}{\cos\beta_1}}}{1-\sqrt{\dfrac{\sin\varphi_2\sin(\varphi_2-\beta_2)}{\cos\beta_2}}}\right]^2$$

式中：已知上游砂泥岩料 $\rho_1=2.17t/m^3$，上游坝坡坡角 $\beta_1=22°$，下游坝坡坡角 $\beta_2=24°$，上游砂泥岩料天然状态内摩擦角 $\varphi_1=38°$，下游砂泥岩料天然状态内摩擦角 $\varphi_2=37°$；查表8.5-1或图8.5-1，被动土压力折减系数 $\lambda_2=0.396$。

将上述已知数据代入，得

$$S_0=0.396\times\frac{2.15\times\cos^2 37°}{2.17\times\cos^2 38°}\times\left[\frac{1+\sqrt{\dfrac{\sin38°\sin(38°+22°)}{\cos22°}}}{1-\sqrt{\dfrac{\sin37°\sin(37°-24°)}{\cos24°}}}\right]^2=3.29$$

结果显然满足要求。

根据计算得到的竣工期墙体受力安全系数 S_0，再按第 8 章式（8.4 - 18）$F_s = \dfrac{1}{\overline{k}} S$ 反算坝坡稳定安全系数 F_s 值，取 $\overline{k} = 1.0 \sim 1.85$。得到 $F_s = 1.78 \sim 3.29$，从而满足碾压式土石坝设计规范（SL 274—2020）有关坝坡稳定取值规定，说明李家梁增强体心墙堆石坝在竣工期是安全的。

反过来，如果假定上游区为被动区、下游区为主动区，则式（8.3 - 2）表述的竣工期墙体受力安全系数 S_0：

$$S_0 = \frac{P_{1p}}{P_{2a}} = \lambda_1 \frac{\rho_1 \cos^2 \varphi_1}{\rho_2 \cos^2 \varphi_2} \left[\frac{1 + \sqrt{\dfrac{\sin\varphi_2 \sin(\varphi_2 + \beta_2)}{\cos\beta_2}}}{1 - \sqrt{\dfrac{\sin\varphi_1 \sin(\varphi_1 - \beta_1)}{\cos\beta_1}}} \right]^2$$

式中：按上游被动区的内摩擦角查表 8.5 - 1 或图 8.5 - 1，被动土压力折减系数 $\lambda_1 = 0.404$，其余指标同上。计算得

$$S_0 = \frac{P_{1p}}{P_{2a}} = \lambda_1 \frac{\rho_1 \cos^2 \varphi_1}{\rho_2 \cos^2 \varphi_2} \left[\frac{1 + \sqrt{\dfrac{\sin\varphi_2 \sin(\varphi_2 + \beta_2)}{\cos\beta_2}}}{1 - \sqrt{\dfrac{\sin\varphi_1 \sin(\varphi_1 - \beta_1)}{\cos\beta_1}}} \right]^2$$

$$= 0.404 \times \frac{2.17 \times \cos^2 38°}{2.15 \times \cos^2 37°} \left[\frac{1 + \sqrt{\dfrac{\sin 37° \times \sin(37° + 24°)}{\cos 24°}}}{1 - \sqrt{\dfrac{\sin 38° \times \sin(38° - 22°)}{\cos 22°}}} \right]^2 = 3.75$$

同样，按第 8 章式（8.4 - 18）$F_s = \dfrac{1}{\overline{k}} S$ 反算坝坡稳定安全系数 F_s 值，得到 $F_s = 2.03 \sim 3.75$，可见李家梁增强体心墙堆石坝在竣工期是安全的。

上述计算表明，在竣工期，增强体心墙内置于土石坝体中，墙体一般处于静止压力状态，上下游堆石压力通过夹在中间的墙体而互相抵消。从理论上讲，由于上下游堆石料的力学性质指标不同而引发的受力，无论上下游的受力状态如何，墙体受力并不会造成坝体边坡出现稳定性问题。墙体的受力安全与坝坡的稳定安全都能得到保证。

11.7.2　蓄水运行期墙体受力安全性分析

本节只复核正常蓄水位的情形。为了计算蓄水期增强体心墙的受力安全状况，首先应依据第 8 章的分析，计算坝体上游侧在不同的水土耦合情况下使下游坝体提供被动土压力的折减情况，据此才能计算下游被动土压力值，从而得出墙体在蓄水运行期的安全受力状况。

由第 8 章正常蓄水运行期的受力安全系数 S_e 的一般表达式（8.3 - 3b）：

$$S_e = \cfrac{\lambda_2 \rho_2 \cos^2\varphi_2}{\left\{(1-\Delta)\rho_w + (\Delta \cdot \rho_w + \rho_1')\cfrac{\cos^2\varphi_1}{\left[1+\sqrt{\cfrac{\sin\varphi_1 \sin(\varphi_1+\beta_1)}{\cos\beta_1}}\right]^2}\right\}\left[1-\sqrt{\cfrac{\sin\varphi_2 \sin(\varphi_2-\beta_2)}{\cos\beta_2}}\right]^2 k_c}$$

1. 水土耦合

显然上式除了 S_e 以外只有两个未知数 λ_2 和 Δ，由于李家梁水库采用当地砂岩与泥岩混合石渣筑坝，其水理性较强，水土耦合度应当较高，故选定 Δ 分别为 0.5、0.75、1.0 三种情况进行计算，按第 8 章的分析，λ_2 值按临界坝坡情形进行计算选择，即由式（8.5 - 5）计算 λ_2 值，

$$\lambda_2 = \frac{\overline{k}_e}{\rho_2 \cos^2\varphi_2}\left[(1-\Delta)\rho_w + (\Delta \cdot \rho_w + \rho_1')\frac{\cos^2\varphi_1}{(1+\sqrt{2}\sin\varphi_1)^2}\right]k_c$$

此处，针对李家梁大坝，选取 $\overline{k}_e = 1.0$，Δ 按计算方案分别取 0.5、0.75、1.0 三种情况。已知下游砂泥岩料 $\rho_2 = 2.15 \text{t/m}^3$，上游坝料内摩擦角 $\varphi_1 = 36°$（饱和指标），下游坝料内摩擦角 $\varphi_2 = 37°$，水密度 $\rho_w = 1.0 \text{t/m}^3$，上游坝料浮密度 $\rho_1' = 1.385 \text{t/m}^3$，$k_{1a}' = 0.2179$，$k_{2p} = 1.6861$；$k_c$ 为水土耦合体压力系数，$k_c = \frac{1-\Delta}{2} + \frac{1+\Delta}{2}k_{1a}'$。将这些参数代入上式，得

$$\begin{aligned}\lambda_2 &= \frac{\overline{k}_e}{\rho_2 \cos^2\varphi_2}\left[(1-\Delta)\rho_w + (\Delta \cdot \rho_w + \rho_1')\frac{\cos^2\varphi_1}{(1+\sqrt{2}\sin\varphi_1)^2}\right]k_c\\ &= \frac{1.0}{2.15 \times \cos^2 37°} \times \left[(1-\Delta)\cdot 1 + (\Delta \cdot 1 + 1.385)\frac{\cos^2 36°}{(1+\sqrt{2}\sin 36°)^2}\right]k_c\\ &= (0.9264 - 0.5869 \cdot \Delta)(0.6090 - 0.3911 \cdot \Delta)\end{aligned}$$

因此，当 Δ 分别取 0.5、0.75、1.0 时，λ_2 值分别为 0.262、0.154、0.074，也就是被动土压力折减系数将随着水土耦合程度的提高而降低：

1）当上游坝体料的水土耦合度 $\Delta = 0.5$ 时，由式（8.3 - 3b）得 $S_e = 2.51$。

2）当上游坝体料的水土耦合度 $\Delta = 0.75$ 时，由式（8.3 - 3b）得 $S_e = 2.47$。

3）当上游坝体料的水土耦合度 $\Delta = 1.0$ 时，由式（8.3 - 3b）得 $S_e = 2.37$。

从这些计算可知，蓄水期不同水土耦合度下，尽管下游被动区的被动土压力有一定程度的折减，墙体受力安全系数表明，增强体心墙的受力依然是安全的。

由第 8 章式（8.4 - 18）$F_s = \frac{1}{k}S$ 反算坝坡稳定安全系数 F_s 值，此处按蓄水期，取参数 $\overline{k} = 1.0$，得到坝坡稳定安全系数 $F_s = 1.28 \sim 1.36$，可见李家梁增强体心墙堆石坝在蓄水期的坝体边坡也是安全的。

2. 水土不耦合

由第 8 章式（8.5 - 5b），水土不耦合（$\Delta = 0$）时的被动土压力折减系数为：

$$\lambda_{20} = \frac{\overline{k}_e}{2\rho_2 \cos^2\varphi_2}\left[\rho_w + \frac{\rho_1'\cos^2\varphi_1}{(1+\sqrt{2}\sin\varphi_1)^2}\right]\left[1 + \frac{\cos^2\varphi_1}{(1+\sqrt{2}\sin\varphi_1)^2}\right],\text{代入已知数据，得 }\lambda_{20} =$$

0.554，再由式（8.3-5）计算：

$$S_{e0}=\cfrac{2\lambda_2\rho_2\cos^2\varphi_2}{\left\{\rho_w+\cfrac{\rho_1'\cos^2\varphi_1}{\left[1+\sqrt{\cfrac{\sin\varphi_1\sin(\varphi_1+\beta_1)}{\cos\beta_1}}\right]^2}\right\}\left\{1+\cfrac{\cos^2\varphi_1}{\left[1+\sqrt{\cfrac{\sin\varphi_1\sin(\varphi_1+\beta_1)}{\cos\beta_1}}\right]^2}\right\}\left[1-\sqrt{\cfrac{\sin\varphi_2\sin(\varphi_2-\beta_2)}{\cos\beta_2}}\right]^2}$$

$$=\cfrac{2\times0.554\times2.15\times\cos^2 37°}{\left\{1+\cfrac{1.385\times\cos^2 36°}{\left[1+\sqrt{\cfrac{\sin36°\sin(36°+22°)}{\cos22°}}\right]^2}\right\}\left\{1+\cfrac{\cos^2 36°}{\left[1+\sqrt{\cfrac{\sin36°\sin(36°+22°)}{\cos22°}}\right]^2}\right\}\left[1-\sqrt{\cfrac{\sin37°\sin(37°-24°)}{\cos24°}}\right]^2}$$

$$=2.53$$

可见，水土不耦合时的墙体受力状况似乎更好一些，但实际上，李家梁水库筑坝材料为砂岩与泥岩，基于水理作用的水土耦合是不可避免的，水土的耦合应当是存在的。

11.7.3　库水位骤降期墙体受力安全性分析

同样，由第 8 章式（8.3-6）可以计算水位骤降期的受力安全系数 S_d：

$$S_d=\lambda_1\frac{\rho_1'\cos^2\varphi_1}{\rho_2\cos^2\varphi_2}\left[\frac{1+\sqrt{\cfrac{\sin\varphi_2\sin(\varphi_2+\beta_2)}{\cos\beta_2}}}{1-\sqrt{\cfrac{\sin\varphi_1\sin(\varphi_1-\beta_1)}{\cos\beta_1}}}\right]^2$$

式中：除了安全系数 S_d 以外，只有上游坝体被动土压力区的压力折减系数 λ_1 是未知数，其余指标均已知。同样可以按照临界坝坡的概念计算 λ_1 值。由式（8.5-6）：

$$\lambda_1=\overline{k}_d\frac{\rho_2\cos^2\varphi_2}{\rho_1'\cos^2\varphi_1(1+\sqrt{2}\sin\varphi_2)^2}$$

式中：已知 $\rho_1'=1.385\text{t}/\text{m}^3$，取 $\overline{k}_d=1.2$（第 8 章），上游饱和，取砂泥岩料的 $\varphi_1=36°$，其余参数均已知，计算得

$$\lambda_1=\overline{k}_d\frac{\rho_2\cos^2\varphi_2}{\rho_1'\cos^2\varphi_1\ (1+\sqrt{2}\sin\varphi_2)^2}=1.2\times\frac{2.15\times\cos^2 37°}{1.385\times\cos^2 36°\ (1+\sqrt{2}\sin37°)^2}=0.530$$

因此，水位骤降期的受力安全系数 S_d：

$$S_d=\lambda_1\frac{\rho_1'\cos^2\varphi_1}{\rho_2\cos^2\varphi_2}\left[\frac{1+\sqrt{\cfrac{\sin\varphi_2\sin(\varphi_2+\beta_2)}{\cos\beta_2}}}{1-\sqrt{\cfrac{\sin\varphi_1\sin(\varphi_1-\beta_1)}{\cos\beta_1}}}\right]^2$$

$$=0.530\times\frac{1.385\times\cos^2 36°}{2.15\times\cos^2 37°}\left[\frac{1+\sqrt{\cfrac{\sin37°\sin(37°+24°)}{\cos24°}}}{1-\sqrt{\cfrac{\sin36°\sin(36°-22°)}{\cos22°}}}\right]^2=2.93$$

可见，库水位骤降时墙体的受力也是安全的。同时，对应的坝体边坡稳定安全系数由关系

式 $F_s = \dfrac{1}{k}S$ 计算：$F_s = \dfrac{1}{k}S = \dfrac{1}{1.2} \times 2.93 = 2.44$，仍然大于规范 SL 274—2020 规定的坝坡抗滑稳定最小安全系数值，坝体边坡也是安全稳定的。

以上竣工期、蓄水期、库水位骤降期三种工况的计算，墙体受力安全系数均满足相应规范要求，且安全裕度较大。按照第 8 章 8.4 节的分析，墙体安全系数与坝坡稳定系数的同一性关系，表明坝坡可以更加优化，也就是坝体剖面在设计上可以再"苗条"一些。

11.8　洪水漫顶溃坝分析

这是一种特殊工况，一般土石坝是不允许出现洪水漫坝的，这也是土石坝设计采用较高洪水标准的原因之一。近几年受极端气候影响，许多建成年代久远的老土石坝面临风险考验，一些新土石坝也不例外，国内外学者也在深入研究如何降低土石坝运行风险的问题。为此，针对李家梁水库进行洪水漫顶溃坝的安全性复核分析还是有必要的。通过分析，我们也会看到纵向增强体土石坝较传统的土石坝具有更好的优越性。

如前所述，按照李家梁水库初步设计报告，有关水库洪水特性和特征水位数据[1] 进行洪水漫顶分析与计算。这里须强调的是，在第 9 章已经分析了所谓超标洪水的不确定性，同时约定超标洪水按校核洪水再放大 20% 进行确定。李家梁水库相应超标洪水量级为 382.8m³/s。本节就大坝遭遇设计洪水、校核洪水以及遭遇超标洪水三种特殊情况进行复核，验证李家梁水库的抗溃坝性能。

11.8.1　洪水漫顶最大冲刷深度

认为漫顶洪水沿坝顶坝轴线长度范围内均匀分布，由第 9 章式（9.3-5）、式（9.3-6）分别计算下游侧冲刷坑最大深度 Z_m 和所需的时间 T_m，将其估算公式罗列如下：

$$Z_m = \Phi H^m q^n \overline{D}^s$$
$$T_m = \omega q^\alpha \overline{D}^\beta$$

根据本工程筑坝材料试验分析，取冲刷系数 $\Phi = 3.75$、试验系数 $m = 0.25$、$n = 0.46$、$s = 0.2$；冲刷时间系数 $\omega = 3.35$，试验系数 $\alpha = -0.52$、$\beta = -0.17$；级配试验曲线表明下游砂岩堆石料平均粒径 $\overline{D} = 102mm$。有关水库的洪水特性与计算成果列入表 11.8-1。

表 11.8-1　　　　　　　　水库洪水特性与计算成果表

洪水频率 P	超标洪水	1000 年一遇	50 年一遇
计算情况	超标洪水	校核洪水	设计洪水
流 量 $Q/(m^3/s)$	382.8	319.0	193.0
单宽流量 $q/[m^3/(s \cdot m)]$	1.39	1.16	0.70
上下游水位差 H/m	69.71	69.61	69.38
最大冲坑深 Z_m/m	7.98	7.35	5.82
形成冲坑时间 T_m/h	4.16	4.57	5.96

注　1. 挡水高度为增强体顶部高程与下游洪水位之差。
　　2. 超标洪水仍然按校核洪水位相应指标进行计算。

从表可知，在水库大坝形成洪水漫顶冲刷的特殊工况时，如遭遇设计洪水量级的漫顶，最大冲刷深度将达到 5.82m，所需时间将近 6h（即 5.96h）；在校核洪水量级时，最大冲刷深度可达 7.35m，而耗时为 4.57h。在达到超标洪水量级时，最大冲刷深度可达 7.98m，需时为 4.16h。

从上计算可知，洪水量级越大，下游坝体形成的冲坑越深，所需时间相对就更为缩短，这是符合自然规律的。

11.8.2　洪水冲刷后增强体的受力复核

如第 9 章分析，在特殊情况下洪水形成漫顶冲刷，使墙体下游侧面的过渡料和砂泥岩混合料颗粒被冲蚀流失，墙体下游侧临空而单独承受来自上游的水土荷载。所以，增强体心墙能否"顶住"这些荷载作用，是整个坝体是否溃决的关键所在。

按水土不耦合的最不利情况分析，由式（9.4-5b）：

$$Z_Q = 2\sqrt{\frac{K_Q R_Q \delta}{g(\rho_w + k'_{1a}\rho'_1)(1+k'_{1a})}} = 2 \times \sqrt{\frac{1.35 \times 3.7386 \times 1.0 \times 10^3}{9.81 \times (1+0.2179 \times 1.385) \times (1+0.2179)}} = 36.03(\text{m})$$

式中：Z_Q 为剪切破坏时的极限深度（自墙顶向下起算），m；K_Q 为对应工程等级的洪水漫顶冲刷墙体承载力安全系数，可查表 9.4-1 选定，此处 $K_Q = 1.35$；R_Q 为增强体的抗剪强度值，一般 $R_Q = (0.056 - 0.316)R_c$，取均值 $R_Q = 0.186R_c$，R_c 为增强体轴心抗压强度标准值，墙体材料按设计选择 C30 混凝土，$R_c = 20.1\text{MPa}$[6]，则 $R_Q = 3.7386\text{MPa}$；δ 为增强体心墙厚度，m，对李家梁水库取 $\delta = 1.0\text{m}$；ρ_w 为上游水体的密度，$\rho_w = 1.0\text{t/m}^3$；k'_{1a} 为上游饱和砂泥岩混合料的土压力系数，已知 $k'_{1a} = 0.2179$；ρ'_1 为上游砂泥岩混合料的浮密度，$\rho'_1 = 1.385\text{t/m}^3$；$g$ 为重力加速度值。

同样，由式（9.4-6b）计算

$$Z_M = \sqrt[3]{\frac{12K_M R_M}{g(\rho_w + k'_{1a}\rho'_1)(1+k'_{1a})}} = \sqrt[3]{\frac{12 \times 1.3 \times 8.375 \times 10^3}{9.81 \times (1+0.2179 \times 1.385) \times (1+0.2179)}} = 20.33(\text{m})$$

式中：Z_M 为墙体受上游土水荷载作用达到弯矩破坏时的极限深度（自墙顶向下起算），m；K_M 为对应工程等级的洪水漫顶冲刷墙体承载力安全系数，可查表 9.4-1 选定，对于本工程，$K_M = 1.30$；R_M 为增强体的抗弯强度值，取 $R_M = \dfrac{5}{12}R_c = 8.375\text{MPa}$；其余符号意义同前。

因此，$Z_s = \min(Z_Q, Z_M) = \min(36.03, 20.33) = 20.33(\text{m})$，由式（9.5-1）计算洪水漫顶不溃安全系数 F：

设计洪水时　　　　$F_1 = \dfrac{\min(Z_Q, Z_M)}{Z_{1m}} = \dfrac{Z_s}{Z_{1m}} = \dfrac{20.33}{5.82} = 3.49 > 1.25$

校核洪水时　　　　$F_2 = \dfrac{\min(Z_Q, Z_M)}{Z_{2m}} = \dfrac{Z_s}{Z_{2m}} = \dfrac{20.33}{7.35} = 2.76 > 1.20$

超标洪水时　　　　$F_3 = \dfrac{\min(Z_Q, Z_M)}{Z_{3m}} = \dfrac{Z_s}{Z_{3m}} = \dfrac{20.33}{7.98} = 2.55 > 1.20$

各特殊工况的漫顶不溃安全系数 S 值均大于表 9.5-1 的规定值，因此，李家梁水库在遭遇设计洪水和校核洪水甚至超标洪水时，一旦出现漫顶冲刷，不会产生溃坝事故。

11.9 小结

11.9.1 增强体心墙设计

（1）墙体厚度选定。根据渗透计算分析，本工程增强体计算厚度为 86cm，结合考虑施工机械设备条件并留有一定的安全裕度，设计采用增强体厚度为 1.0m 是合适的。如采用厚度 1.2m 则更保险但不经济。计算表明，增强体下游侧渗透水的出露高程为 1009.82m，设计采用下游灰岩水平排水，其高程为 1015.00m，也算基本合适，下阶段可结合坝体料物分区设计进行优化。坝体计算浸润线在下游一定范围（23.48m）内得以消散，设计在下游采用灰岩排水带，底部宽度一般为 43.0～53.0m，虽然满足墙体底部下游所需 23.48m 的最小长度要求，为经济计，下阶段应优化这一布置，建议底部宽度不超过 30m 为宜。

（2）墙体配筋计算。根据本工程对墙体所受下拉力及其力差的计算分析，墙体截面所需的最低钢筋面积为 $A_s \geqslant 1404\text{mm}^2$，考虑到施工中钢桁架下设所必要的维持整体稳定的各种构造钢筋（含预设的灌浆钢管），实际配筋已大于计算所需的受拉区钢筋截面面积值，结构安全，因而无须再另外配置钢筋。

（3）墙体材料选择。设计上采用 C30 混凝土作为增强体材料是可行的。通过计算复核，严格来讲采用 C25 混凝土也是可行的。因为在正常工况下，C25 与 C30 混凝土的弹模、强度设计指标相差不大，计算出的变形与受力相差也不会太大；在诸如洪水漫顶冲刷等非常工况下，维持墙体稳定不被折断的最大深度也相差不大。建议设计与施工单位在技施阶段进行深入的复核计算，按安全经济的原则合理选材为宜。

11.9.2 坝体稳定与增强体受力安全性分析

从宏观上讲，增强体作为一个整体"插入"土石坝坝体之中，墙体就相当于一道承受来自上游水土压力和下游土压力的薄壁挡土墙，坝体的整体稳定性和墙体的整体受力安全性是以往常规土石坝所没有遇到的。计算表明，李家梁增强体土石坝的整体结构是安全的，且有一定的安全裕度；特别针对蓄水期水土耦合作用的不同情况，分别按不同耦合度计算的成果也是安全的，水位骤降也有较大的安全裕度。设计单位应结合筑坝材料的调整对坝体上下游边坡进行适当优化。

11.9.3 坝体分区设计

（1）坝体中部变形分析。土石坝内置增强体的存在，使得坝体的变形（特别是沉降变形）被分成上、下游两部分（以墙体为界），由此，其变形及分布与常规土石坝略有不同。在坝高 1/2～3/1 范围内，上下游堆石坝体各有沉降最大值，竣工期上游侧为 0.224m、下游侧为 0.218m，上下游沉降差不超过 10cm，蓄水期沉降差同样也没有超过 10cm，说明优化调整后的坝体料物分区基本合理。显然，由于填筑料的不同，沉降差总是存在的，因此设计与施工应尽量限制这种沉降差。过大的沉降差将使墙体受力不均，更容易产生弯拉应力，为了保持增强体心墙上下游两个侧面堆石变形的均衡，一般用料不宜选择料物特性差别较大的坝料，墙体上下游堆石用料应尽量保持基本一致。

（2）墙体的变形分析。不同工况墙体的变形是设计计算的重点之一。首先竣工期增强体心墙被"夹"在上下游堆石坝体之间，应当说墙体处于静止土压力状态；但由于上下游填筑料的物理力学指标不尽一致，作用在墙体上的土压力不能相互抵消，因而墙体存在轻微变形，对本工程的计算表明，这种变形十分微小，不会造成任何不利影响。

蓄水期墙体变形按堆石料与库水的耦合作用考虑，砂泥岩混合料的耦合度 Δ 取为 0.25，其变形与受力满足相关要求，底部抗压强度复核是满足要求的。

（3）墙体结构受力分析。在各种工况下墙体的受力状态是正常的，特别在蓄水期按三种不同水土耦合情况进行分析计算，结果同样是安全的。由于上下游用料的物理力学指标略有不同，存在下拉荷载的力差，墙体上下游两侧面的受力是不相等的，沿墙体的弯拉力，据计算其值也不太大，这也许受到有关计算参数取值的影响，因此，设计与勘测单位应进一步复核这些计算参数及其选择的合理性。

11.9.4　特殊工况的洪水漫顶不溃性能分析

（1）假设水库处于洪水漫顶的特殊工况，通过复核计算设计洪水、校核洪水和超标洪水工况下坝体的漫顶冲刷性能，按照首次提出的洪水漫顶不溃安全系数 S 进行复核，表明本工程在遭遇设计、校核洪水与超标洪水漫顶冲刷时，均不会产生溃坝事故，坝体安全是有保障的。

（2）由于有关冲刷计算分析原理与方法及其所需参数目前工程经验不多，尚需结合工程深入研究有关增强体土石坝洪水漫顶冲刷的规律，实现在各种工况下的大坝安全运行。

参 考 文 献

［1］　中水七局设计研究有限责任公司. 四川省万源市李家梁水库初步设计报告（送审稿）（R）. 成都：中水七局设计研究有限责任公司，2021.

［2］　四川中水成勘院工程物探检测有限公司. 四川省万源市李家梁水库工程筑坝材料岩土试验研究报告（R）. 成都：四川中水成勘院工程物探检测有限公司，2020.

［3］　中国建筑科学研究院. 混凝土质量控制标准：GB 50164—2011［S］. 北京：中国建筑工业出版社，2011.

［4］　赵铁军，朱金铨，冯乃谦. 高性能混凝土的强度与渗透性的关系［J］. 工业建筑，1997（5）：15 - 18，24.

［5］　中华人民共和国水利部. 水工混凝土结构设计规范：SL 191—2008［S］. 北京：中国水利水电出版社，2009.

［6］　钮新强，汪基伟，章定国. 新编水工混凝土结构设计手册. ［M］. 北京：中国水利水电出版社，2010.

第12章 大竹河水库沥青混凝土心墙渗漏处理实例

摘要： 大竹河沥青混凝土心墙土石坝自建成蓄水以后，下游坝面在1/3坝高以下出现渗漏，实测渗润线较高。经过多次勘察、观测和分析，认为沥青混凝土心墙出现渗漏，必须整治。对多种整治方案进行安全性、经济性和可行性等综合比较后，选择采用纵向增强体（当时称混凝土心墙）加固方案。2015年整治加固完成至今运行正常，实测应力应变分析表明没有发现异常，增强体混凝土心墙也未出现拉应力。该加固方案的成功运用不仅为沥青混凝土心墙等病险治理提供了借鉴，而且对防止较细颗粒坝壳料坝体的洪水漫顶溃决起到了相当好的抑制作用。

12.1 工程概况[1]

大竹河水库位于四川省攀枝花市仁和区总发乡板桥村境内，大坝原设计为碾压沥青混凝土心墙石渣坝，大坝上距仁和区20km，坝址以上集雨面积444.56km²，水库总库容1128.9万m³。该水库是以灌溉为主，兼顾灌区乡镇人畜饮水、攀枝花市包括仁和区应急备用水源，以及下游河道防洪等综合利用的中型水利工程。水库正常蓄水位1215.00m，汛限水位1211.00m，死水位1177.00m；设计洪水标准为50年一遇，相应设计洪水位1213.93m，流量673m³/s；校核洪水标准为1000年一遇，相应校核洪水位1216.59m，流量1424m³/s。水库枢纽工程由大坝、溢洪道、放空（导流）洞、放水洞等建筑物组成。工程建成后，与附近的胜利水库、沙坝田水库联合运行，承担12.52万亩农田的灌溉任务，并向3.55万农村人口及12.92万头大小牲畜提供人畜用水，是当地农业生产发展的重要支撑。

大坝为沥青混凝土心墙石渣坝，最大坝高61.0m，坝顶高程1217.00m，坝顶长206m，顶宽8.0m。上游坝坡分别在高程1197.00m和1177.00m处设2m宽的马道，坝坡坡比由上至下分别为1：2.25、1：2.50、1：2.75，平均坝坡比1：2.5，相应坡角$\beta_1 = 21.8°$。下游边坡分别在高程1197.00m、1177.00m设2.5m宽的马道，下游坝坡由上至下分别为1：2.0、1：2.25、1：2.75，平均坡比1：2.33，相应坡角为$\beta_2 = 23.2°$。坝脚高程1164.22m以下为排水棱体。坝体料物分区设计上分为5个区。Ⅰ区为上游坝体填筑区，采用全～强风化石英闪长岩开挖料填筑，干容重$\gamma_d \geq 19kN/m³$，渗透系数$k \leq 1.31 \times 10^{-4}cm/s$；Ⅱ区为下游坝体填筑区，设计采用强～弱风化石英闪长岩开挖料填筑，

干容重 $\gamma_d \geqslant 19\text{kN/m}^3$，渗透系数 $k > 2 \times 10^{-3}\text{cm/s}$；Ⅲ区为沥青混凝土心墙过渡料区，设计采用强～弱风化石英闪长岩填筑，干容重 $\gamma_d = 18.55\text{kN/m}^3$，渗透系数 $k = 5.62 \times 10^{-5}\text{cm/s}$；Ⅳ区为下游排水棱体区，采用弱风化石英闪长岩填筑，干容重 $\gamma_d \geqslant 20.8\text{kN/m}^3$，渗透系数 $k > 8.1 \times 10^{-1}\text{cm/s}$；Ⅴ区为沥青混凝土心墙区。

大坝防渗体系由坝体碾压沥青混凝土心墙及其底部灌浆帷幕组成。碾压沥青混凝土心墙为直墙式，从底部至高程 1187.00m 墙体厚度为 0.7m，高程 1187.00m 以上心墙厚度为 0.4m。心墙底部通过混凝土齿槽与基岩连接。坝基基岩为石英闪长岩，基础防渗采用单排帷幕防渗，并嵌入相对不透水层 5m（透水率小于 5Lu）。沥青混凝土心墙上下游两侧各设厚度为 2m 的过渡层，过渡层料要求最大颗粒粒径不大于 80mm，小于 5mm 粒径含量宜为 25%～40%，小于 0.075mm 粒径含量不超过 5%，施工时掺入 25%～30%石英闪长岩风化砂以满足级配要求。上下游坝壳填筑料主要为就地取材的全强风化石英砂。考虑到排水性，坝壳填筑施工时，在上游坝体高程 1177.00m 增设了两条与坝轴线垂直的水平向碎石梯形排水盲沟，顶宽 3.0m，底宽 2.0m，高 2.0m，排水盲沟与上游过渡层相连。图 12.1-1 所示为原来设计的大竹河水库沥青混凝土心墙坝体典型剖面图。

工程开工建设初期，通过对河床坝基开挖揭示，大竹河水库大坝坝基为第四系冲洪积松散覆盖层漂卵石，厚度较薄，下伏微风化石英闪长岩，大坝建基面河床段开挖后为微风化石英闪长岩，岩体完整性较差，裂隙较发育，未见软弱夹层和缓倾角的裂隙分布，无不利于抗滑稳定的结构面组合。两侧坝肩斜坡浅表层为全～强风化石英闪长岩，蜂窝状风化和差异风化严重，沿深部向下风化程度呈逐渐减弱趋势。施工开挖后，左、右坝肩浅表层残坡积土、全风化层基本清除，主要出露为强风化岩石，部分为弱、微风化石英闪长岩。左、右坝肩的风化、卸荷带均按设计进行了开挖清除处理，局部采取了护坡措施，经施工处理后基本达到设计要求。

坝基坝肩开挖也导致了两项设计变更：

1）灌浆帷幕设计调整。根据施工灌浆试验先导孔资料，坝基、坝肩风化石英闪长岩钻孔深度 25～35m，强风化石英闪长岩渗透率 9.24～802.37Lu，为强～中等透水层；弱风化石英闪长岩渗透率 12.29～60.04Lu，属于中等透水层；微风化石英闪长岩渗透率 0.75～15.20Lu，属于微～中等透水层。结合先导孔钻探岩芯，岩层中辉绿岩岩脉发育，厚度为 0.20～4.60m 不等，破碎程度很不一致，其走向没有规律，在相邻钻孔中出现的层位有较大差别，是造成岩层渗透较大的主要原因。因此，灌浆帷幕由原来初步设计方案布置 2m 孔距调整为 1m，灌浆次序由原来的Ⅲ序调整为Ⅳ序。

2）增设下游排水盲沟。大坝清基后，下游左、右岸山体发现地下水出露点，出水总流量约为 3.0L/s，为有效引排山体地下水，不让山体水过多进入坝体下游，同时降低下游坝体浸润线高程，在下游坝基增设排水盲沟系统。其中，横向排水盲沟连接心墙下游侧过渡料与坝后排水棱体，纵向排水盲沟连接岸坡出水点与纵向排水盲沟。盲沟设计仍为梯形断面，顶宽 5.0m，底宽 2.0m，高 1.5m，采用碎石填筑，外侧包裹土工布反滤。

大坝填筑控制指标和设计参数如表 12.1-1 所列。

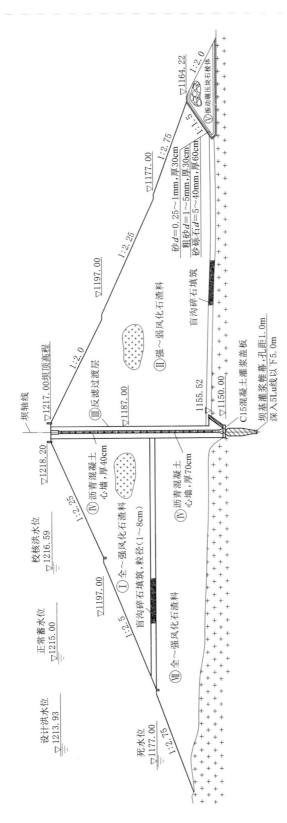

图 12.1-1 大竹河沥青混凝土心墙水库大坝典型剖面图（高程单位：m）

191

表 12.1－1   **大竹河水库大坝填筑控制指标和设计参数**

坝料	干密度 /(g/cm³)	最大粒径 /mm	<5mm 含量 /%	<0.075mm 含量/%	渗透系数 /(cm/s)	抗剪强度					
						c_{cd} /MPa	φ_{cd} /(°)	c_{cu} /MPa	φ_{cu} /(°)	c_{uu} MPa	φ_{uu} /(°)
上下游坝壳料	1.93				$1.0 \times 10^{-3} \sim$ 1.0×10^{-1}	0.02	30	0.02	27	0.03	25
上下游过渡料	2.23	80	25~40	≤5	$5 \times 10^{-2} \sim$ 5×10^{-3}	0.04	36	0.04	34	0.06	32
盲沟碎石料	2.10	80	10~20								
下游排水棱体	2.15	800	5~15		$>5 \times 10^{-1}$	0.04	34	0.04	32	0.06	30

    大坝施工填筑的速度较快，13 个月大坝填筑基本完成。然而，根据坝体填筑料第三方质量复核结果显示[2]，整体坝体填筑料颗粒偏细，透水性较差。如图 12.1－2 所示，为实测的坝壳料级配曲线，其中，上下游坝壳填筑料小于 5mm 含量为 85%～94%，现场实测渗透系数为 $8.1 \times 10^{-4} \sim 5.5 \times 10^{-6}$ cm/s；上下游坝壳料实测级配粒组统计值见表 12.1－2。

表 12.1－2   **上下游坝壳料实测级配各粒组统计表[3]**

粒径/mm		40~20	20~10	10~5	5~2	2~1	1~0.5	0.5~0.25	0.25~0.075	<0.075
含量/%	上游	1.0	3.3	4.3	31.8	9.5	25.2	8.8	14.6	3.4
	下游	1.0	2.6	4.4	31.2	12.7	22.8	8.4	14.6	4.3

    从上述试验可知，坝体填筑的坝壳料最大颗粒粒径不超过 40mm，且含量微小，对如此类似于"砂土"的坝体填筑料，遗憾当时并没有开展深入的物理力学试验工作，其抗剪强度、变形性能、抗冲刷性能以及渗透稳定性都值得深入研究，因为这些都涉及坝体的安全运行。

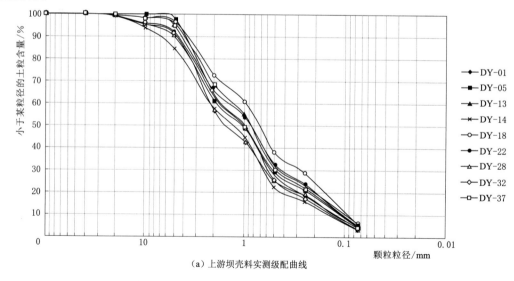

（a）上游坝壳料实测级配曲线

图 12.1－2（一） 大竹河水库筑坝料实测级配曲线

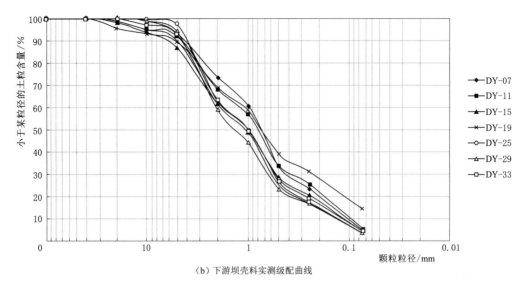

（b）下游坝壳料实测级配曲线

图 12.1－2（二） 大竹河水库筑坝料实测级配曲线

12.2 坝体渗漏原因分析与整治方案[1,3-4]

大竹河水库于 2010 年 1 月开工，2011 年 2 月大坝封顶，2011 年 7 月坝体施工全面完成，同年 10 月水库试蓄水。

12.2.1 坝体渗漏原因分析

2012 年 11 月 30 日，水库蓄水至 1201.48m，观测发现大坝下游坝体浸润线较高，大坝渗流量 16.93L/s（折合一年渗漏量约 53.4 万 m^3）。

2013 年 4 月 26 日，四川省水利厅在攀枝花市召开大竹河水库大坝渗流量偏大、浸润线较高分析及处理方案专题研究会议。根据收集的有关资料，会议认为大坝渗漏主要为基础渗漏，并提出在沥青混凝土心墙上游增加一排补强灌浆帷幕进行渗漏处理。截至 2013 年 12 月，大坝左、右岸坡及左岸延伸段帷幕灌浆已完成。

2013 年 9 月 19 日蓄水至 1212.19m，渗漏量增大至 23.81L/s（折合一年渗漏量约 75.1 万 m^3），上午 7 时，水库大坝下游坝坡表面在高程约 1182m 至 1185m 范围内出现渗水湿溢，渗水湿溢沿平行坝轴线呈带状分布，面积约 150 m^2。险情发生后随即放水降低库水位，溢出高程以下逐步浸湿，并在局部形成流水状，特别是右岸坝体与山体结合部尤为明显，如图 12.2－1（a）所示。至 9 月 23 日，渗水湿溢最终扩大至高程约 1177～1188m 范围，渗溢面积达 1403.6 m^2。通过及时降低库水位，坝体没有发生异常变形。2013 年 10 月 1 日 7 时，大坝下游坝坡渗水减弱，2013 年 10 月 6 日水库蓄水降至 1193.25m，坝坡表面已基本变干。

2013 年 9 月 23 日，四川省水利厅再次召开专题研究会议，会议认为坝面渗水湿溢原因主要为基础渗漏及下游坝体实际填筑料参数与设计相差较大导致排水不畅，对沥青混凝

（a）大坝下游右岸水湿溢　　　　　　　　（b）开挖墙体层面冷缝

图 12.2-1　大坝下游渗水湿溢（参见文后彩插）

土心墙是否发生渗漏意见不一致，为此，要求有关方面进一步深入勘察，找准水库渗漏原因。会后参建各方从四个方面开展全面的库水渗漏勘查工作[5-7]：①下游坝体渗润线观测分析；②高锰酸钾渗漏连通试验；③沥青混凝土心墙物探检测分析；④坝体渗漏反分析；⑤适当进行坝体开挖，发现沥青混凝土心墙存在较多的冷缝层面。如图 12.2-1（b）所示。根据上述勘查工作，2013 年 12 月 5 日，水利厅组织的专题研究会认为沥青混凝土心墙存在渗漏，其渗漏范围集中在坝体中部高程约 1170m 至 1190m 范围，桩号位置为 0+050～0+160，总体渗漏面积约 2200m^2。另外，上、下游坝壳料为类似于"砂土"的风化石英闪长岩开挖料，颗粒细小，透水性差，如不采用工程措施进行处理整治，势必留下重大安全隐患，对下游沿河场镇特别是仁和区城区构成重大溃坝风险。为此，通过工程整治，消除大坝安全隐患是必须的。

12.2.2　坝体渗漏整治方案比较

如何整治大竹河水库大坝沥青混凝土心墙渗漏问题，各方意见起初各不相同，莫衷一是，后经反复咨询，梳理出三大处理思路：其一为有针对性的原位修补；其二为采用新的防渗体进行置换；其三为防渗结构重组。由此，提出可供选择的几种处理方式：一是对原有防渗体进行局部修补处理，尽量恢复其防渗体的功能；二是在墙体主要渗漏通道已被查明的基础上，针对性地进行"上堵下排"处理，保证渗流稳定及坝坡稳定；三是在靠近原防渗体上游侧的坝体内进行补充灌浆；四是在坝体内新建混凝土防渗墙进行防渗，原沥青混凝土防渗心墙报废；五是采用表面防渗和垂直防渗相结合的方式，即在上游坝坡可控水位以下坝体内设置混凝土防渗墙作垂直防渗，其上沿坝面设置混凝土面板防渗。

通过对整治方案技术经济的安全可靠性与合理可行性进行分析，本工程不但要实现防渗体系的封闭，还要针对"砂土"坝的易冲刷、易失稳、易溃坝特点，有效降低工程运行风险，因此，确定采用混凝土心墙（后来称为纵向增强体或增强体）进行防渗加固，并于 2015 年 5 月全面完成坝体整治加固工程。

12.3　大竹河水库采用混凝土增强体心墙加固设计与计算

整治大竹河水库土石坝渗漏采用混凝土纵向增强体心墙设计，首先要求防渗墙体满足防渗要求，以消除原沥青混凝土心墙的渗漏问题，在技术上计算出墙体厚度、墙体下游渗水逸出高度、单宽渗透水量等指标；其次要复核计算满足施工作业尺寸的防渗墙是否也满足受力与变形的要求；第三要复核分析增强体作为坝体中的挡土墙的受力安全性。

12.3.1 增强体心墙厚度与渗透计算

水库特性参数如表 12.3－1 所列[1]。

表 12.3－1　　　　　　　　　　　　　水库特征水位与高程值

工程名称	正常蓄水位 /m	设计洪水位 /m	校核洪水位 /m	下游水位 /m	齿槽建基底部 高程/m
大竹河水库	1215.00	1213.93	1216.59	1156.85	1153.00

从上表可以计算出：

上游水头 $H_1 = \nabla_j - \nabla_g = 1216.59 - 1153.0 = 63.59 (m)$

下游水头 $H_2 = \nabla_x - \nabla_g = 1156.85 - 1153.0 = 3.85 (m)$

上式中：∇_j 为增强体顶部高程，此处设定与校核洪水位同高，m；∇_g 为齿槽建基底部高程，即墙体底部与坝基接触面高程，m；∇_x 为下游水位高程，m。

由于本工程前期设计与大坝检测相关指标参数不尽一致，有必要按照有关类似工程的物理力学参数指标进行进一步的分析和对比，得出可供设计计算的相关参数指标，如表 12.3－2 所列。

表 12.3－2

上游水位 H_1/m	下游水位 H_2/m	心墙渗透系数 k_e/(cm/s)	混凝土心墙允许 水力坡降 i_{ce}	下游坝料渗透 系数 k_2/(cm/s)	下游过渡料允许 水力坡降 i_{c2}
63.59	3.85	7.8×10^{-8}	70	2.0×10^{-2}	7.5

1. 计算墙体厚度

由第 3 章计算公式（3.4－6）或式（3.4－7），有

等代水深 $H_d = i_{c2} \left(\dfrac{k_e}{k_2} \right)^{\eta-1} H_2 = 7.5 \times \left(\dfrac{7.8 \times 10^{-8}}{2.0 \times 10^{-2}} \right)^{0.65-1} \times 3.85 = 2257.61 (m)$

增强体心墙厚度 $\delta = \dfrac{H_1^2 - \left(\dfrac{H_d}{i_{ce}} \right)^2}{2 H_d} = \dfrac{63.59^2 - \left(\dfrac{2257.61}{70} \right)^2}{2 \times 2257.61} = 0.665 (m)$

也就是说，适合于大竹河水库混凝土增强体心墙计算厚度为 0.67m，这是最小厚度值，后来施工上选择 0.8m 主要是基于施工设备的考虑，所以大竹河混凝土墙体厚度设计值即为 0.8m，以后的计算均按此值。

2. 计算墙体下游侧水位逸出高度

这一高度应从下游水面起算，由式（3.4－5）：

$$h_0 = H_2 \left(\dfrac{H_d}{i_{ce} H_2} - 1 \right) = 3.85 \times \left(\dfrac{2257.61}{70 \times 3.85} - 1 \right) = 28.40 (m)$$

也就是，墙体下游侧水位逸出高程为 1185.25m 处，即下游水位 ∇_x ＋墙体下游侧渗水位逸

出高度 $h_0 = 1156.85 + 28.40 = 1185.25$m。由于上游水头 H_1 的计算系采用校核洪水位（即最高水位）而得到的，因此，墙体下游侧面的水位逸出高程也应当是最高的，这为坝体下游设置排水体提供了计算依据。这一计算值与长江科学院按照防渗墙方案通过渗流计算 1180.80m 的结果十分接近[6]。如图 12.3-1 所示为大竹河增强体心墙石渣坝在典型剖面上的渗流特征图。从图可以看出，增强体心墙具有较强的降低下游坝体浸润线的作用，使下游坝体较大区域处于非饱或干燥状态，更加有益于下游坝坡的稳定性。

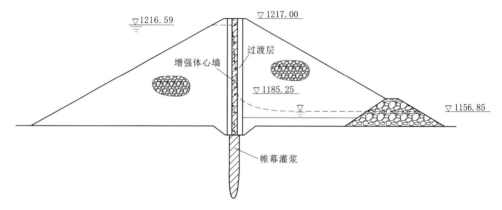

图 12.3-1 大竹河水库加固后坝体渗流特征图（高程单位：m）

3. 计算下游满足渗透稳定要求的最小长度 L_2

由第 3 章式（3.4-9），可计算得

$$L_2 = \frac{H_2}{2i_{c2}}\left[\left(\frac{H_d}{i_{ce}H_2}\right)^2 - 1\right] + m_2 H_2 = \frac{3.85}{2\times7.5}\times\left[\left(\frac{2257.61}{70\times3.85}\right)^2 - 1\right] + 2.33\times3.85 = 26.73\text{(m)}$$

计算所得下游坝壳料维持渗透稳定的最小长度为 $L_2 = 26.73$m，表明应在此范围内做好稳定渗流加强排水工作，同时也说明坝体边坡设计应以强度稳定性为控制因素，所以坝底长度应由强度稳定性计算决定，而且，强度稳定计算的坝长应远大于渗透稳定所需的坝底长度。

4. 计算渗出墙体的单位渗透量

由第 3 章式（3.4-8），可计算得

$$q = \left(\frac{k_e}{k_2}\right)^{\eta} i_{c2} k_2 H_2 = \left(\frac{7.8\times10^{-8}}{2.0\times10^{-2}}\right)^{0.65}\times7.5\times2\times10^{-2}\times3.85\times10^{-2}$$

$$= 1.76\times10^{-6}\left[\text{m}^3/(\text{s}\cdot\text{m})\right]$$

即单位坝宽的渗漏量为每米 1.76×10^{-6} m³/s，折合每米、每昼夜约 0.152m³，如按坝顶长 206m 计算，则为 0.36L/s，每昼夜的渗漏量为 31.3m³，一年的总渗漏量约为 1.15 万 m³。可见采用混凝土增强体心墙加固后，渗漏量较原来测算的数值小了很多，仅占 1.53%～2.15%。因此，大竹河水库沥青混凝土心墙渗漏采用混凝土防渗墙的整治加固方案是十分有效的。

将以上计算结果汇总列入表 12.3-3。

表 12.3 - 3　　　　大竹河水库大坝墙体与渗流计算成果汇总表

设计指标	h_0/m	δ/m	$q_1/[cm^3/(s \cdot m)]$	L_2/m
计算值	28.4	0.67	1.76×10^{-6}	26.73
设计值	30.0	0.8		

5. 下游坝体浸润曲线

坝体下游浸润线方程由第 3 章式（3.4 - 10）给出，即：$(h_0 + H_2)^2 - y^2 = \dfrac{2q_2}{k_2}x$，代入已知数据，得到大竹河坝体浸润线计算式：$32.25^2 - y^2 = 57.75x$，浸润线计算结果列入表 12.3 - 4。

表 12.3 - 4　　　　大竹河水库浸润线计算成果表

x/m	0	5.0	10.0	15.0	17.76	18.0	自墙体下游侧起算
y/m	32.25	27.41	21.51	13.84	3.80	0	浸润线高度值
高程/m	1185.25	1180.41	1174.51	1166.84	1156.80	1153.0	

如图 12.3 - 2 所示为 K0 + 153 剖面计算值与实测值的比较。

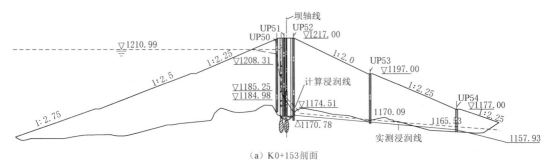

（a）K0+153 剖面

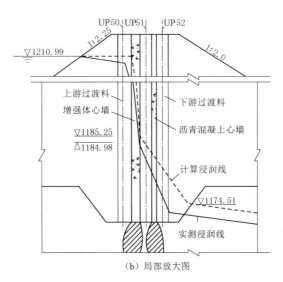

（b）局部放大图

图 12.3 - 2　大坝剖面 K0 + 153 浸润线计算值与实测值的比较（高程单位：m）

12.3.2　增强体心墙变形计算

大竹河水库大坝原设计为沥青混凝土心墙石渣坝，由于沥青混凝土心墙漏水而失效，在其轴线上游 4.0m 处重新建造一道厚度为 0.8m 的黏土混凝土防渗墙（纵向增强体），墙体底部预埋灌浆钢管，通过后期灌浆形成整体防渗结构。如果不考虑原沥青混凝土心墙的作用，可按第 4～第 6 章相关内容计算增强体在坝体中的应力与变形状态，以做墙体受力安全性设计与复核之用。此处按照第 4 章所给出的不同工况的计算公式，重点复核计算增强体作为悬臂梁在其顶端的变位，底部的变位无须复核计算。

设计阶段通过一定的勘察与试验工作，选择一些物理力学指标作为基本设计参数，如表 12.3－5 所列。可见，上下游筑坝料的基本指标相同，这对坝体包括墙体的受力条件是适宜的。

表 12.3－5　　　　　　　　　　　大竹河坝体填筑设计指标[1,7]

坝料	干密度 /(g/cm³)	最大粒径 mm	<5mm 含量%	<0.075mm 含量%	抗剪强度					
					φ_{cd} /(°)	c_{cd} /MPa	φ_{cu} /(°)	c_{cu} /MPa	φ_{uu} /(°)	c_{uu} /MPa
上下游坝壳料	1.93				30	0.02	27	0.02	25	0.03
上下游过渡料	2.23	80	25～40	≤5	36	0.04	34	0.04	32	0.06
下游排水棱体	2.15	800	5～15		34	0.04	32	0.04	30	0.06

取上、下游坝壳料与过渡料的平均干密度作为上下游密度计算值，也就是：$\rho_1 = \rho_2 = 2.1 \text{t/m}^3$，上游饱和密度取为 $\rho_{1m} = 2.32 \text{t/m}^3$，竣工期取不固结不排水指标作为计算强度值，即内摩擦角 $\varphi_1 = \varphi_2 = 28.5°$，黏聚力 $c = 0.04 \text{MPa}$；蓄水期和水位骤降期取固结不排水指标作为计算强度值，即内摩擦角 $\varphi_1 = \varphi_2 = 30.5°$，黏聚力 $c = 0.03 \text{MPa}$。

1. 竣工期变位复核计算

为便于计算，先将第 4 章得到的计算竣工期增强体变位公式（4.5-11）、式（4.5-12）列于下面：

转角
$$\theta_s = \frac{(k_{1a}\rho_1 - k_{2a}\rho_2)g}{24E_cI_c}\left[H_1^4 - (H_1 - z)^4\right]$$

挠度
$$y_s = \frac{(k_{1a}\rho_1 - k_{2a}\rho_2)g}{24E_cI_c}\left\{H_1^4 z - \frac{1}{5}\left[H_1^5 - (H_1 - z)^5\right]\right\}$$

墙体顶部的变位由式（4.5-13）、式（4.5-14）进行计算，列出公式如下：

转角
$$\theta_{st} = \frac{(k_{1a}\rho_1 - k_{2a}\rho_2)g}{24E_cI_c}H_1^4$$

挠度
$$y_{st} = \frac{(k_{1a}\rho_1 - k_{2a}\rho_2)g}{30E_cI_c}H_1^5$$

以上式中：下脚标 1、2 分别代表上、下游情形，z 坐标向上为正，且以坝底部为坐标原点。ρ_1、ρ_2 分别为上、下坝壳料的密度，取 $\rho_1 = \rho_2 = 21.0 \text{t/m}^3$；$\rho_1'$ 为上游堆石浮密度，同样取坝壳料和过渡料的平均值，$\rho_1' = 1.32 \text{t/m}^3$；$E_c$、$I_c$ 分别为增强体心墙弹模、惯性矩，按 C25 混凝土查有关规范[8]，取 $E_c = 2.8 \times 10^4 \text{MPa}$，$I_c = \psi \dfrac{hb^3}{12} = (1 + \psi_0 z) \dfrac{hb^3}{12} = (1 + 1.5z) \dfrac{1 \times 0.8^3}{12} = (1 + 1.5z) \times 0.042666 \text{m}^4$，$\psi$ 为增强体变形约束系数，此处取 $\psi_0 = 1.5$；H_1 为上游水头，查表 12.3-2 有 $H_1 = 63.59\text{m}$；k_{1a}、k_{2a} 分别为竣工期上、下游坝体对增强体心墙的主动土压力系数（详见第 8 章）。

$$k_{1a} = \frac{\cos^2 \varphi_1}{\left[1 + \sqrt{\dfrac{\sin \varphi_1 \sin(\varphi_1 + \beta_1)}{\cos \beta_1}} \right]^2} \qquad k_{2a} = \frac{\cos^2 \varphi_2}{\left[1 + \sqrt{\dfrac{\sin \varphi_2 \sin(\varphi_2 + \beta_2)}{\cos \beta_2}} \right]^2}$$

由以上已知，取不固结不排水指标，$\varphi_1 = 28.5°$，$\beta_1 = 21.8°$，$\varphi_2 = 28.5°$，$\beta_2 = 23.2°$，则 $k_{1a} = 0.2911$，$k_{2a} = 0.2878$。

由式（4.5-11）、式（4.5-12）分别得到挠度、转角沿坝高的变化关系：

转角

$$\begin{aligned}
\theta_s &= \frac{(k_{1a}\rho_1 - k_{2a}\rho_2)g}{24 E_c I_c}[H_1^4 - (H_1 - z)^4] \\
&= \frac{(0.2911 - 0.2878) \times 2.1 \times 9.81}{24 \times 2.8 \times 10^7 \times 0.042666(1 + 1.5z)}[H_1^4 - (H_1 - z)^4] \\
&= 2.3711 \times 10^{-9} \frac{[63.59^4 - (63.59 - z)^4]}{1 + 1.5z} \qquad z \in [0,\ 63.59] \qquad (12.3-1)
\end{aligned}$$

挠度

$$\begin{aligned}
y_s &= \frac{(k_{1a}\rho_1 - k_{2a}\rho_2)g}{24 E_c I_c}\left\{ H_1^4 z - \frac{1}{5}[H_1^5 - (H_1 - z)^5] \right\} \\
&= \frac{2.3711 \times 10^{-9}}{1 + 1.5z}\left\{ 63.59^4 z - \frac{1}{5}[63.59^5 - (63.59 - z)^5] \right\} \qquad z \in [0,\ 63.59]
\end{aligned}$$

$$(12.3-2)$$

从坝底起算，按墙高计算的变位值如表 12.3-6 所列。转角与挠度沿强高的变化情况如图 12.3-3 所示。墙体变位值均很小，满足有关规范对混凝土结构允许变形要求[8]，变形是安全的。

表 12.3-6　　　　　　　　　　　　沿墙高的变位计算值

墙高 z/m	0	10	20	30	40	50	63.59
转角/rad	0	0.00120	0.00097	0.00078	0.00062	0.00051	0.00040
挠度/cm	0	0.651	1.151	1.501	1.740	1.902	2.046

计算表明，增强体在施工完建即竣工期，其顶部的挠度可达 2.05cm（向下游偏移），这主要是因为原坝体已在 2011 年完成填筑并试蓄水，经过至少 3 年的固结沉降，坝体变形已基本稳定。只是增强体防渗墙的施工可能再次扰动坝体，因而存在轻微的变形是可能的。

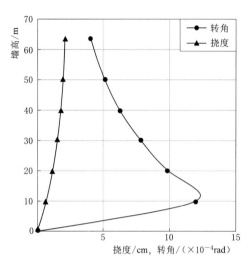

图 12.3－3　竣工期沿墙高的变位分布图

2. 正常蓄水期变位复核计算

按第 4 章所作的分析，对于已成水库大坝，应充分考虑上游坝体材料与库水的耦合作用并采用饱和指标进行计算。由于大竹河水库建成时间不长，只经历过初次蓄水，其水土耦合作用取 $\Delta = 0.3$，正常蓄水期墙体变位计算分别由式（4.5－18）、式（4.5－19）计算，其中当耦合度 $\Delta = 0.3$ 时，耦合体作用密度 $\rho_{1c} = [c\rho_f - \Delta \cdot (\rho_f - \rho_h)]k_c$，水土耦合体水平压力系数 $k_c = \dfrac{1-\Delta}{2} + \dfrac{1+\Delta}{2}k'_{1a}$。已知 $k'_{1a} = 0.2702$，$\rho'_1 = 1.32\text{t/m}^3$，则 $k_c = 0.52563$，$\rho_{1c} = 0.598\text{t/m}^3$，则计算公式如下：

转角
$$\theta_x = \frac{(\rho_{1c} - k_{2a}\rho_2)g}{24E_cI_c}[H_1^4 - (H_1 - z)^4]$$

挠度
$$y_x = \frac{(\rho_{1c} - k_{2a}\rho_2)g}{24E_cI_c}\left\{H_1^4 z - \frac{[H_1^5 - (H_1 - z)^5]}{5}\right\}$$

式中：k_{1m} 为运行期上游饱和堆石体对心墙主动土压力系数。取上、下游坝料固结不排水指标进行计算：

$$k_{1m} = \frac{\cos^2\varphi_1}{\left[1 + \sqrt{\dfrac{\sin\varphi_1\sin(\varphi_1 + \beta_1)}{\cos\beta_1}}\right]^2} = \frac{\cos^2 30.5°}{\left[1 + \sqrt{\dfrac{\sin 30.5°\sin(30.5° + 21.8°)}{\cos 21.8°}}\right]^2} = 0.2702$$

$$k_{2a} = \frac{\cos^2\varphi_2}{\left[1 + \sqrt{\dfrac{\sin\varphi_2\sin(\varphi_2 + \beta_2)}{\cos\beta_2}}\right]^2} = \frac{\cos^2 30.5°}{\left[1 + \sqrt{\dfrac{\sin 30.5°\sin(30.5° + 23.2°)}{\cos 23.2°}}\right]^2} = 0.2671$$

其中已知值，$\varphi_1 = 30.5°$，$\beta_1 = 21.8°$，$\varphi_2 = 30.5°$，$\beta_2 = 23.2°$，$k_{1m} = k'_{1a} = 0.2702$。

将已知数据代入上式，得到蓄水期变位的具体表达式：

转角
$$\begin{aligned}
\theta_x &= \frac{(\rho_{1c} - k_{2a}\rho_2)g}{24E_cI_c}[H_1^4 - (H_1 - z)^4]\\
&= \frac{(0.598 - 0.2671 \times 2.1) \times 9.81}{24 \times 2.8 \times 10^7 \times (1 + 1.5z) \times 0.042666} \times [63.59^4 - (63.59 - z)^4]\\
&= \frac{1.2690 \times 10^{-8}}{1 + 1.5z} \times [63.59^4 - (63.59 - z^4)]
\end{aligned}$$
(12.3－3)

挠度
$$\begin{aligned}
y_x &= \frac{(\rho_{1c} - k_{2a}\rho_2)g}{24E_cI_c}\left[H_1^4 z - \frac{(H_1^5 - (H_1 - z)^5)}{5}\right]\\
&= \frac{(0.598 - 0.2671 \times 2.1) \times 9.81}{24 \times 2.8 \times 10^7 (1 + 1.5z) \times 0.042666} \times \left\{63.59^4 z - \frac{[63.59^5 - (63.59 - z)^5]}{5}\right\}
\end{aligned}$$

$$=\frac{1.2690\times10^{-8}}{1+1.5z}\times\left\{63.59^4z-\frac{[63.59^5-(63.59-z)^5]}{5}\right\} \tag{12.3-4}$$

转角与挠度沿增强体高度变化的计算结果列入表 12.3-7，其变化情况如图 12.3-4 所示，说明在蓄水期，墙体变位值也较小，同样满足混凝土结构允许变形要求[8]，变形是安全的。

计算表明，增强体在蓄水期顶部的挠度可达 10.95cm（向下游偏移），这与原来坝体（沥青混凝土心墙）的计算变形可达 23～24cm 相比略小，主要原因分析认为，混凝土增强体心墙作为刚性结构体，在较大程度上抵抗了上游库水引起的坝体变形。

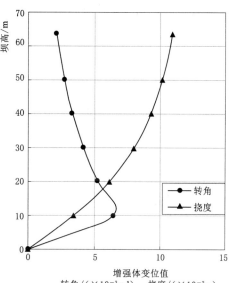

图 12.3-4　蓄水期沿墙高的变位分布图

3. 水位骤降期变位复核计算

由第 4 章式（4.5-22）、式（4.5-23），水位骤降期墙体变位计算公式如下：

表 12.3-7　　　　　　　　　　　　蓄水期沿墙高的变位计算值

墙高 z/m	0	10	20	30	40	50	63.59
转角/rad	0	0.00643	0.00522	0.00416	0.00334	0.00272	0.00215
挠度/cm	0	3.486	6.163	8.032	9.311	10.180	10.952

转角
$$\theta_d=\frac{(k_{1m}\rho_1'-k_{2a}\rho_2)g}{24E_cI_c}[H_1^4-(H_1-z)^4]$$

挠度
$$y_d=\frac{(k_{1m}\rho_1'-k_{2a}\rho_2)g}{24E_cI_c}\left\{H_1^4z-\frac{1}{5}[H_1^5-(H_1-z)^5]\right\}$$

$$\theta_d=\frac{(k_{1m}\rho_1'-k_{2a}\rho_2)g}{24E_cI_c}[H_1^4-(H_1-z)^4]$$

$$=\frac{(0.2702\times1.32-0.2671\times2.1)\times9.81}{24\times2.8\times10^7\times(1+1.5z)\times0.042666}\times[63.59^4-(63.59-z)^4]$$

$$=-\frac{6.99\times10^{-8}}{1+1.5z}\times[63.59^4-(63.59-z)^4] \tag{12.3-5}$$

$$y_d=\frac{(k_{1m}\rho_1'-k_{2a}\rho_2)g}{24E_cI_c}\times\left\{H_1^4z-\frac{1}{5}[H_1^5-(H_1-z)^5]\right\}$$

$$=\frac{(0.2702\times1.32-0.2671\times2.1)\times9.81}{24\times2.8\times10^7\times(1+1.5z)\times0.042666}\times\left\{63.59^4z-\frac{1}{5}[63.59^5-(63.59-z)^5]\right\}$$

$$=-\frac{6.99\times10^{-8}}{1+1.5z}\times\left\{63.59^4z-\frac{1}{5}[63.59^5-(63.59-z)^5]\right\} \tag{12.3-6}$$

转角与挠度沿增强体高度变化的计算结果列入表 12.3 - 8，其变化情况如图 12.3 - 5 所示。

表 12.3 - 8　　　　　　　　　　　　水位骤降期沿墙高的变位计算值

墙高 z /m	0	10	20	30	40	50	63.59
转角/rad	0	-0.0354	-0.0287	-0.0229	-0.0184	-0.0150	-0.0119
挠度/cm	0	-19.20	-33.95	-44.24	-51.29	-56.08	-60.33

注　负号表示向上游变化。

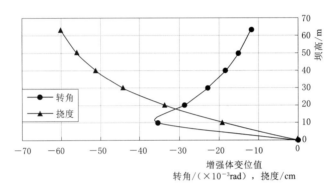

图 12.3 - 5　水位骤降期沿墙高的变位分布图

计算表明，水位骤降期增强体顶部的挠度可达 60.33cm（向上游偏移），说明上游水位骤降引起卸荷导致墙体向上游的回复与反弹，根据规范的要求，变形仍然处于安全范围内。

12.3.3　增强体心墙受力安全性分析

增强体心墙作为"插入"土石坝中的刚性结构，在一定程度上阻挡了坝体的变形，形成坝体应力向墙体集中的情况，因此，刚性墙体在抵抗坝体变形上具有"中流砥柱"的作用，一些有限元计算成果表明坝体应力将向刚性墙体集中[9]，所以墙体在各种受力工况下的安全性是十分重要的课题。本节按照第 8 章的计算方法，复核大竹河水库采用混凝土防渗墙作增强体加固的受力安全可靠性。依然按照竣工期、正常蓄水期、水位骤降期三个基本工况进行复核计算。

1. 竣工期

由第 8 章式（8.3 - 2）计算竣工期墙体受力安全系数 S_0：

$$S_0 = \frac{P_{2p}}{P_{1a}} = \lambda_2 \frac{\rho_2 \cos^2 \varphi_2}{\rho_1 \cos^2 \varphi_1} \left[\frac{1 + \sqrt{\dfrac{\sin \varphi_1 \sin(\varphi_1 + \beta_1)}{\cos \beta_1}}}{1 - \sqrt{\dfrac{\sin \varphi_2 \sin(\varphi_2 - \beta_2)}{\cos \beta_2}}} \right]^2$$

式中计算参数或指标均已知：$\varphi_1 = 28.5°$，$\beta_1 = 21.8°$，$\varphi_2 = 28.5°$，$\beta_2 = 23.2°$，$\rho_1 = \rho_2 = 2.10 \text{t/m}^3$；查表 8.5 - 1，得 $\lambda_2 = 0.501$；将已知数据代入上式，计算得 $S_0 = 2.06 > 1.55$，

可见墙体受力是安全的。

2. 正常蓄水期

由第 8 章式（8.3－3a）计算正常蓄水运行期的受力安全系数 S_e。按某一耦合度 Δ 考虑的计算式：

$$S_e = \lambda_2 \frac{\rho_2 k_{2p}}{\rho_{1c}} = \frac{\lambda_2 \rho_2 k_{2p}}{\left[(1-\Delta)\rho_w + (\Delta \cdot \rho_w + \rho_1')k_{1\alpha}'\right] \cdot k_c}$$

$$k_{2p} = \frac{\cos^2\varphi_2}{\left[1 - \sqrt{\dfrac{\sin\varphi_2 \sin(\varphi_2 - \beta_2)}{\cos\beta_2}}\right]^2}$$

式中指标选取：上游处于饱和浸水状态，故 φ_1 采用上游饱和坝体填筑料内摩擦角，取饱和固结不排水强度指标；而下游基本处于干燥状态，故 φ_2 取下游坝体填筑料的内摩擦角，为非饱和固结不排水强度指标。由以上分析，蓄水期的相关指标参数为：$\varphi_1 = 30.5°$，$\beta_1 = 21.8°$，$\varphi_2 = 30.5°$，$\beta_2 = 23.2°$，上游用饱和密度 $\rho_{1m} = 2.32\text{t/m}^3$，下游用填筑密度 $\rho_2 = 2.10\text{t/m}^3$；被动土压力折减系数取 $\lambda_2 = 0.476$；耦合度仍然取 $\Delta = 0.3$，则 $k_c = 0.52563$，其余数据均已知。代入已知参数，计算正常蓄水运行期的受力安全系数 $S_e = 2.30 > 1.30$，可见增强体受力仍然是安全的。

3. 水位骤降期

同样，由第 8 章式（8.3－6）计算水位骤降期的受力安全系数 S_d：

$$S_d = \lambda_1 \frac{\rho_1'\cos^2\varphi_1 \left[1 + \sqrt{\dfrac{\sin\varphi_2 \sin(\varphi_2 + \beta_2)}{\cos\beta_2}}\right]^2}{\rho_2\cos^2\varphi_2 \left[1 - \sqrt{\dfrac{\sin\varphi_1 \sin(\varphi_1 - \beta_1)}{\cos\beta_1}}\right]^2}$$

式中水位骤降期的相关指标参数：$\varphi_1 = 30.5°$，$\beta_1 = 21.8°$，$\varphi_2 = 30.5°$，$\beta_2 = 23.2°$，上游用浮密度 $\rho_1' = 1.32\text{t/m}^3$，下游用填筑密度 $\rho_2 = 2.10\text{t/m}^3$；上游成为被动土压力区，被动土压力折减系数用 $\lambda_1 = 0.476$（按 φ_1 取值）；代入已知参数，计算出水位骤降期的受力安全系数 $S_d = 1.64 > 1.45$，可见增强体受力仍然是安全的。

根据以上三个基本工况的复核，增强体心墙在本工程应用是安全可靠的。

12.4　纵向加固施工技术简述[10]

根据大竹河水库工程的特点，通过计算，设计上采用厚度为 0.8m 的增强体心墙进行防渗加固，并且计算了墙体在三种工况下的变形性能，表明满足有关规范。当时由于大竹河水库大坝已经建成三年有余，且进行了初次蓄水运行，变形观测资料表明，整个坝体固结沉降已基本完成。因此在原沥青心墙上游侧再加一道混凝土防渗墙，其所受的下拉荷载应该是很小的，可以忽略不计，由此可以简化或不进行竣工、蓄水和水位骤降三个典型工况下墙体由于坝体变形引起的下拉荷载作用等受力计算分析与复核，即认为由于坝体沉降基本稳定而不会产生对墙体上下游两侧面的下拉作用，此时墙体内的配筋仅仅是为了保证施工下设时的稳定而设置的构造钢筋，而非受力钢筋。所以，采用纵向加固技术处理病险或病害水库在设计与计算上就变得十分简洁。以下，本节将简要叙述纵向加固在施工上如何实现。

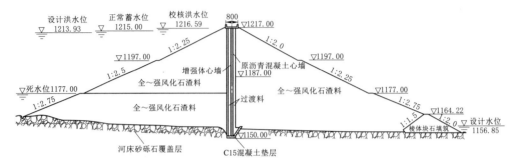

图 12.4-1　坝体剖面加固简图（单位：高程，m；尺寸，cm）

如图 12.4-1 所示，考虑本工程混凝土防渗墙较深（最大 63.59m），需采用较大型号槽孔机，在时间上要求于 2015 年汛前完成施工，施工强度大。为便于施工布置，先从坝顶向下开挖 2.5m，作为比较宽阔的施工平台。按设计要求在原沥青混凝土心墙轴线上游侧 4.0m 的坝壳料中新设置一道混凝土增强体防渗墙，防渗墙底部伸入弱风化基岩 0.5～1.0m，同时要求墙底高程低于原沥青混凝土心墙基座底面高程。为保证防渗墙下基岩及墙体与基岩衔接部位的防渗性能，使之形成完整的防渗体系，在防渗墙下进行帷幕灌浆，灌浆孔孔距 1.2m，孔深按深入 5Lu 线以下 5m 控制，帷幕灌浆标准为透水率 $q \leqslant 5Lu$，待防渗墙完成后，根据帷幕灌浆先导孔压水试验资料确定帷幕灌浆深度。

该方案施工技术成熟[11]，防渗处理较彻底，可靠性高，耐久性好。混凝土防渗墙施工主要程序如图 12.4-2 所示。

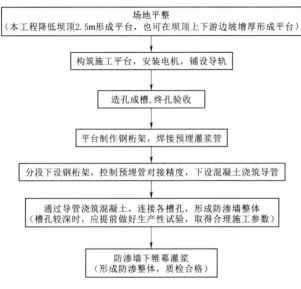

图 12.4-2　增强体防渗心墙施工流程图

12.5 洪水漫顶安全性分析

一般而言，土石坝是不允许造成洪水漫顶以致溃坝破坏的。但随着近几年气候的变化，汛期强降雨经常发生，水库大坝防洪成为安全度汛的一项重要工作。当前，一大批老旧水库或来不及进行除险加固的病险水库在汛期一般采用"空库"运行的方式保证度汛的安全，但由于汛后期蓄水压力较大，一些水库蓄水不满以致影响来年的供水保障，如灌溉用水、环境补水、场镇生活供水等，形成水资源紧缺，造成某种程度的经济损失。另外，如第 2 章所述，我国已建成的近 10 万座水库大坝绝大多数为土石坝且建成时间大多已有四五十年之久，水库大坝的长期运行和年久失修使得诸如土石坝的安全运行风险与日俱增。

对大竹河水库大坝开展设计与校核条件下洪水漫顶溢流的安全分析是完全必要的，因为如前所述，该大坝的建设充分利用了当地风化石英砂等便利建筑材料，质量复核和检验表明坝体填筑料最大颗粒粒径不大于 $40\sim50\text{mm}$，成为俗称的"沙土坝"而非堆石坝。风化石英砂的散粒性使坝体对水流冲刷的抵抗性能很弱，遭遇洪水漫顶时的险情便可想而知了。因此，复核大竹河水库在遭遇较大洪水出现漫顶情况时的溃坝可能性，为水库调度与安全运行提供依据就十分重要。

12.5.1 最大冲刷深度

由第 9 章式 (9.3-5)、式 (9.3-6)，可以分别计算经振动碾压密实的堆石坝体下游侧冲刷坑最大深度 Z_m 及形成最大冲坑的时间 T_m，其计算公式如下：

$$Z_m = \Phi H^m q^n \overline{D}^s$$

$$T_m = \omega q^a \overline{D}^\beta$$

上式中参数意义已在第 9 章予以阐明。结合本工程实际，上两式计算参数选择：Φ 为冲刷系数，被冲刷的无凝聚筑坝料颗粒组成越细，冲刷系数 Φ 取值越大，故取 $\Phi=4.2$；ω 为时间系数，取 $\omega=3.25$；取 $m=0.41$，$n=0.51$，$s=0.18$，$a=-0.50$，$\beta=-0.12$。

由图 12.1-2 可知，下游堆石多组取样试验平均值 $\overline{D}=1.0\text{mm}=0.001\text{m}$。

基于水库洪水特性与特征水位的冲刷计算成果列入表 12.5-1。

表 12.5-1　　水库洪水特性与特征水位冲刷计算成果表

洪水频率 P	超标洪水	1000 年一遇	50 年一遇
计算情况	超标洪水	校核洪水	设计洪水
流量 $Q/(\text{m}^3/\text{s})$	1708.8	1424.0	673.0
单宽流量 $q/[\text{m}^3/(\text{s}\cdot\text{m})]$	8.29	6.91	3.27
上下游水位差 H/m	66.58	66.24	65.20
最大冲坑深 Z_m/m	19.92	18.12	12.29
形成冲坑时间 T_m/h	2.59	2.83	4.12

由表 12.5-1 可知：

(1) 在水库遭遇 50 年一遇的设计洪水出现漫顶冲刷时，下游堆石最大冲深可达

12.29m，相应所需时间为 4.12h。

（2）在遭遇 1000 年一遇的校核洪水时，如洪水漫顶，则墙体下游侧最大冲深 18.12m，所需时间为 2.83h。

（3）在遭遇超标洪水的漫顶持续冲刷下，下游堆石冲刷最大坑深 19.92m，所需时间为 2.59h。

（4）显然，单宽流量越小，所形成的冲坑就越小，并且所需时间越长，反之亦然。另外，冲刷深度的大小与所需时间的长短，还与下游坝体组成材料有关，堆石颗粒越细小，冲刷坑的深度就越大，时间也越短。

12.5.2　墙体受力破坏极限深度计算

由以上计算可知，在设计洪水工况下，需经过 4.12h 才会冲刷成最大深度为 12.29m 的冲坑。同样，在校核洪水工况下，需经历 2.83h 才会冲刷成最大深度为 18.12m 的冲坑。这些冲坑位于墙体下游侧，也就是使增强体心墙在下游侧"裸露"的最大高度分别为 12.29m 和 18.12m，从而使墙体的下游侧面形成较大的"临空面"，使墙体单独承受上游水土荷载作用。在这种极端情况下，墙体是否能够抵挡上游巨大的荷载作用而不沿着最大冲坑底部产生诸如折断、剪断破坏，这便成为增强体心墙土石坝这一新坝型洪水漫顶不溃或漫顶缓溃的关键所在。下面依据第 9 章有关内容进行分析。

根据第 9 章相关内容，针对病险或病害水库，特别是运行时间较长的老土石坝，一般按照考虑水土充分耦合分析墙体的漫顶破坏情况。对于运行时间不长的土石坝，可按一定耦合度进行复核。已知：大竹河工程为Ⅲ等中型水库，主要建筑物等级为 3 级，依据规范[8] 表 3.2.4 得，$K_Q = 1.30$，$K_M = 1.25$，C25 增强体的轴心抗压强度标准值 $R_c = 16.7\text{MPa}$，则取 $R_Q = 3.11\text{MPa}$，$R_M = 7.0\text{MPa}$，本工程墙体厚度 $\delta = 0.8\text{m}$，上游坝料的饱和密度 $\rho_{1m} = 2.32\text{t/m}^3$，上游坝料饱和状态时的主动土压力系数 $k'_{1a} = 0.2702$。按 $\Delta = 0.3$，计算 $k_c = 0.52563$，由公式（9.4-5a）、式（9.4-6a），可以计算出维持墙体不被破坏的极限深度。

抗剪极限深度：
$$Z_Q = \sqrt{\frac{2K_Q R_Q \cdot \delta}{g \cdot [(1-\Delta)(1-k'_{1a})\rho_w + k'_{1a}\rho_{1m}]k_c}}$$
$$= \sqrt{\frac{2 \times 1.30 \times 3.11 \times 10^3 \times 0.8}{9.81 \times [(1-0.3) \times (1-0.2702) \times 1.0 + 0.2702 \times 2.32] \times 0.52563}} = 32.20(\text{m})$$

抗弯极限深度：
$$Z_M = \sqrt[3]{\frac{6K_M R_M}{g \cdot [k'_{1a}\rho_{1m} + (1-\Delta)(1-k'_{1a})\rho_w]k_c}}$$
$$= \sqrt[3]{\frac{6 \times 1.25 \times 7 \times 10^3}{9.81 \times [0.2702 \times 2.32 + (1-0.3) \times (1-0.2702) \times 1.0] \times 0.52563}} = 20.77(\text{m})$$

所以，墙体破坏的极限深度 $Z_s = \min(Z_Q, Z_M) = 20.77\text{m}$。

12.5.3　洪水漫顶溃坝分析

由式（9.5-1）计算增强体洪水漫顶不溃安全系数 F：

设计洪水时，$F = \dfrac{\min(Z_Q, Z_M)}{Z_m} = \dfrac{20.77}{12.29} = 1.69 > 1.20$

校核洪水时，$F = \dfrac{\min(Z_Q, Z_M)}{Z_m} = \dfrac{20.77}{18.12} = 1.14 < 1.15$

超标洪水时，$F = \dfrac{\min(Z_Q, Z_M)}{Z_m} = \dfrac{20.77}{19.92} = 1.04 < 1.15$

以上表明，大竹河水库采用混凝土增强体心墙加固后，大坝漫顶溃坝的风险大幅降低，一般遭遇设计洪水量级的洪水是不会出现溃坝事故的；但对于遭遇校核洪水或超标洪水量级的特大洪水应当加强大坝安全管理，及时果断降低库水位，防止出现洪水漫顶溃坝事故的发生。

12.6　坝体运行监测资料分析[12]

根据《水库大坝安全管理条例》相关规定，大竹河水库工程建设管理局委托有关单位承担水库大坝变形观（监）测资料分析整编工作。这些工作的实施对水库大坝的安全性能评价提供了相应依据。

大坝安全监测主要监测项目：水库水位监测、大坝表面变形观测、渗流压力监测、渗流量监测、混凝土防渗墙（增强体）应力应变监测和挠度监测等项目。

12.6.1　渗流观测

如图 12.6-1～图 12.6-3 所示为大坝观测剖面在渗漏整治处置前后的浸润线观测成果比较，其中 $sy-9$ 代表原坝体的测压管及编号；UP11 代表加固后的坝体渗压计及编号。加固前后浸润线发生明显变化，坝体下游浸润线在加固后有较大下降（或称跌落），防渗墙前至墙后渗流水位降幅明显，一般为 33～45m，这说明防渗墙的防渗效果非常好，也符合增强体心墙土石坝渗流计算的一般规律。

2016 年 12 月 2 日，库水位最高试蓄水至高程 1215.11m，当日量水堰流量观测值为 1.82L/s。资料分析，量水堰观测渗漏量从整治前的 23.81L/s 下降到整治后的统计平均值 3.4L/s。整治加固后的墙体渗透量仍然大于防渗设计渗漏量计算值 0.363L/s，说明还是存在一些不可控的影响因素（诸如两岸地下水的分离）。尽管如此，采用增强体防渗墙加固的效果已十分明显，本工程采用刚性混凝土防渗墙（增强体）替代已经失效的沥青混凝土防渗墙是成功的。

12.6.2　变形观测

大竹河水库整治加固完成后，2015 年汛后开始试蓄水，如图 12.6-4 所示水库逐年蓄水过程线。

据实测资料，增强体在蓄水期典型断面的水平位移最大值如图 12.6-5～图 12.6-6 所示，墙体位移均向下游偏移，一般不超过 25mm。其中断面 K0+067 和断面 K0+153 分别为左、右岸坡坝段，K0+110 为河床中部坝段，显然河床中部坝段的位移较两岸坡的变形更大，总体位移量较小。值得注意的是，这一实测值与计算值（109.5mm）相比，似偏小很多。

实测资料同时表明，增强体心墙的垂直位移十分微小，自 2015 年 2 月至 2019 年 7 月，

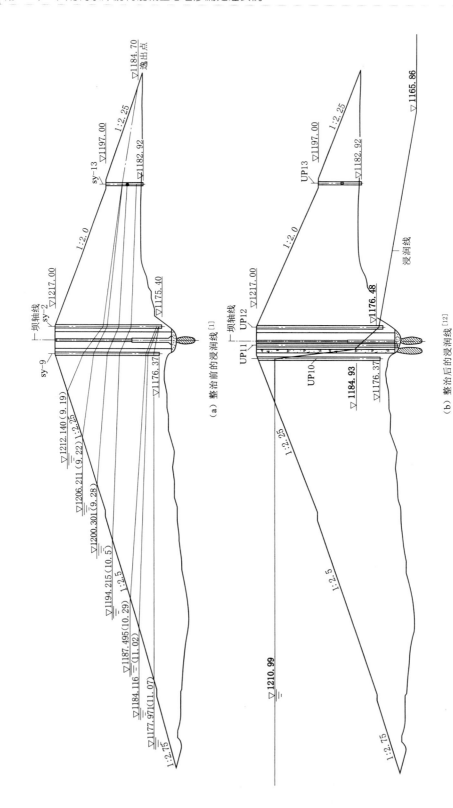

（a）整治前的浸润线 [1]

（b）整治后剖面浸润线观测值（高程单位：m）

图 12.6-1　大坝左岸 K0+053 剖面浸润线观测值（高程单位：m）

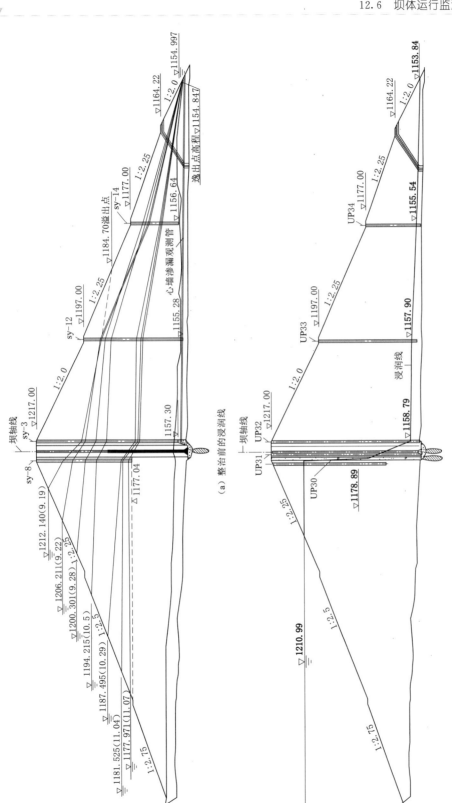

（a）整治前的浸润线

（b）整治后的浸润线

图 12.6-2 大坝中部 K0+103 剖面浸润线观测值图（高程单位：m）

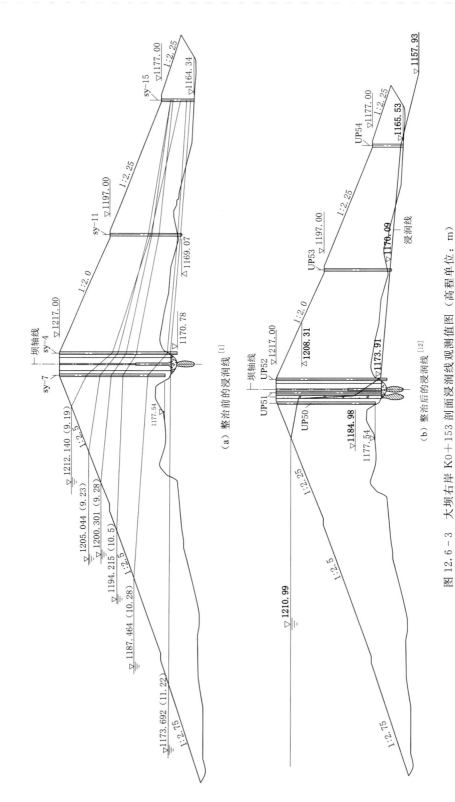

（a）整治前的浸润线[1]

（b）整治后的浸润线[12]

图 12.6-3 大坝右岸 K0+153 剖面浸润线观测值图（高程单位：m）

墙体垂直变形仅为6～2mm，在计算分析中不考虑增强体的竖向位移（沉降）是有依据的。

混凝土增强体防渗墙的挠度变形也很小，各测点实测值详见表12.6-1所列。墙体挠度通过水库蓄水加荷有一个微小的调整过程。

表 12.6-1　　　　固定式测斜仪挠度监测成果（最大值，2016年）[12]　　　　单位：mm

观测月份	IN11	IN12	IN13	IN14	IN15	IN16
1	−6.96	3.60	−3.22	0.77	−11.08	6.02
2	−6.96	3.57	−3.22	0.79	−11.08	6.06
3	−6.98	3.57	−3.24	0.79	−11.08	6.08
4	−7.01	3.75	−3.29	0.81	−11.10	6.12
5	−7.03	5.25	−3.29	0.81	−11.10	6.15
6	−7.03	2.14	−3.29	0.84	−11.10	6.25
7	−7.01	2.23	−3.27	0.86	−11.10	6.38
8	−6.98	2.47	−3.24	0.88	−11.10	6.62
9	−6.96	1.84	−3.24	0.90	−11.08	6.62
10	−6.96	1.90	−3.22	0.94	−11.08	6.75
11	−6.90	1.92	−3.16	0.97	−11.05	6.88
12	−6.88	15.87	−3.16	0.97	−11.03	6.96

注　1. 表中"−"表示向上游方向的位移。

　　2. 所测断面为坝体桩号 K0+116.07 断面，属河床中部断面。

　　3. IN11～IN16 为不同高程埋设的测斜仪编号。

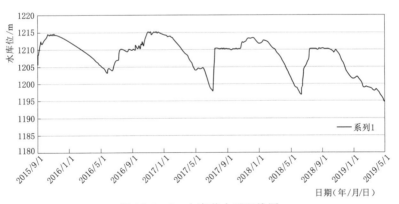

图 12.6-4　水库蓄水过程线图

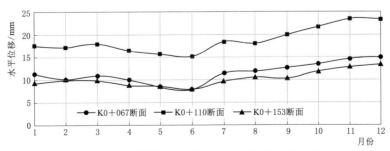

图 12.6-5　增强体水平位移实测变化图（2016年）

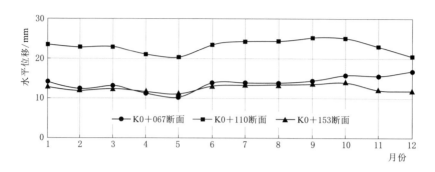

图 12.6－6　增强体实测变形值（2018 年）

综上，经过近八年的运行监测，未出现影响刚性增强体心墙安全的情况，墙体变形是安全可控的。

12.6.3　增强体心墙受力观测分析

开展增强体心墙的应力应变观测以验证墙体受力的安全性是十分重要的。在施工过程中，建设单位在墙体表面安装 10 组应力应变测试仪，如图 12.6－7 所示为三个坝体桩号断面四个高程仪器分布示意图。水库蓄水后，自 2014 年 10 月 27 日开始监测，目前已经形成 24000 多组监测数据，这是迄今为止增强体心墙土石坝原型观测最为完善的一个实例。

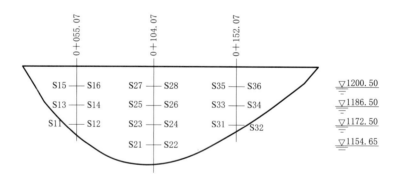

图 12.6－7　墙体应力应变仪安装示意图（高程单位：m）

如图 12.6－8 所示，为 2021 年 3 月应力应变实测值变化时程线，水库蓄水过程对墙体而言是一个应力与变形逐步调整的过程，蓄水对增强体沿墙体高度的应力有以下变化特点：

（1）在墙体顶部附近同一高程位置，上游侧应力一般大于下游侧应力，而在墙体底部却正好相反，下游侧面的应力大于上游侧面的应力，这是由于水荷载增加使大小主应力方向发生偏移，垂直向的应力可能降低，而下游侧面的应力基本不变，因而上游侧面的应力实测值小于下游侧的实测值。

（2）在河床中部桩号 K0＋104.07 断面分别取两组数据进行分析，一组是高程 1200.5m 墙体顶部监测点 S27（上游侧）、S28（下游侧），另一组是墙体底部监测点 S21（上游侧）、S22（下游侧），这两组监测点已具有长达 5 年的系列观测数据，取其在 2021 年 3 月的时程变化（图 12.6-8），可见墙体顶部的应力值是上游侧大于下游侧 [图 12.6-8（a）]，在底部上游侧实测应力又小于下游侧的实测值 [图 12.6-8（b）]。

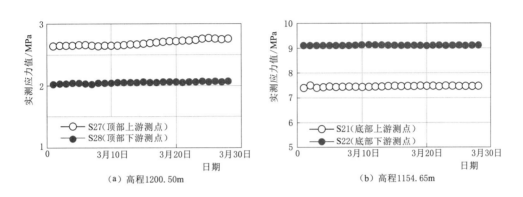

(a) 高程1200.50m   (b) 高程1154.65m

图 12.6-8　河床坝段（断面 K0＋104.07）增强体顶部与底部点位应力实测值

五年以来坝体观测持续正常，应特别关注增强体心墙的应力观测，检验是否出现过大的拉应力。2014 年 10 月观测起始，在断面 K0＋055.07 测点 S16 出现过最大为 0.2MPa 的拉应力（读数为正值），随后逐步减少，至 2015 年 2 月初，该点读数一直呈压应力（读数呈负值），墙体上下游其他各测点均没有产生拉应变，也没有出现拉应力。汇总三个典型断面增强体上下游侧面的应力实测最大值列入表 12.6-2。在河床中部断面 K0＋104.07 墙体应力分布如图 12.6-9 所示，这一变化规律与第 5 章的计算分析结果十分相似。压应力实测最大值为河床中部桩号 K0＋104.07 墙体底部（高程为 1154.65m）的下游侧面 S22 点，其值为 9.12MPa，并没有超过 C25 混凝土的抗压强度。值得注意的是各断面各测点均为压应力，没有出现拉应力。

由表中实测值分析，增强体心墙受力是安全的。

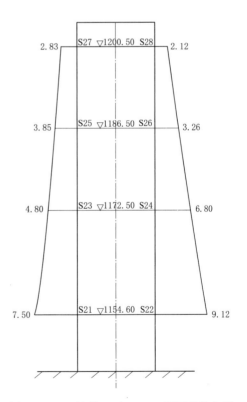

图 12.6-9　桩号 K0＋104.07 断面墙体实测应力分布值（单位：高程，m；应力，MPa）

213

表 12.6－2　　　　　　　　典型断面墙体监测应力特征值　　　　　　　　单位：MPa

桩号	监测点号	S11	S12	S13	S14	S15	S16		
K0＋055.07	安装高程/m	1172.50	1172.5	1186.5	1186.5	1200.5	1200.5		
	监测应力最大值	－3.60	－5.25	－5.90	－2.40	－4.65	－2.35		
	设计编号	S21	S22	S23	S24	S25	S26	S27	S28
K0＋104.07	安装高程/m	1154.65	1154.65	1172.50	1172.50	1186.50	1186.50	1200.50	1200.50
	监测应力最大值	－7.50	－9.12	－4.81	－6.80	－3.85	－3.26	－2.83	－2.12
	设计编号	S31	S32	S33	S34	S35	S36		
K0＋152.07	安装高程/m	1172.5	1172.5	1186.5	1186.5	1200.5	1200.5		
	监测应力最大值	－4.6	－7.25	－4.13	－6.70	－2.56	－2.40		

注　应力测试值为"－"表示压应力。

12.7　小结

（1）本章依据大竹河水库沥青混凝土心墙渗漏加固处理实例，分析了土石坝采用纵向增强体加固技术用于病害或病险水库的一些设计与计算方法，这对类似工程十分有益。整治病险水库的纵向加固技术不同于其他方法，可以一劳永逸地解决诸如坝体渗漏、开裂、滑坡、白蚁等病害，其原理明确、方法简洁、效果显著，值得在工程实际中进一步推广应用[10]。

（2）病险水库采用纵向增强体加固技术，关键是通过计算选择合理的墙体设计厚度，然后再依据前几章节的具体内容，计算分析竣工、蓄水和水位骤降三个代表工况的荷载作用下的增强体变形规律，复核是否满足有关规范的要求。以大竹河水库为实例，说明一般病险或病害水库大坝从建成到出现诸如渗漏等病害已经经历了许多年，坝体沉降变形已趋于稳定，墙体所受坝体沉降引起的下拉荷载作用十分微小。因此，对病险水库采用纵向增强体加固技术进行除险整治的项目，可以不做坝体沉降计算和下拉荷载作用分析。此外，通过复核增强体底部的抗压强度一般也是能够过关的，增强体由于施工下设要求的钢桁架制作对墙体的弯拉应力也是自然满足的。

（3）计算大竹河水库加固的几个代表性工况下增强体心墙的变位，表明墙体的变位与荷载作用密切相关，水位骤降时的变位最大。各工况计算的变位值，依据水工混凝土规范是在允许范围以内。

（4）有关洪水漫顶的安全性分析。病险或病害水库在采用纵向加固技术进行整治加固后，最好复核一下水库在遭遇设计与校核洪水时的漫顶不溃坝的安全性能，以替代遭遇超标洪水时的安全性复核，有关内容已在第 9 章备述，本章作为算例也做了一些分析与计算。洪水漫顶不溃安全系数 F 是一个新的提法，这方面有待进一步积累工程经验。应当加强大竹河水库在遭遇特大洪水时的大坝安全管理，防止出现溃坝事故的发生。

（5）从大竹河水库运行观测资料综合分析可知，整治后坝体渗漏量较渗流处理前明显减小，并且下游坝体实测浸润线渗漏量低于原设计值。实测浸润线变化规律符合增强体土石坝渗流计算的一般性规律。增强体混凝土墙体实测应力应变均满足设计要求，没有出现拉应力，压应力最大值为 9.12MPa，也没有超过混凝土的抗压强度。增强体心墙无论在渗流稳定性还是结构受力方面都是安全的。

参 考 文 献

［1］ 长江勘测规划设计研究有限责任公司．四川省攀枝花市仁和区大竹河水库大坝渗漏处理专题设计报告（送审稿）［R］．武汉：长江勘测规划设计研究有限责任公司，2014.

［2］ 四川省水利水电勘测设计研究院．攀枝花市仁和区大竹河水库工程大坝填筑料质量复核研究报告［R］．成都：四川省水利水电勘测设计研究院，2011.

［3］ 位敏，周和清，章赢．大竹河水库沥青混凝土心墙坝渗漏处理［J］．人民长江．2016，47（4）：43－46.

［4］ 位敏，周和清，章赢．大竹河水库沥青混凝土心墙坝渗漏分析及处理方案研究［J］．大坝与安全，2014（5）：45－50，54.

［5］ 中国电建集团贵阳勘测设计研究院．大竹河水库沥青混凝土心墙物探试验检测成果报告［R］．贵阳：贵阳勘测设计研究院，2013.

［6］ 长江水利委员会长江科学院．大竹河水库大坝渗流场和渗漏原因分析报告［R］．武汉：长江科学院，2014.

［7］ 长江水利委员会长江科学院．大竹河水库大坝混凝土防渗墙加固方案平面应力变形分析报告［R］．武汉：长江科学院，2014.

［8］ 中华人民共和国水利部．水工混凝土结构设计规范：SL 191—2008［S］．北京：中国水利水电出版社，2009.

［9］ 王清友，孙万功，熊欢．塑性混凝土防渗墙［M］．北京：中国水利水电出版社，2008：26-28.

［10］ 梁军，张建海．纵向增强体加固病险土石坝技术及其在四川的应用［J］．中国水利，2020（16）：26-28.

［11］ 中华人民共和国水利部．水利水电工程混凝土防渗墙施工技术规范：SL 174—2014［S］．北京：中国水利水电出版社，2015.

［12］ 四川省水利水电勘测设计研究院．四川省攀枝花市仁和区大竹河水库原型监测补充报告［R］．成都：四川省水利水电勘测设计研究院，2019.

后记

"纵向增强体土石坝"设计思路源于抗震抢险——该理念最初可追溯到 2008 年汶川地震后社会上对众多堰塞湖改造成水库大坝的呼声的思考;设计方法用于病险水库整治——已在大竹河、化成、大高滩等病险水库除险加固成功应用;设计理论成于新建土石坝——包括通江县方田坝、仓库湾水库,会东县马头山水库等工程的建造。目前已有近二十座水库土石坝新建或病险整治采用增强体加固技术。

得之在俄顷,积之在平日。回望近十年的研究,也曾经历山重水复和柳暗花明,也曾有过踌躇徘徊与纠结蹒跚,因为在古老且日臻完善的土石坝理论与方法中挖掘出一些能够闪闪发光的"金子"是十分不易的,一路走来,婉谢了诸多应酬和奉迎而专注于此,多年的艰辛探索和夜灯倦容就是明证。从土石坝坝工建设的技术体系完备性入手,进一步融会贯通理论与实践,形成了"刚柔相济"的建坝思路,最终取得了具有四川水利特色的科技成果,相信对其他地区的类似工程同样具有参考价值。

土石坝运行的高风险性和确保汛期防洪安全与运行安全,特别是防止溃坝险情,一直以来都是大家共同关注的焦点。"纵向增强体"突破了传统的混凝土防渗墙施工特点而上升为一种设计理论,为推动土石坝理论创新、提高土石坝结构安全、防范溃坝风险,提供了一种良好借鉴和解决方案。

慷慨对长风,但见山与河。唯愿纵向增强体土石坝设计理论,如江上之清风与山间之明月,使人倍感清新而爽然;愿水利新技术、新工艺如簇簇小花,虽不曾耀眼却默默开遍,为坝工建设不断焕发勃勃生机贡献一份力量。

作者
2022 年 5 月

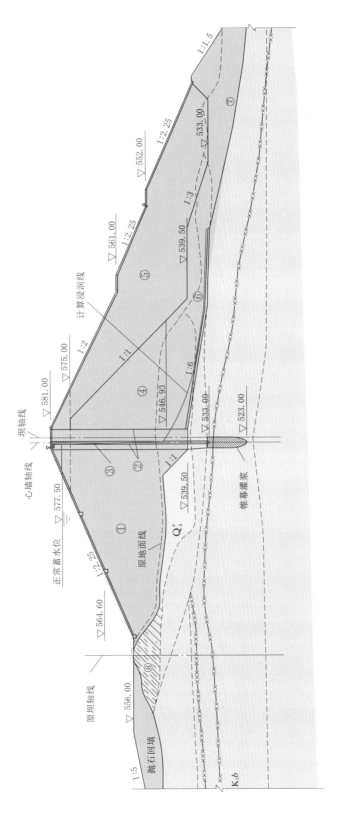

图 3.5-1 本文方法计算方田坝水库二维渗流成果图（单位：m）

①—上游堆石区：采用新鲜砂岩填筑；②—上、下游过渡区：混凝土心墙上、下游宽度分别为 1.6m、3.6m，采用新鲜砂岩填筑；
③—槽孔混凝土防渗心墙；④—下游主堆石区：采用弱风化或新鲜砂岩；⑤—下游次堆石区：采用砂泥岩混合料；
⑥—下坝基排水带：采用新鲜砂岩填筑；⑦—下游堆石排水棱体：采用新鲜砂岩填筑；⑧—原坝体

（a）上游侧面

（b）下游侧面

（c）下游坝面

图 9.2-1　试验前的增强体模型坝

（a）水流漫顶

（b）水流冲刷下游坝面

（c）水流继续

（d）形成墙后冲坑（槽）

图 9.2－3　增强体土石坝模拟漫顶冲刷试验过程

（b）下游冲坑（槽）（局部）

（a）增强体下游侧出现冲坑（槽）

图 9.2 - 4　墙体形成冲坑（槽）

层面冷缝

（b）开挖墙体层面冷缝

（a）大坝下游右岸渗水湿溢

图 12.2 - 1　大坝下游渗水湿溢